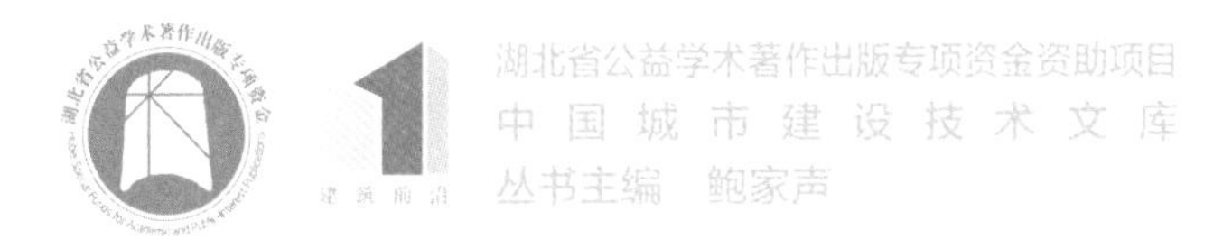

Darning and Synergia: a Method to Improve the Resilience of Green Infrastructure in the Context of Urban Renewal

织补·增效

城市更新背景下绿色基础设施韧性提升路径研究

冯姗姗 李 玲 著

图书在版编目（CIP）数据

织补 · 增效：城市更新背景下绿色基础设施韧性提升路径研究 / 冯姗姗，李玲著. —武汉：华中科技大学出版社, 2023.8

（中国城市建设技术文库）

ISBN 978-7-5772-0007-1

Ⅰ. ①织…　Ⅱ. ①冯…　②李…　Ⅲ. ①城市绿地—基础设施—研究—中国　Ⅳ. ①TU985.2

中国国家版本馆CIP数据核字（2023）第163676号

织补 · 增效：城市更新背景下绿色基础设施韧性提升路径研究　冯姗姗　李玲　著

Zhibu·Zengxiao: Chengshi Gengxin Beijing xia Lüse Jichu Sheshi Renxing Tisheng Lujing Yanjiu

出版发行：华中科技大学出版社（中国 · 武汉）　　电话：（027）81321913

地　　址：武汉市东湖新技术开发区华工科技园　　邮编：430223

策划编辑：周永华

责任编辑：周永华　　封面设计：王　娜

责任校对：李　琴　　责任监印：朱　玢

录　　排：华中科技大学惠友文印中心

印　　刷：湖北金港彩印有限公司

开　　本：710 mm×1000 mm　1/16

印　　张：16.25

字　　数：273千字

版　　次：2023年8月第1版第1次印刷

定　　价：128.00 元

投稿邮箱：3325986274@qq.com

本书若有印装质量问题，请向出版社营销中心调换

全国免费服务热线：400-6679-118　竭诚为您服务

“中国城市建设技术文库”
丛书编委会

国家自然科学基金青年科学基金项目资助（51808543）
上海市城市更新及其空间优化技术重点实验室资助课题（2020030303）

作者简介

冯姗姗　博士，副教授，硕士生导师，现任职于中国矿业大学建筑与设计学院。2007年获中国矿业大学建筑设计及其理论硕士学位；2016年获中国矿业大学市政工程博士学位，其间赴柏林工业大学环境规划系交流访学一年，2022—2023年于同济大学建筑与城市规划学院访学。主要研究方向为采矿迹地生态重建及再利用、城市棕地更新、城市绿色基础设施构建等。主持国家自然科学基金青年科学基金项目1项（“城市双修”视角下棕地的绿地转型潜力、机制及规划响应研究），参与多项国家自然科学基金项目及中德合作项目，在*Land*、*Journal of Environmental Management*、《生态学报》、《中国园林》等SSCI、CSCD期刊上发文30余篇，出版专著1本。获得中国煤炭工业协会科学技术奖二等奖1项（排名第四），徐州市科学技术奖二等奖1项（排名第二）。

李　玲　硕士，高级城乡规划师，注册城乡规划师，现任徐州市规划设计院有限公司副院长、中国矿业大学校外硕士研究生导师。主要从事国土空间规划、城市更新、生态城市建设、乡村振兴等方面的规划编制研究工作。工作以来获各级各类优秀规划设计奖近百项，获2010江苏省优秀城乡规划论文奖一等奖，获德国国际合作组织奖学金并由徐州市人民政府公派至德国学习工作一年，在徐州市创建中国人居环境奖工作中因成绩显著而获得嘉奖，获第九届淮海科技奖一等奖，被评为江苏省住房和城乡建设系统五一巾帼标兵等。

前　言

本书的策划与撰写基于作者对当前城市发展和绿地建设的思考及探究。改革开放 40 余载，我国经历了人类历史上最为波澜壮阔的城镇化进程，随着城镇化率突破 60%，城市发展从大规模增量建设阶段转到存量提质增效阶段，城市更新随之进入重要发展时期，成为推动我国城市高质量发展的战略选择。与此同时，面临气候变化等诸多不确定性风险，快速城镇化带来的人口与经济活动过度聚集导致城市发展中脆弱性和无序性不断叠加，提升城市韧性已成为实现城市可持续发展的必要路径。因此，人们开始重新审视人与自然的关系，重新认识城市绿色基础设施。城市绿色基础设施作为城市空间的重要结构性支撑，可以通过自然生命体的自适应和自组织特征来应对各类不确定性扰动，是韧性城市的重要组成部分，也是现代城市高质量发展的重要标志性指标，更是实现人们对美好生活向往和美丽宜居环境愿望的城市建设途径，该领域的研究已逐渐成为城市规划、风景园林等学术界和城市建设、城市经营等实践管理中备受关注的课题。

在城市更新背景下，如何对绿色基础设施进行织补与增效，提升其韧性，增强其应对不确定变化的响应能力，是当前城市发展中迫切需要解决的问题。新增绿地及更新已有绿地是增强绿色基础设施韧性的有效途径。尤其是新增绿地可以优化原有绿地结构、补充绿地服务功能。然而在城市高密度建成区有限的空间内，游憩、生态等需求高，但新增绿地空间少之又少。因此，人们开始关注城市中由于长期闲置而形成的自然过程主导、生长自然植被的棕地和废弃地等存量空间。这些存量空间由于具有丰富城市生物多样性、增强城市气候及雨洪调节能力、增加公众健康福祉、提升城市绿地公平性等重要价值，被公认为是提升城市绿色基础设施韧性、促进城市可持续发展的重要载体。

但面对有限的存量空间、高昂的绿化费用和极低的经济回报，如何以最低的成本实现城市绿色基础设施增效的效益最大化，科学评估城市中哪些区块对绿地的需求最高，哪些存量空间位于提升绿色基础设施韧性功能的关键位置，哪些存量空间存在最大的社会生态功能潜力，哪些存量空间需要优先更新？回答以上问题，必须以系统、整体的思维看待城市绿色基础设施的韧性提升及更新实践，将绿地及潜在绿化存量空间置于城市空间进行系统评价。以典型城市问题为导向，以补缺城市功能为目标，织补重构层级合理、模块清晰、互通互联的弹性绿色基础设施网络，整体、科学、高效地实现绿色基础设施韧性的提升。本书的创新点主要体现在以不同尺度的需求为导向，打破传统碎片化“见缝插绿”的被动式城市增绿模式，基于城市存量空间系统识别，构建了灵活可变的、适宜不同城市不同发展阶段的绿色基础设施布局优化及功能提升方法框架，精准地支持决策者将有限的财力、时间投入最关键、最紧迫或整体效率最高的区块，从而实现绿色基础设施整体结构及功能的最优化。

本书基于国家自然科学基金青年科学基金项目“‘城市双修’视角下棕地的绿地转型潜力、机制及规划响应研究”（51808543）和上海市城市更新及其空间优化技术重点实验室资助课题“基于废弃地更新的GI韧性提升路径及协同规划研究”（2020030303）的成果，以及相关城市发展建设实践经验进行整理。本书在研究绿色基础设施韧性理论体系的基础上，以城市、社区及建筑3个尺度的案例专项研究为依托，试图阐明城市更新背景下绿色基础设施更新规划的路径与策略，并为绿色基础设施韧性提升提供新的思路和方法。

本书共包括6章。第1章阐述了研究背景及城市更新背景下绿色基础设施建设的问题与困境。第2章厘清绿色基础设施韧性的内涵及韧性特征，从目标、策略及路径构建了城市更新背景下绿色基础设施韧性提升的逻辑框架及技术路线。第3章论证了存量空间增强城市绿色基础设施韧性的潜力及价值。第4章从城市尺度阐述了绿色基础设施韧性提升的需求，并整合城市需求与场地属性进行徐州市绿色基础设施增绿选址的实证研究。第5章阐述了社区尺度绿色基础设施建设存在的问题及诉求，以徐州市鼓楼区为例，进行了基于城市公园绿地公平性提升的绿色基础设施布局优化研究。第6章从建筑与绿化复合角度识别绿色基础设施存量空间类型，提出城市更新背景下建筑与绿化复合技术要点及规划设计策略。

本书既是作者用心血和汗水辛勤浇灌的成果，更是高校研究团队和设计院合作的集体智慧结晶，是理论与实践的深度结合。在本书撰写过程中，冯姗姗负责选题策划、全书统稿，以及第2、3、6章的撰写；李玲负责研究方法的确定、技术问题的把关，以及第1、4、5章的撰写。同时，在全书框架设计和研究思路方面，常江教授给予了大量指导。本书的完成还得到了研究生胡曾庆、寇晓丽的支持和帮助，他们为本书的内容提供了大量基础研究成果及素材，也为本书提供了宝贵的意见。同时，在本书撰写期间还得到研究生田婷、韦昱光、丁鑫鑫、王楠及赵婧莹的协助，在此一并表示衷心感谢。最后特别感谢华中科技大学出版社周永华编辑的不断鼓励和帮助。在团队及出版社的共同努力下，本书才得以如期出版。

城市的发展是一个延续不断、动态更新的过程，美好生活的缔造也源于一针一线的织补与绣绘。本书在城市更新背景下对绿色基础设施韧性提升的路径进行研究，契合当前城市发展的政策背景和现实需求，将城市绿色基础设施韧性建设与城市闲置土地更新结合在一起，成果具有实效性和创新性。本书适宜风景园林、城乡规划、环境科学等相关领域的专业人士阅读，可为规划设计、管理、科研和技术人员提供新的思路和实现路径。本书也可作为高校师生、科研工作者及政府决策部门人员的参考资料，为他们提供有关规划管理、政策实施、资源优化、方法路径等方面的参考和启发。

由于作者水平及能力有限，书中不足之处在所难免，希望广大读者提出宝贵意见。

目 录

1 绪论

1.1 背景与形势

1.1.1 全球气候变化影响下城市发展目标的韧性转向

气候变化是21世纪人类面临的最紧迫挑战之一，其中城市成为气候变化问题最为突出的敏感区域。早在2011年就已有超过半数的人口居住在城市。城市作为人口高度集聚及高密度经济活动长期存在的空间，其社会-生态系统（social–ecological systems，SES）通常极其脆弱和不稳定。当前，全球范围内极端天气事件（如城市内涝、高温）频发，对人类健康、安全及经济社会的可持续发展造成严重威胁。比如，由于气候变暖，1901—2010年全球海平面上升0.19 m，联合国政府间气候变化专门委员会（Intergovernmental Panel on Climate Change，IPCC）预测在21世纪末海平面将上升0.52～0.98 m（陈崇贤 等，2020），众多沿海城市或地区面临被海水淹没的威胁；2021年，郑州市遭遇“7·20”特大暴雨灾害，短短3天的降雨量就超过之前一年的年平均降雨量，城市的防洪排涝体系失效，造成了巨大的人员伤亡和财产损失。城市作为复杂系统，其可持续发展依赖自身的韧性。韧性作为城市在长期抵御外来因素干扰的过程中所形成的适应及改变能力，为缓解以上矛盾和风险提供了新思路和创新途径（邵亦文 等，2015）。在全球气候变化的趋势下，提升韧性成为城市发展的核心目标，如何应对并降低气候变化带来的风险、提升城市韧性已成为全球城市面临的共同议题（王忙忙 等，2020）。

1.1.2 城市绿色基础设施成为城市韧性提升的重要载体

城市韧性指城市系统面临不确定性扰动的冲击时，通过适当的准备和缓冲来应对，从而保障公共安全、有效维持社会秩序和经济建设等城市各项活动正常运行的能力（邵亦文 等，2015）。联合国减灾署在“让城市更具韧性十大指标体系”中，将“保护城市的生态系统和自然屏障”作为十大指标之一。绿色基础设施（green infrastructure，GI）作为自然系统与人工系统相互联系而构成的城市自然生命支持系统，借助自身多尺度、多功能的特性，表现出了能够协同减缓冲击和适应各方共同利益的能力（石渠 等，2022），成为城市生态系统维持韧性的重要载体（栾博 等, 2020）。绿色基础设施对城市韧性的作用主要可通过提升城市可持续性的“发展韧性”和抵御自然灾害与极端事件的“灾害韧性”两方面体现。绿色基础设施可通过生态技术减轻灰色基础设施的不利影响，作为城市刚性物理空间中的柔性缓冲器，充分发挥固碳减排、缓解热岛效应、优化微气候环境等作用，为城市提供生态系统服务（Demuzere et al.，2014）。同时，城市绿色基础设施是城市韧性系统在紧急状态及系统恢复过程中的重要载体，如可以提供灾后避难场所及重建空间等。

1.1.3 城市更新是绿色基础设施韧性提升的重要途径

长期以来，城市绿色空间因这样那样的原因被生产生活设施挤占，稀缺的绿色空间与人民对美好生活的追求之间存在着较大差距。2018 年习近平总书记到四川视察，提出公园城市理念。人与自然和谐发展的城市发展范式逐步深入推进，绿色基础设施作为建成环境内承纳人与自然关系的空间载体，其重要性进一步凸显。韧性提升目标下不同尺度绿色基础设施的织补修复、提质增效，被认为是城市提升品质、实现内涵式发展的关键路径（李荷，2020a）。在城市更新中，激发城市棕地、低效用地等存量空间的生态系统服务潜力，优化城市绿色空间布局，缓解城市雨洪灾害、热岛效应等多种生态问题；改变原有“近山不亲山，邻水不近水”的孤立发展模式，通过开放山体水体界面、建设绿廊及步行道等将绿色融入建成环境；对社区内部空地及边角空间进行见缝插绿式的景观营造，为城市居民塑造多样化的生活空间，切实促进城市形象与居民生活水平的提升（宋秋明 等，2021）。以上这些城市更新举措对提升城市绿色基础设施韧性具有重大意义，是促进城市新阶段高质量发展刻不容缓的工作。

1.2 问题与困境

城市化过程中形成了高密度城市，大面积的不透水地面、人类活动高强度的干扰是导致城市绿色空间破碎化的关键因素（Tian et al.，2014），由此也带来一系列问题，如人与自然的关系岌岌可危、城市服务能力降低、城市环境恶化等（肖希 等，2016）。探索绿色空间增长及增效的可能途径，是目前城市应对全球气候变化影响、提升生态系统韧性的关键。

长期以来，我国城市绿地建设面临增量式城市发展带来的困境。传统以经济发展为主导的增量扩张模式，更倾向通过改造自然来获得更大的发展空间和经济增长。在城市总体规划、城市绿地系统专项规划中更多关注城市绿地率、人均公园绿地面积、绿化覆盖率等绿地规划指标，而缺少对绿地生态系统服务功能的关注和衡量。事实上，越靠近城市中心，硬化率越高，绿地越稀缺，绿地彼此分离、功能类型单一、分布不均衡等问题越突出，城市韧性也越发被削减，因此，城市在面临气候变化下的极端天气等自然灾害时，无法及时应对和化解干扰（王向荣，2019）。

新增绿地及提升已有绿地效能是解决以上问题的关键，然而城市可建设空间相对有限，土地资源极其稀缺，用于城市绿地的增量新地（未开发地）少之又少，通过拆迁等方式将其他建设用地转为绿地又面临着地价高昂、拆迁补偿费用巨大、绿地景观从建设到维护管理全周期费用巨大但经济产出又微乎其乎等问题，可供给的空间也极其有限（郑曦 等，2015）。立足需求角度，随着城市居民对高品质城市环境及身心健康的关注，原有公园绿地、广场绿地等城市绿色空间远不能满足居民的日常使用需求，人类亲自然的强烈需求与建成区大面积的硬质铺地和高密度的“水泥森林”之间形成对立。因此，在城市内部有限的国土空间内，兼顾经济发展和生态建设需求，探寻绿地提质增量的新途径和新空间，不断提升绿地的服务功能和效率、优化系统结构与布局，提升城市韧性，是未来我国城市存量空间更新的重要目标。本书的核心内容为通过对城市存量空间概念的廓清及其特征属性的识别，探讨城市存量空间更新背景下如何提升城市绿色基础设施的韧性，从而促进城市可持续发展。

1.3　城市更新背景下绿地建设的思维转变

1.3.1　拓展多尺度：从点、线、面的绿地建设到多尺度的绿色网络空间建设

单纯以绿地数量指标为导向的传统绿地规划目标，以及绿地在一定程度上让位于城市开发建设的现实，导致我国城市建成区的绿色空间相对不足，且分布也不均衡。城市更新背景下，实现城市绿地增量提质的目标需要打破孤立的指标式绿地建设模式，转变思路，采用包括大型集中式绿地、面向社区生活的小微绿地、街道绿化及建筑立体绿化等多尺度、网络化的服务式绿地构建模式。其中，在不同尺度下系统识别“增绿”和“提质”存量空间是关键，应科学诊断城市生态系统薄弱区位及社会脆弱性空间，通过织补、连接增强城市绿色空间网络的韧性，因地制宜设立目标并判定其更新的优先次序及多元化更新模式。在城市尺度，绿色空间的更新应在尊重既有绿地状况基础上，整合自然资源、人文资源，提升已建绿地的服务效能，同时挖潜大尺度存量绿色空间，依托水系、废弃铁路、道路等线性空间建设城市绿道，完善城市绿地网络（刘源 等，2014）。在社区及建筑尺度，严格管控城市绿线范围内的绿地，保护已有绿量，挖潜城市中的边角空间、社区空地等小尺度存量空间，采取“拆违建绿”“复垦拓绿”“立体绿化”等多种措施增加绿地数量和提升绿地质量，建设市民身边的绿地。

1.3.2　融合多要素：从单一要素挖潜到多类型存量空间覆绿

探索绿色空间可能增加的途径，提高居民生活环境质量，是城市更新背景下绿地建设的核心目标。而在紧凑且高密度的建成区环境中，采取存量空间功能置换的形式新增的城市绿地数量非常有限，通过单一途径不能满足绿地功能整体提升的要求。因此需要识别建成区内潜在的绿色空间载体，拓展传统规划中的公园绿地、广场绿地及防护绿地等城市绿地要素范畴，将凡是可能发挥社会生态功能的、有一定植被覆盖的空间都纳入绿色空间的评估、规划和管理要素范畴。一方面，强调闲置土地、棕地、河岸荒地、废弃铁路沿线空地、社区空地等非正式绿地（informal green space，IGS）的巨大价值。该类绿地分布广泛，具有良好的可达性，是公园绿地的有益补充。同时关注绿地在城市设计及建筑设计尺度的融入，将复层土地利用的覆土建筑、绿色停车场、屋顶绿化、墙面绿化等纳入广义的城市绿地范畴，实现多要素的统筹。另一方面，加强绿地功能与公共服务设施用地的复合，营造不同的城市生态场景，通过空间渗透、功能协同，增加绿道、步行道等人行慢行系统，实现生态、游憩、居住与工作功能的有机衔接和多种业态的高度融合（陈明坤 等，2021），建设居民可达、开发商可经营、政府可管理的城市绿色公共空间（叶洁楠 等，2021）。

1.3.3 凝聚新目标：从绿地数量提升到以人为本的绿地需求满足

城市更新背景下的绿地建设不仅应增加城市绿地的数量、面积及提升城市绿地景观效果，而且应以人的需求为出发点，真正提升绿地的服务效能。长期以来，由于对绿地空间格局及其服务人群的忽视，绿地生态系统存在服务效率不足、服务空间分布不均衡的问题，且人均绿地面积、绿地率等指标并不能真实衡量绿地提供的社会生态服务水平，导致出现绿地建设的非公正现象。因此，城市更新背景下的绿地建设应结合旧城更新和生活圈构建，采用微整治、微更新、公园化、场景化的方式将自然植入生活生产，提升人居环境营建水平（陈明坤 等，2021）。一方面，通过增效、转绿、融绿、联绿等手段，丰富居民与绿色空间及自然要素接触产生的感官体验，增加绿色空间界面占比，提高绿视率。另一方面，在绿地管理上打破绿地藩篱及使用权限，将高校、单位大院、高档社区等原来只供特定人群享用的附属绿地通过有效管理向市民开放，实现绿地公平共享。总之，我国城市绿地发展模式正从以绿地率指标为导向，转向满足居民亲自然感官诉求的人本主义发展模式（刘一鸣 等，2021），以使全类型、全龄化人群的多层次、多样化绿地需求得到满足，实现“城在园中建、人在园中居”的公园城市目标。

1.3.4 引导新时序：从见缝插针到供需匹配的精准规划指引

城市绿地存量更新是驱动城市更新、促进城市可持续发展的重要动力（宋秋明等，2021）。传统城市绿地系统规划是通过见缝插针填补空白的方式进行的被动规划，在与城市总体规划协调过程中处于相对被动局面（张云路 等，2016），而城市存量更新为城市绿地更系统化、更精准化、更网络化提供了机遇。面对有限的空间和资金，精准选择增绿、融绿的位置和方式，取得投入最小、回报最大的效果，需要将存量资源纳入城市空间结构进行系统评估和整体规划，从供需匹配角度，选择能够高效提升社会生态功能的存量空间进行绿地更新，以缓解城市最突出的社会生态问题。同时，面对多元的绿地需求和复杂的利益关系，需要鼓励不同利益相关者参与绿地更新的决策及管理过程，科学评估不同类别的居民需求和感知偏好，共同确定绿地更新的优先级、更新模式、运营维护机制等。采取自上而下和自下而上的绿地更新建设模式，解决目前城市绿地存在的分布不均、生态系统服务供需空间错位等问题，提升城市应对各类风险和变化的韧性。

2

城市更新背景下 GI 韧性提升的内涵及逻辑

2.1　GI 韧性的内涵

2.1.1　GI 及 GI 韧性

GI 本质上并不是一个全新的概念，其起源于 19 世纪中后期人们对人类与自然关系的反思，具有悠久的理论沉淀，其核心思想在英国绿带规划、后工业区公共绿地空间营造过程中逐步显现（Geneletti et al.，2016）。GI 在延续绿道（greenway）、绿带（greenbelt）、生态网络（ecological network）、生态安全格局（ecological security pattern）等自然保护核心思想的基础上应运而生。20 世纪 90 年代中期，GI 理论及方法首次出现在美国（Mell，2010）。进入 21 世纪后，在研究和实践中，GI 概念的运用更加广泛，GI 被认为是一类“基础设施”和“自然资本”（Apostolopoulou et al.，2015）。为应对全球气候变化下外部环境的不确定性，GI 研究越来越呈现出与韧性理论相结合的演化趋势。

具体而言，GI 的概念最早出现在美国总统可持续发展委员会所做的报告《可持续发展的美国——争取 21 世纪繁荣、机遇和健康环境的共识》中（付喜娥 等，2009），该报告指出 GI 是一种可以促进可持续土地利用与开发并可以保护生态系统的战略措施。GI 最早被广泛采纳的定义于 1999 年在美国提出，美国自然保护基金会和农业部森林管理局联合相关政府机构及专家组成的 GI 工作小组，将 GI 定义为：国家的自然生命支持系统，一个由水道、湿地、森林、野生动物栖息地和其他自然区域、绿道、公园和其他保护区域、农场、牧场、荒野，其他维持原生物种、自然生态过程，保护空气与水资源，以及提高社区和人民生活质量的荒野与开敞空间所组成的相互连接的网络（Benedict et al.，2002）。

GI 在不断地研究与争议中前行和发展，其内涵不断拓展，体现其作为规划工具和方法的灵活性及适用性（赵娟 等，2021）。GI 既指绿色网络空间实体，又包含了政策及战略层面的意义。空间上，Benedict 和 McMahon（2002）指出 GI 是由多个组成部分相互作用形成的网络，包括网络中心（hub）、连接廊道（link）和站点（site）等（裴丹，2012）（图 2-1）。除此之外，GI 一直作为战略概念出现，欧美国家已经将 GI 作为一类相当重要的自然保护政策框架。欧盟将 GI 定义为一种具有高质量绿色空间及环境特征的战略性的生态网络（a strategically planned and delivered network）。目前，GI 的内涵已发展成具有多重结构和意义，如包含开放空间、低影响交通、水、生物栖息地、新陈代谢等多重系统的复合网络，与由居民社会组织、绿色活动和实践项目组成的社会网络（付喜娥 等，2009；周盼 等，2017）。GI 已被上升到一种规划哲学的高度，它是一种有关人类与自然共存并持续发展的长期而宏观的策略（李开然，2009）。

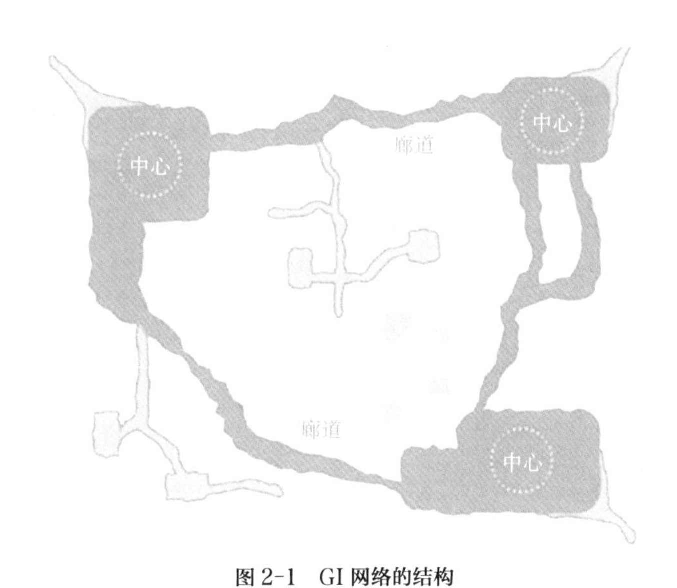

图 2-1　GI 网络的结构

［图片来源：文献（Mejía et al., 2015）］

GI 是一个跨尺度的绿色网络概念，GI 的空间格局、生态过程及功能发挥必须限制在一定尺度下才有意义（Wu et al., 2002）。GI 尺度通常包括宏观尺度（区域）、中观尺度（城市与社区）、微观尺度（场地）。宏观尺度的 GI 可以是县域、省域和以地貌特征划分的大范围景观地带的生态安全格局及自然生命支持系统，立足于维护大尺度生态过程，保障国家及地区生态安全。中观尺度的 GI 是人类活动与城市自然环境相互影响的载体，以构建合理的城乡绿色空间布局为目标，发挥降低雨洪风险、缓解热岛效应、促进生物多样性保护等生态服务功能，同时提供游憩、审美、文化与精神启发等社会服务。微观尺度的 GI 是以绿色技术为手段对场地进行人居环境综合设计（刘滨谊 等，2013），包括植物优化配置，透水性铺装、绿色街道、立体绿化等低影响开发模式应用，以及灰色基础设施绿色化等，实现局部微气候的调节（黄娜 等，2021；栾博 等，2017）。本书以城市更新为背景，主要涉及中观尺度和微观尺度的 GI 韧性研究，并将中观尺度分为城市尺度和社区尺度，重点关注城市居民与城市生态空间的相互作用及 GI 所发挥的社会 - 生态系统服务功能。

本书主要在城市建成区范围讨论 GI，即关注城市绿色基础设施（urban green infrastructure，UGI）的提质更新。UGI 指为城市及社区提供多种环境、社会和经济价值与服务的蓝绿空间网络（Pitman et al.，2015）。UGI 类型广泛，不仅包括自然、半自然和野生区域，公园和娱乐用地，蓝色空间，也包括商业、工业用地附属绿地以及灰色基础设施周边的绿地，公寓和社区花园，还包括农业用地、河堤的绿地以及建筑绿化（图 2-2）。不同尺度、不同类型的 UGI 为人类提供各类生态系统服务功能，包括供给功能（如提供食物、水和燃料）、支持功能（如形成土壤和实现养分循环）、调节功能（如气候、洪水和疾病调节，以及水体净化）和文化服务功能（如满足审美、精神性需求，具有象征性、教育性和娱乐性）（Wolf，2003）。

GI 作为一个相互联系、不断变化的系统，韧性是其重要的特征之一。GI 韧性是指在实现可持续发展目标的过程中，GI 系统不断抵御、降低、适应外界不确定性因素的能力。具有高韧性的 GI 是减缓全球气候变化带来的各类风险的干扰与促进城市可持续发展的基础。基于社会 - 生态系统的 GI 韧性体现在绿地网络的多样性（diversity）、冗余度（redundancy）、模块化（modularity）、连通性（connectivity）、再生性（regeneration ability）和公平性（equitability）上。即 GI 既要保证绿色空间的质量、数量及相互之间的联系，为人们提供平衡的经济和生态效益，也要确保其具有足够的鲁棒性，来抵御、降低及适应海平面上升、洪水、风暴、极端高温天气等气候变化带来的不确定性扰动。GI 网络中某个部位的生态功能下降，可以通过网络中其他位置的生态功能的增加或提高进行补偿（Opdam et al.，2006），强调以灵活适应策略应对不确定性扰动的影响。

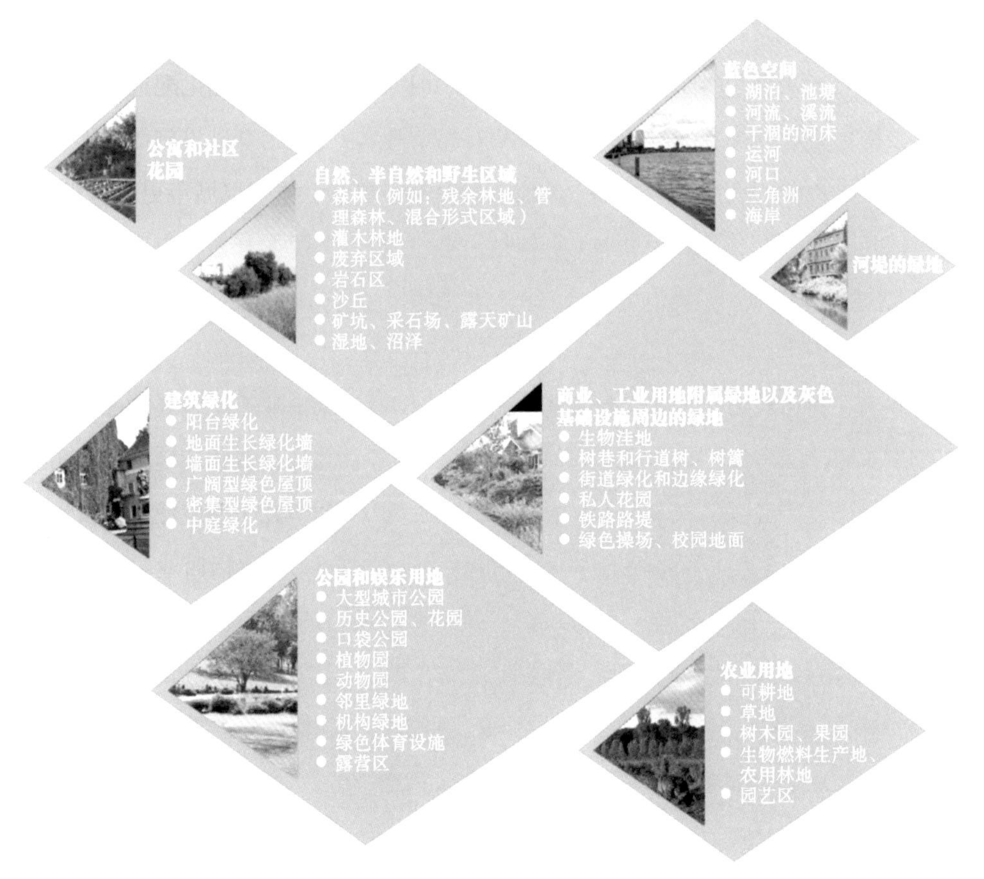

图 2-2　UGI 的类型

［图片来源：根据文献（Pauleit et al.，2011）改绘］

2.1.2　GI 韧性的特征

目前对韧性的认知，已从传统的工程韧性、生态韧性，转变为社会-生态系统韧性，从干扰后恢复、回弹至均衡状态，逐渐发展为强调适应扰动并在扰动中学习、转型和演进（栾博 等，2020）。因此，GI 韧性分析基于 SES 理论框架，同时以适应性循环（adaptive cycle，AC）为目标，围绕开发（exploitation）、保护（conservation）、释放（release）和重组（reorganization）等不同阶段展开（刘志敏，2019）。

在快速城市化及城市更新背景下，城市 GI 系统一直处于动态变化中。在不断的变化中增强 GI 抵御、降低及适应洪水、风暴、极端高温等全球气候变化带来的风险的能力，是 GI 规划和建设的核心内容。然而，只有将韧性这一较为抽象的概念落实到具体特征指标中，才能真正将韧性理念融入 GI 的规划实践。即需要回答：怎样的 GI 形态、格局及功能配置是更加富有韧性的？有必要基于韧性理论梳理 GI 的韧性特征及相互关联机制，为 GI 韧性规划及设计范式的形成提供理论基础。

除了多样性与连通性这两个关键特征和核心要素（Sandström，2002；Benedict et al.，2006），GI 韧性还关联着其他特征。多样性、冗余度、模块化、连通性、再生性和公平性被认为是影响 GI 韧性的六大关键特征（Reynolds et al.，2022）。其中，多样性是指为了适应变化和干扰，尽可能保证基本要素类型的多样；冗余度是提供预防和弥补潜在损失的措施；模块化是把系统分解为可组合、分离和更换的单元，以促进系统受损后组件的迅速复制，通过创新性的组件重组实现适应和转变，并限制危害的进一步传播；连通性是保证各组件之间的相互联系和支持，实现干扰下结构的稳定性；再生性表示系统被干扰破坏后的自我更新能力；公平性是促进系统的完整性和均衡性，最大限度地减少薄弱环节的数量（表 2-1）。以上韧性核心特征或多个特征的组合，提供了 GI 系统面对压力和风险时，在减缓、适应或转变过程中维持 GI 结构及功能所需的原材料、缓冲能力、灵活性、凝聚力、可复制性和连贯性。只有不断强化这些 GI 韧性特征，才能保障 SES 的韧性。

表 2-1　影响 GI 韧性的六大关键特征

特征	多样性	冗余度	模块化	连通性	再生性	公平性
定义	类型多样	组成要素功能的相似度	组成单元的独立性	各组成要素之间的联系	自我更新能力	可达性
原理依据	提供适应变化的原材料	提供预防和弥补潜在损失的措施	受损后易复制、复原；通过创新性的组件重组实现适应及转变	促进基本信息的扩散和资源的流动、分散、迁移	促进受损后的恢复	减少系统中的薄弱环节
社会指标	文化多样性及绿地管理机构的多样性	相似或同一类型绿地管理机构的数量	绿地管理机构资源的自组织性和完整性（如独立办公空间，实施的规程、政策）	绿地管理机构间的信息通道（不同的媒介、组织网络、节点和边界的数量）	不同层级的绿地管理团队成员结构	绿地管理组织机构的空间分布

续表

特征	多样性	冗余度	模块化	连通性	再生性	公平性
生态指标	物种丰富度	相似物种的数量（如功能丰富度），相似形态的 UGI 数量	绿地的自主性和完整性	绿色空间廊道	植被的年龄结构	绿地空间分布

［表格来源：根据文献（Reynolds et al.，2022）改绘］

在 SES 框架下，城市 GI 的韧性目标应着眼于帮助城市抵御、降低、适应发展中面临的各类扰动和胁迫，并实现自我学习和演进，最终实现城市可持续发展（栾博 等，2020）。GI 的韧性目标在不同尺度、不同维度的表现具有差异性。从尺度上看，宏观尺度侧重应对气候变化导致的全球环境问题，中观及微观尺度则更重视社区人居环境营建与社会问题的缓解。GI 韧性目标的维度包括生态维度与社会维度，可以通过识别生态数据（如雨水径流、地表温度等）及社会数据（社会脆弱性、绿地公平性）确定韧性提升的热点空间，其中韧性最薄弱的空间位置往往位于社会脆弱性最高同时气候变化风险最大的区位（Reynolds et al.，2022）。除此之外，应考虑 GI 管理机构和维护主体在 GI 韧性提升中的作用，以形成兼顾不同利益相关者的社会协同网络。

GI 不同韧性特征的社会、生态维度表征，以及特征之间可能的协同和权衡关系，是需要深入研究的领域。如，GI 的物种丰富度是否与 GI 管理网络的多样性耦合匹配？增加生态连通性的同时如何加强社会连通性？面对洪水风险，哪些生态或社会韧性特征更重要？在有限的资源下，如何保证 GI 要素的再生性和公平性？以上 6 个 GI 韧性特征的梳理为实现 GI 韧性规划提供了基本框架，而准确、完善的 GI 韧性评估与规划还需要基于 Arc GIS 的大量社会生态数据。

2.2 城市更新背景下 GI 韧性提升的逻辑框架

基于上文对 GI 韧性特征的归纳，为了使 GI 韧性提升的目标更具体，GI 韧性规划设计的策略和路径更清晰，从目标分解、策略提出、路径构建三个方面搭建城市更新背景下 GI 韧性提升的逻辑框架。

2.2.1 目标分解

在城市高密度建成区提升 GI 韧性极具挑战性。本书试图在城市更新背景下，根据GI韧性特征将GI韧性提升的目标分解为6个方面（图2-3）：①促进GI的多功能性、管理机构多元化；②增加 GI 要素的总量；③构建 GI 的层级性及模块结构；④增加 GI 景观及社会连通性；⑤增强 GI 的亲自然性和自然演替能力；⑥增加 GI 布局及服务过程的公平公正性。

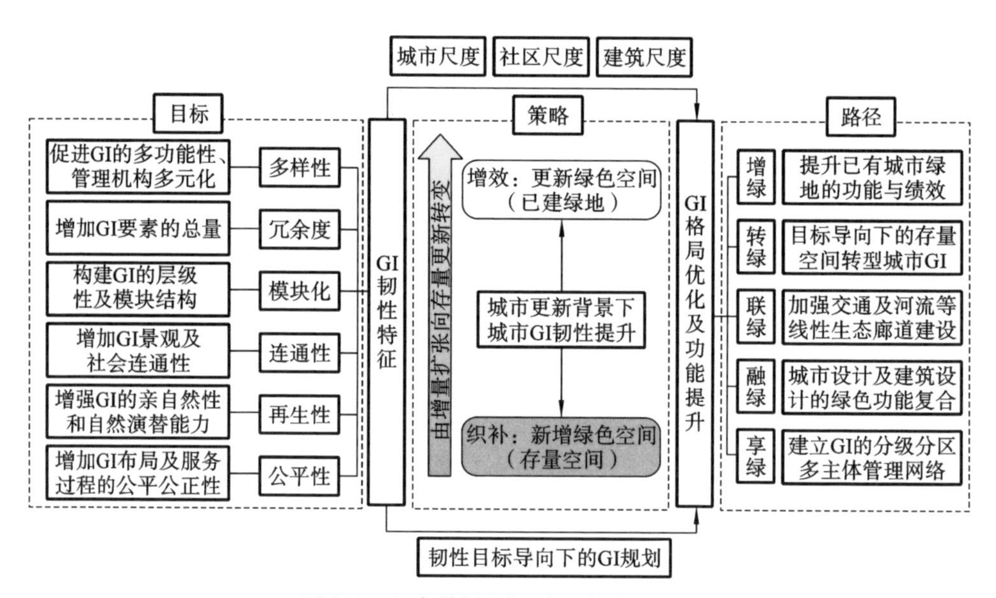

图 2-3　GI 韧性提升的目标、策略及路径

（图片来源：作者自绘）

1. 促进 GI 的多功能性、管理机构多元化

提供全面的生态系统服务是 GI 的基础功能（栾博 等，2017），而其多功能性是实现城市生态系统服务功能综合效益最大化的前提。GI 的多功能性是指：通过在 GI 要素及系统网络中整合不同的土地及人类活动，从而提供多样化或交叉的社会及生态服务功能（Natural England，2009）。通常多功能性涉及供应、调节、支持和文

化四大服务类别，如减缓气候变化影响、降低灾害风险、保护生物多样性、提供健康和福祉。除此之外，还包括增加土地价值、促进经济增长、增强城市竞争力和地区凝聚力等。

尽管如此，GI 的各类功能之间具有此消彼长、互相制约的属性，不可能同时实现多类功能的最大化，因此多功能中存在一定的主导性功能（刘焱序 等，2019）。在城市更新背景下提升城市 GI 的多功能性，需要明确 GI 所在区域的核心矛盾和主要社会生态问题，考虑具体利益相关者的绿地景观诉求，从而明晰通过 GI 可以提升的一种或若干种功能类型。如容易遭受洪水及飓风侵袭的休斯敦市，通过闲置土地再利用来提升抵御城市雨洪风险的能力（Thiagarajan et al.，2018）。

参与 GI 建设与管理的利益相关者应尽可能多元化和多层级化，形成利益共赢的合作网络，旨在跨越城乡差异、行政等级及政策部门阻碍，更加广泛地实现生态系统服务目标（Chatzimentor et al.，2020），从社会层面协助加强城市 GI 的韧性。

2. 增加 GI 要素的总量

GI 韧性提升的重要保障是具有足够的 GI 要素并使其相互连通，形成抵御外界风险的坚实系统框架。因此，在不同尺度下，GI 要素空间的“增量”，是 GI 系统功能提升、韧性增加的核心内容，即增加网络中心、廊道及踏脚石的数量，增加场地尺度下可绿化地表面积及建筑中庭、立面、屋顶绿化等立体绿化数量。而在城市更新背景下，受土地修复成本及市场经济导向等因素影响，新增 GI 要素是非常困难的，因此建成区 GI 新增要素的选址及规划设计成为关键步骤。在城市尺度，以增强某一类或几类服务功能为导向，对棕地、闲置土地及低效用地等存量空间进行 GI 适宜性评估并进行优先级排序，确定新增 GI 的位置、规模及类型；在社区尺度，重点关注小型边角用地、街道、河道、废弃铁路边缘、社区空置地、建筑之间缝隙等非正式绿地的潜力挖掘，并通过政府与社区共同参与的微改造，提升其服务功能；在建筑尺度，确定最适宜进行立体绿化的屋面及墙面，并探索基于旧建筑改造的立体绿化技术。

3. 构建 GI 的层级性及模块结构

GI 系统内部的各要素均与其他要素相互联系，并体现出层级递进的关系。城市更新背景下 GI 网络优化需要打破原有“见缝插绿”的模式，变被动式添绿为系统评估下的科学增绿，即应根据城市现有的绿色发展框架，对存量空间分布状况、历史遗迹、改扩建项目等进行系统调查和评估后，重新构建、加强 GI 多层级网络结构（邹锦 等，2020），除此之外，加强 GI 在城市、社区、街道及场地等各个尺度之间的衔接和关联。不同层级的 GI 要素之间需形成模块结构，以增加 GI 的系统性和可再生性，从而促进韧性提升。以欧盟生态示范社区斯图加特的沙恩豪瑟社区 GI 建设为例，其层级分明及相互嵌套的 GI 模块化结构使得雨水收集、净化及再利用率达到了 95%，其中建筑屋面排水、道路雨水径流进入生态沟、雨水花园等一级组团，一级组团的雨水等通过大型的生态沟进入二级雨洪处理组团，比如蓄水池、城市小微景观湿地，最终进入三级组团大中型城市湿地、湖泊和河流。

4. 增加 GI 景观及社会连通性

连通性被认为是 GI 韧性的重要特征。这里的连通性包括 GI 在空间上网络中心之间相互衔接的连通性，也包括 GI 管理和使用过程中形成的社会连通性。前者基于景观生态学理论，认为绿地斑块的连接可以促进基因流动、协助物种迁移，对于种群的发育起着至关重要的作用（Brown et al.，1977），因此增加 GI 连通性是增加 GI 韧性和保护生物多样性的重要途径。在城市更新背景下，通过对建成区已存在的线性廊道进行“复绿”，以及对河道、道路及废弃铁路两侧的景观设计和新的社会文化资本的植入，建立连续的人文生态绿色廊道，加强已有自然栖息地、公园等重要生态功能汇集区之间的连接，保护野生动植物的迁徙和扩散过程，避免生境破碎化（Benedict et al.，2006），同时为市民游憩、健康和审美等文化服务功能的发挥提供更加便利的途径（贺炜 等，2011）。后者所指的社会连通性，涉及 GI 保护、建设、更新及维护过程中各类官方、非官方组织机构及公众之间的沟通和联系，包括信息的对等和共享（周艳妮 等，2010），这类连通性往往被忽视，但良好的 GI 管理连通性能极大促进 GI 空间的健康发展，增强应急状态下的社会 - 生态系统韧性。

5. 增强 GI 的亲自然性和自然演替能力

增强城市 GI 的自然演替能力和可再生性也是提升 GI 韧性的重要目标。大量研究证明，更加接近自然并符合当地群落特征的 GI 形态和植被配置，更加具有可再生性（钱蕾西 等，2022）。目前被广泛采纳的基于自然的解决方案（nature-based solutions，NBS）理念就体现出对变化的社会 - 生态系统的“高适应”能力和全生命周期下 GI 的可再生性。首先，在 GI 织补增效的过程中，以提升保证其自然演替能力的亲自然性为目标，最小化人为干扰，最大限度地提升 GI 自身的免疫及繁衍能力，同时考虑树种的生命周期，在植物配置上选择寿命较长的珍贵树种和本土树种搭配。其次，GI 的韧性目标的实现还依赖小尺度的亲自然景观的增加（Clancy et al., 2015），通过近自然的灰色基础设施绿色化，来代替完全基于灰色基础设施的工程技术手段。此外需要提升城市荒野空间、非正式绿地等潜在绿色空间的生态系统服务水平，将其纳入增强 GI 韧性的目标框架。将城市荒野等视为城市绿地的重要类型，其分布广泛、可达性高、与居民福祉密切相关的特点使其对于韧性目标的实现发挥着巨大的作用。

6. 增加 GI 布局及服务过程的公平公正性

与集中化基础设施效率高的传统认知不同，GI 在空间上的均衡分布，不仅可以增加 GI 的公平公正性，而且形成的系统具有更强的适应和抵御风险的能力。GI 的公平公正包括三个维度，即 GI 分配公正、过程公正及互动公正（Low，2013），分别表示 GI 在地理空间和不同人群中的分配公平、GI 规划和决策过程中的公正，以及人们在使用 GI 空间时没有歧视地安全交往（张天洁 等，2019）。城市更新背景下的 GI 提质增量，同样需要考虑现有绿地的分布均衡性，以及不同利益群体的空间分布，通过调查明确低收入者、非城市户籍人员等弱势群体的绿地需求，选择位置最适宜的棕地、闲置土地等存量空间进行绿化实践，以最大限度地提升城市绿地整体公平公正性。在补充及更新 GI 的过程中，应从居民的认知程度、选择偏好、支付意愿等方面进行 GI 的社会文化效益评估（石渠 等，2022），促进公众参与决策。同时关注人口特征和社会经济因素对 GI 使用过程的影响，以创造更加多元、无障碍的 GI 空间（何盼 等，2019）。

2.2.2 策略提出

在明确 GI 韧性目标的基础上，解决有限存量空间与扩绿、增绿对土地的需求之间的矛盾是关键点。从图 2-3 可看出，GI 韧性的提升必须依托建成空间的更新。其潜在的更新载体存在于以下两个层面：一是对已建 GI 的更新提质，在城市发展、周边用地环境变化、居民需求多样化的背景下，识别已建公园绿地、广场绿地等空间功能性退化的表征及结构要素，通过更新提升原有绿地的社会生态功能，实现 GI 的多功能化，满足不同群体的绿地需求，激活公园整体机能；二是通过城市棕地、废弃地、闲置土地等存量空间的绿化，以临时使用或用地转变的方式，增加 GI 的数量、规模、服务类型，该策略已被公认是完善 GI 结构、提升 GI 韧性、促进城市可持续发展的重要途径。

以有限的资源和空间，实现最大化的效益增加及韧性提升，是城市更新背景下 GI 规划的基本原则。哪些公园绿地受众最广泛，功能退化最严重，需要优先更新？哪些存量空间适宜更新为 GI，最能增强 GI 的韧性？要回答以上问题，必须将城市既有绿地评估及存量空间 GI 适宜性评价作为 GI 规划的前置性研究内容，将 GI 置于城市整体空间进行系统评价，以解决气候变化下的典型城市问题为目标，整体、科学、高效地提升 GI 韧性，织补重构层级合理、模块清晰、互通互联的弹性 GI 网络。

不同尺度、不同地域下城市 GI 格局优化和功能提升的韧性目标及实现途径略有差异。本书以城市、社区及建筑三个尺度的专项研究为依托，试图阐明城市更新背景下 GI 更新规划的基本原则与策略，并为 GI 韧性提升提供新的思路和方法。其中，城市尺度涉及城市与周边乡村地区的整体生态空间格局，以及中心城区（高密度建成区）内的绿色空间网络；社区尺度（街区尺度）的 GI，以居民的需求和体验为核心，重视绿地服务的公平公正及其带来的健康福祉，是软化 GI 基底、实现绿色蔓延及融合的重要层面，可带动周边地区和社区的可持续发展；建筑尺度的 GI 主要指附属于建（构）筑物的绿色空间，包括建筑中庭、屋顶、立面、露台、沿口与棚架绿化，以及桥下空间绿化等，可促使绿化从平面走向立体，增加城市绿地覆盖率和绿视率，提高视觉美感及居民生活质量。

2.2.3 路径构建

1. 增绿：提升已有城市绿地的功能与绩效

增绿模式是指在不改变原有用地性质的前提下进行绿地的更新提质。一方面指对包括公园绿地、广场绿地、防护绿地和附属绿地在内的已建城市绿地进行功能提升和设施更新，增强其生态系统服务功能。另一方面针对城市暂时无法改变用地性质的闲置土地、低效用地等非正式绿地，遵循针灸式微改造的更新理念，采用改变下垫面材料，增加桌椅、花池、沙坑等基础设施等小规模、低成本、低干扰手段，使其在一段时间内发挥社会生态功能，具有临时、可变的特征。如奥地利维也纳市“邻里花园”、美国费城市“改造空地”和中国上海市“百草园”等项目，围绕社区居民日常游憩需求，为促进邻里共享，将非正式绿地更新为具有社会服务功能的社区花园、城市微农场等（图 2-4）。又如，爱沙尼亚塔林市政府对城市的一个废弃渔港实施了一系列针灸式的低干扰措施后，人们在渔港的户外活动时间及活动类型得以增加（Unt et al.，2014）。该模式的实施往往基于多方利益主体的共同努力，既应该重视居民使用感知与意愿，联合公益性组织参与主导（侯晓蕾，2019；刘悦来 等，2018），实现共建、共享及共同维护，又可以在规划允许条件下引入市场经营主体（咖啡店、书店等）进行日常管理和维护。与此同时，高校及科研机构应提供优质设计和咨询服务。

(a)

(b) (c)

图 2-4　非正式绿地更新案例

（a）奥地利维也纳市“邻里花园”项目；（b）美国费城市“改造空地”项目；（c）中国上海市“百草园”项目

［图片来源：（a）https://www.gbstern.at/themen-projekte/urbanes-garteln/nachbarschaftsgaerten/nachbarschaftsgart-enmatznergarten/;（b）https://www.thegreencities.com/philly/how-neighbors-turned-vacant-land-to-la-esquina-community-garden/；（c）https://www.sdyllh.org.cn/cms/index/shows/catid/73/id/277.html］

2. 转绿：目标导向下的存量空间转型城市 GI

不同于增绿模式，转绿模式是将存量空间纳入现有城市绿地系统，将原有用地性质变更为城市绿地。该模式主要针对棕地、闲置土地、废弃铁路等面状和线性存量空间，这类用地由于城市收缩、产业结构调整、郊区化等原因而产生，具有较高的转型为城市绿地的潜力（杜志威 等，2020；周恺 等，2020；衣霄翔 等，2020；邹锦 等，2020；宫聪 等，2017）。但由于中心城区地价过高、绿地建设维护成本巨大等原因，存量空间从“非正式绿地”向“城市绿地”转变极其困难，一般存在政府驱动型和公众驱动型两种驱动类型。

①政府驱动型（自上而下）。如德国、美国、法国为了应对不同的城市问题，通过特定政策及规划框架，从城市尺度实现存量空间转型，这是一个具有阶段性的漫长过程（表 2-2）。

表 2-2　不同国家城市尺度 GI 的转绿更新实践

国家	背景	政策、规划	策略	实施主体
德国	政治变革和经济转型	东部都市重建计划	拆除闲置土地上的建（构）筑物，将其恢复为绿地或其他公共空间，用绿色填充“孔洞”	政府将空置地更新纳入总体政策框架，提供拨款及补贴，多方利益主体合作（杜志威 等，2020）
		莱比锡综合城市概念规划		
美国	郊区化和去工业化	《扬斯敦 2010 总体规划》	更新废弃地为城市绿地，通过廊道将分离的开放空间连接成为城市绿色网络，并与区域绿色网络相连接	美国联邦政府干预较少，地方政府联合非政府智库、非营利组织、社区居民，在非正式绿地更新中发挥重要作用（杜志威 等，2020）
		费城绿色计划		
		纽约锈之绿变项目		
法国	城市演进及土地功能更新	巴黎重要绿环空间指南	最大限度利用闲置、废弃的剩余空间，转换为亲生物的自然空间，提升城市韧性	政府主导、规划指引，将亲生物理念纳入立法，建立韧性城市生态系统构建框架（周恺 等，2020）

（表格来源：作者自绘）

②公众驱动型（自下而上）。由社区居民、非正式组织、规划师等共同参与推

动存量空间用地性质的改变。如面积 300 多公顷的柏林市滕珀尔霍夫机场，在 2008 年关闭后，一直保持原样，居民自发使用，形成了人们骑行、慢跑、遛狗及烧烤的巨型开放空间，最终被正式纳入柏林市的绿地系统规划，成为柏林市绿色基础设施网络中的重要生态斑块（图 2-5、图 2-6）。自上而下和自下而上结合的多层次实施主体往往需要搭建协作平台，以共同实现既定目标。

图 2-5　柏林市滕珀尔霍夫机场公园公众活动场景

（图片来源：https://www.wantedineurope.com/area/tempelhof）

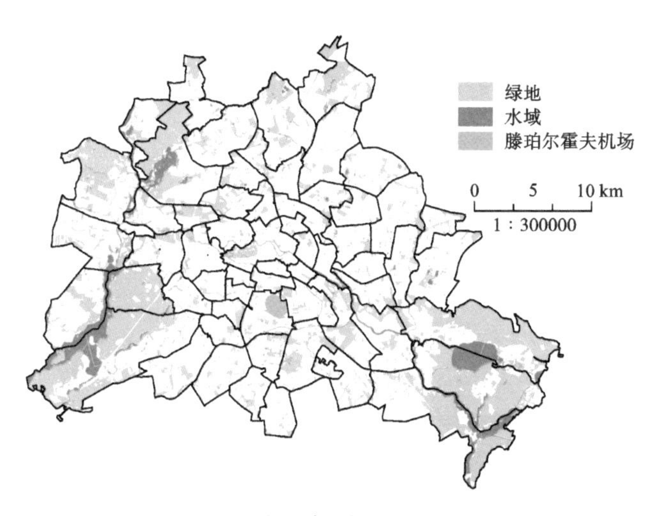

图 2-6　柏林市绿地系统规划图

［图片来源：根据文献（Mathey et al., 2018）改绘］

3. 联绿：加强交通及河流等线性生态廊道建设

联绿模式是指通过绿化带、绿楔和绿道等绿色廊道空间，促进城市绿色空间之间的景观连接，直接或间接地维护生物多样性，同时提供休闲游憩功能，促使人们体验未被打断的连续景观（哈夫，2012），积极促进土地的精细化管理。在高密度城市建成区，更多是通过线性的灰色基础设施（道路、铁路等）的绿化及城市滨水空间的绿化，实现联绿乃至整合 GI 网络的目标。尤其是在一些传统工业城市存在跨越城市建成区的、已经废弃或低效利用的专用铁路线，为建设步行或自行车绿道提供了机会，这些绿道不仅联系了已有绿色空间，而且向邻近的社区、学校及商业用地敞开，将人流引入线性游憩空间。20 世纪 70 年代，美国出现“铁路变小径”的保护运动，促使沿废弃铁路的绿道形成美国最早的小径网络。城市内部的潜在联绿廊道的识别及优先级评估是未来重要的研究方向之一。城市更新背景下，应综合考虑区域生物多样性保护、周边建成环境现状、周边人口结构和分布来确定需要加强的绿色廊道，以使其发挥最大的社会生态效益。

4. 融绿：城市设计及建筑设计的绿色功能复合

融绿模式是高密度中心城区依托有限空间提升 GI 韧性的重要途径，强调城市设计、建筑设计与景观绿化的充分融合，实现灵活、高效、功能混合且贴近大众感受的增绿效益，将灰色基础设施及建筑物柔软化、绿色化，深度挖掘“身边的绿色”，提高绿视率和绿感度，真正实现开窗有景、出门见绿，通过立体绿化尽可能创造人们接触、体验和感知自然的机会（栾博 等，2020）。比如巴黎 PLU（plan local d’urbanisme，地方城市发展规划），对建设用地绿化面积的规定为，所有新建项目从沿街建筑立面后 20 m 算起，建设区域必须有不小于 50% 的植被覆盖面积（地面绿化、屋顶绿化、露台绿化、墙面绿化等加权求和）（姜彦旭 等，2021）。如表 2-3 所示，通常利用建（构）筑物界面进行绿化的融绿模式可以分为以下几种：覆土建筑绿地，庭院、缝隙绿地，立面露台绿化，建筑屋顶绿化，立交桥绿化和增加地表渗透（小微生境）等。前五种模式以建（构）筑物为依托，重视三维空间内水平、垂直界面绿地的立体营造和更新；最后一种模式是针对建成区地面硬化面积大的现实问题，通过增加土壤渗透性，并采用环境耐受性强的植被营建小微生境，从而增强场地雨水收集、储存及再利用能力，尤其可以作为灰色市政基础设施绿化的重要措施。

表 2-3　融绿的分解模式

分解模式	示意图	解释	案例	图示
覆土建筑绿地		部分位于地面以下的建筑，以顺应周边环境为特征，与城市地景高度融合	韩国梨花女子大学	
庭院、缝隙绿地		建筑间距较大，围合度较高，则为庭院；建筑间距较小，可理解为缝隙	新加坡康沃尔花园住宅	
立面露台绿化		垂直绿化是立体绿化的重要形式，包括嵌入型和表皮覆盖型	荷兰绿色之墅	
建筑屋顶绿化		屋顶绿化是将植物种植于屋顶的一种立体绿化形式	英国威利斯大厦	
立交桥绿化		在确保安全的前提下，根据区位、周边用地性质对桥下空间进行绿化或景观设计	中国某高架桥	
增加地表渗透（小微生境）	生态滞留池	软化地表，营建小微生境，如常见的生态停车场、路边树池下植被	中国某生态停车场	

（表格来源：作者自绘）

5. 享绿：建立 GI 的分级分区多主体管理网络

除了增加 GI 网络空间的鲁棒性，充分考虑社会网络弹性特征，建立城市绿地分级分区多主体管理网络，对于增加 GI 韧性也具有重要作用。鼓励包括居民、政府、企业、教育培训机构、自然爱好者等在内的多主体同时成为 GI 自然资产的所有者、享用者、研究者和监督者，鼓励居民将自然感知、创意和需求融入 GI 更新、建设和使用。尤其在城市更新背景下，GI 更新涉及更为复杂的利益关系及更多元化的绿地需求，需要 GI 管理网络或平台协调各类冲突，达成共赢目标。比如国外有学者认为多个邻居合作浇灌、修剪树木的集体维护策略，是行道树存活的关键（Vogt et al., 2015；Reynolds et al., 2022），对于提升树木生态系统服务（遮阴、排洪）、减轻气候变化的影响至关重要。除此之外，集体维护策略下的 GI 管理模式可以促进社区居民与政府之间的联系，促进韧性系统中信息或资源的流动，加大不同主体之间的理解、信任、沟通和合作，建立起良性循环的社会关系，支持受到破坏的 GI 系统的再生与恢复。

2.3 城市更新背景下 GI 韧性提升的技术路线

基于以上逻辑框架可知，通过对 GI 网络的织补和增效，可以实现 GI 韧性及城市韧性的增强，这个过程中需要遵循最大化原则、目标性原则、适应性原则、人地互动原则（赵娟 等，2021）。其中，最大化原则对城市更新背景下的 GI 韧性提升至关重要，即通过协调增绿、融绿、联绿等模式来调整存量空间的布局，将城市的自然资产效益最大化，实现 GI 韧性的最大化提升。在哪里进行 GI 的更新，不仅受到地块属性因素制约，也受到城市整体功能提升需求空间分布的影响，还要考虑修复成本、土地获取等社会经济因素的作用。因此，在 GI 更新及新增 GI 的选址评估中，应尽可能将场地、城市功能、更新成本等因素纳入评价体系，做到 GI 要素的“补充”与“缺失”精准匹配，将有限的财力、时间投入最关键、最紧迫或整体效率提升最大的位置（Doležalová et al., 2014），实现 GI 整体效益的最大化。以增加城市抵御风险的能力、满足市民需求为目标，可以将城市更新背景下 GI 韧性提升的技术路线分为以下四个步骤（图 2-7）。

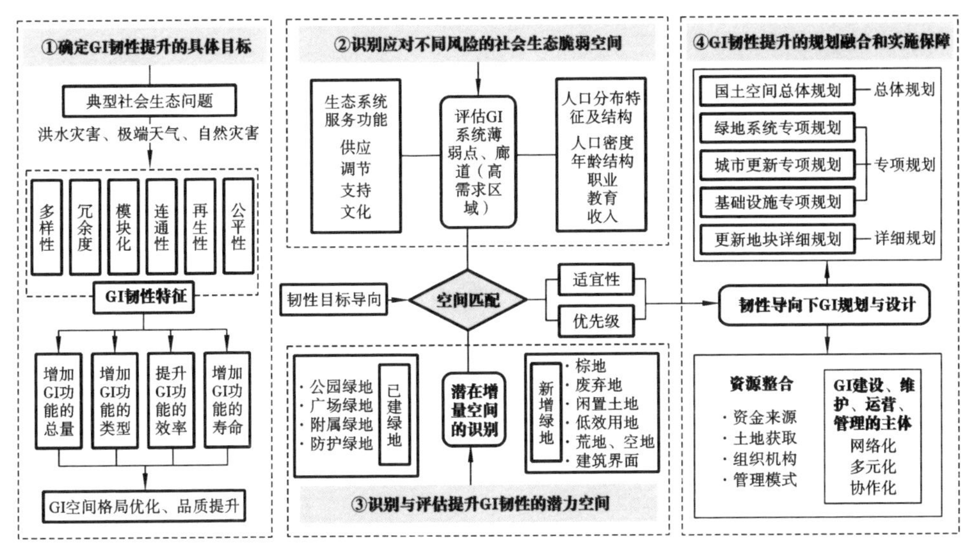

图 2-7　城市更新背景下 GI 韧性提升的技术路线

（图片来源：作者自绘）

2.3.1　确定 GI 韧性提升的具体目标

城市更新背景下 GI 韧性提升的总目标可以归纳为：在城市致密化的发展趋势下，在有限的城市空间中，通过对已有城市绿地的更新及存量空间的绿化，增加城市 GI 的多样性、冗余度、模块化、连通性、再生性、公平性，织补、优化 GI 布局，最大化 GI 的自然资产，形成稳定、健康、功能多样化且富有弹性的绿色空间网络，增加抵御外界风险和灾害的能力。需要注意的是，城市发展过程中不同阶段、不同地域面临的典型社会生态问题和风险具有显著差异，需要将韧性提升的目标更加具体化和情境化，应明确提高抵御何种风险或干扰的能力。比如，受到河谷地形及副热带高气压带影响的我国最热的城市之一武汉市，缓解热岛效应、提供更多的降温遮阴空间是 GI 存量更新的重要目标，而海拔较低、易受洪水及飓风袭击的滨海城市休斯敦的 GI 更新目标集中于增加抵御雨洪风险的韧性，犯罪率较高的费城则把营造安全环境、降低犯罪率等社会韧性纳入 GI 更新的目标。对城市所面临的风险和威胁识别得越准确，城市 GI 韧性提升的目标越清晰。

2.3.2 识别应对不同风险的社会生态脆弱空间

识别应对不同风险的社会生态脆弱空间，即通过 GIS（geographic information system，地理信息系统）空间制图，从城市功能出发，综合考虑物理环境与人口分布特征识别弱势群体聚集地段，同时叠加热岛效应、洪水灾害或流行疾病等风险等级，得到某类风险的社会生态脆弱空间。此外，也可以基于生态系统服务功能的供需情况来识别应对不同风险的社会生态脆弱空间（王忙忙 等，2020）。GI 抵御某类风险所需服务功能的供给量越少、需求量越高的地区，往往是 GI 增绿、增效越适宜的地点。例如，从物理环境来看，城市温度往往与地形、建筑密度及布局、绿地分布、植被覆盖率等相关，洪水风险则与地形、坡度、土地利用性质、不透水面积比率及排水设施密度等因素相关。同时，人口密度及人口结构，尤其是弱势群体（老年人、幼儿、健康状况差的人、低收入者）的分布与活动习惯，是影响脆弱性评估的重要维度，如收入低的居民，在同样的极端高温天气下，由于难以承担空调费用，抵御高温的能力可能较弱，即居民个体高温暴露程度较高。因此整体识别城市中应对不同风险的脆弱空间，并对不同风险之间的权衡与协同关系进行判断，确定城市不同风险的综合脆弱性等级，将为精准识别潜在绿化空间或绿色廊道位置提供依据，为城市更新背景下 GI 增量提质提供支撑。

2.3.3 识别与评估提升 GI 韧性的潜力空间

与上一步识别城市风险的社会生态脆弱空间相对应，该步骤主要回答“哪些空间可以用来增加 GI 数量、类型、效率”这一问题。这些空间载体既包括已建城市绿地，也涵盖存量空间。一方面，识别已建 GI 生态系统服务功能的供给能力及供给服务类型，对其景观绩效及服务人群进行综合调查与评价，根据 GI 功能退化、设施老化程度，以及服务群体的多元需求，对已建绿地更新的优先级进行排序，并提出具体更新策略；另一方面，全面认知存量空间类型及特征，识别存量空间并评估其作为 GI 的适宜性等级。存量空间绿化适宜性的评价指标选取在不同尺度上侧重点不同，如针对城市尺度的较大规模棕地、低效用地，应重点评估这些潜在空间与原有 GI 网络的空间位置关系（如景观连通性），同时考虑周边街区环境特征（毗邻土地利用性质、公共交通、周边人口分布）。针对社区尺度存量空间，重点关注城市边角用地、道路河道两侧、社区空地等空间，重点考虑场地内部属性特征（坡度、高程、植被覆盖程度、历史遗迹留存、污染程度等），评估其面向社区居民的社会生态服务功能及增加居民健康福祉的潜力，尤其可以考虑绿地使用的公平公正性，最大限度确保居民拥有接触自然的机会。而针对建筑尺度存量空间，则需要评估已有建（构）筑物的立体绿化潜力及具体绿化措施，包括屋顶形式、建筑结构、建筑功能、使用人群、更新成本、可达性等因素，这些都会影响立体绿化效益的发挥。

2.3.4 GI 韧性提升的规划融合和实施保障

城市 GI 韧性的提升不仅依靠科学的评估与规划，而且需要将其与已有法定规划体系层级融合，同时建立保障实施、经营和管理一体化的实践机制。如何以增加韧性为目标，将 GI 规划与现有国土空间规划体系进行层级衔接和融合是难点。主要表现为，将 GI 韧性提升的研究成果融入国土空间总体规划、绿地系统专项规划、城市更新专项规划、基础设施专项规划，以及更新地块详细规划等规划中。同时，建立多方参与的 GI 实施及管理网络非常重要。城市更新进入存量阶段面对的利益主体更加多元、历史遗留问题也更为复杂，GI 更新和功能置换往往因土地权属复杂、短期效益不足、维护成本高等陷入困境，需要依托跨越部门及行政区划的高效协作平台，共同解决资金来源、土地获取、绿地管理等问题，尤其强调公众参与和互动在自然资产管理、GI 共享共建、增加居民健康福祉等方面的重要作用。

3

存量空间：城市 GI 韧性提升的载体和契机

3.1 存量空间的内涵

存量空间的概念相对于增量空间而存在，是在我国城市从不断扩张的发展模式向以提质增效为目标的内涵式建设模式转型的过程中出现的，存量空间对缓解我国城市发展问题、推动城市可持续发展非常重要（尹稚，2015）。与存量空间相关的概念较多，包括存量土地、低效用地、棕地、闲置土地、非正式绿地、城市荒野等（表3-1）。不同概念产生的学科背景、地理空间及使用场景不尽相同，但在研究和实践中具有一定交叉或包含关系。比如存量土地、低效用地、闲置土地均来源于城乡规划领域，存量土地包含低效用地，而低效用地又涵盖闲置土地；棕地的概念最早来源于美国，侧重指受到污染的废弃土地，与废弃地概念类似；而从风景园林学视角界定的非正式绿地、城市荒野、第四自然等概念逐渐被大众接受，是因为人们开始重新审视人、自然及城市的关系，其涵盖了城市中的闲置土地、棕地等一切以自发生长植被为主的绿色空间。

表 3-1　存量空间的相关概念

名称	来源	概念	类型
存量土地（stock land）	孙明芳 等，2010	广义上泛指城乡建设已占有或使用的土地；狭义上指现有城乡建设用地范围内的闲置未利用土地和利用不充分、不合理、产出低的土地	已供未建土地、低效利用土地、结构改造用地
低效用地（inefficient land）	林坚 等，2019	经第二次全国土地调查确定为建设用地中权属清晰、不存在争议和法律纠纷，但布局散乱、利用粗放、用途不合理、建筑危旧的城镇存量建设用地	棕地、低效居住用地、低效商服用地
棕地（brownfield）	美国国家环境保护局（U.S. Environmental Protection Agency），1994	指废弃、闲置的或没有得到充分利用的工业或商业用地及设施，这类土地的再开发和利用过程往往因存在着客观上的或意想中的环境污染而比其他开发过程更为复杂	棕地不仅包括旧工业区，还包括旧商业区、加油站、港口、码头、机场等工业化过程中所遗留下来的已经不再使用的建筑、工厂或整个区域

续表

名称	来源	概念	类型
闲置土地（abandoned land）	《闲置土地处置办法》［中华人民共和国国土资源部令（第 53 号）］，2012	国有建设用地使用权人超过国有建设用地使用权有偿使用合同或者划拨决定书约定、规定的动工开发日期满 1 年未动工开发的国有建设用地。已动工开发但开发建设用地面积占应动工开发建设用地总面积不足 1/3 或者已投资额占总投资额不足 25%，中止开发建设满 1 年的国有建设用地	按照闲置原因分为两类：一类是由于企业资金周转不足或开发政策调整形成的闲置土地；另一类是由于政府征地拆迁未完成或城市规划出现调整等原因形成的闲置土地
非正式绿地（informal green space）	Rupprecht et al.，2014	包含任何曾经遭受强烈人为干扰，如今被自发生长的植被占据的空间，它们是明确的社会生态实体，其所有权属与管理权属并不明确或统一，土地所有者不会对其中的植被进行任何管理，任何以游憩为目的的使用都是非正式的和过渡性的	空置或废弃地块、棕地、水系周边绿地、街道边缘、铁路周边绿地、缝隙空间、结构性空间、微型绿地、电力线周边绿地
城市荒野（urban wilderness）	Jorgensen et al.，2011；王晞月，2017	城市中以自然而非人为主导的土地，尤其指那些在自然演替过程中呈现植物自由生长景象的空间	自然林地、湿地、无人管理的田园、河流廊道、被遗弃的场地或棕地等
剩余空间（urban surplus space）	Kim et al.，2018；姜彦旭等，2021	城市演进中土地使用功能更新、反复与上升更替过程中的必然产物。剩余空间以小微、附属或遗产形式多元化地渗透于城市整体空间格局的孔隙中，是一种“非正式”的待激活用地	租用合同期满后土地功能转移、城市规划调整、土地污染等导致的闲置空间，高架桥下、屋顶、后院和各种各样的城市狭长地带、废弃用地、可耕地、荒地、棕地
第四自然（nature of the forth kind）	Rebele et al.，1996；郑晓笛等，2020	由人为因素或城市林地野化发展所导致、在城市空地或其他工业用地上的、未经过园林化规划设计的、自发演替形成的新型城市自然系统	城市 - 工业林地、路边自由演替的荒地

（表格来源：作者自绘）

本书中采用的“存量空间”拥有最为广泛的范畴，它的定义与“存量土地”更为接近。广义的存量土地指城乡建设已占有或使用的土地（孙明芳 等，2010），既包括已供未建、批而未供等被城市建设占用但由于某些原因闲置的土地，也包括棕地、低效用地等曾经使用过而目前处于低产出及闲置状态的土地。本书将存量土地的概念进一步扩展到存量空间，原因在于“空间”的概念更加立体和丰富，作为城市更新背景下 GI 格局优化和绩效提升的重要载体，不仅局限于土地这个单一层次，还拓展到立体的存量绿化空间，比如建筑屋顶、露台等建筑附属空间。因此，本书将存量空间定义为：在城市更新背景下功能需要调整、置换、增效，目前处于闲置、低效使用状态，同时具有再利用价值和潜力的建成环境空间。

综合不同概念的特征，大部分存量空间具有以下全部或部分特征：①属于城乡建设用地或建成环境；②处于无人管理及缺乏维护的闲置状态，或处于低效使用状态；③覆盖低人为干扰的自发生长植被（荒野特征）；④土地所有权属与管理权属不甚明确。

由于部分存量空间长期不受人为干扰被自发生长的植被覆盖，或位于绿地系统较为关键的部位，因此包括棕地、低效用地在内的存量空间，一直被认为是修复生态、修补城市、重塑城市韧性的有效空间（姜彦旭 等，2021），存量空间生态化已成为全球生态城市建设及可持续发展的战略机遇（邹锦 等，2020）。从存量空间更新为城市 GI 角度看，存量空间存在于不同尺度中，既包括大到数百公顷的大型工业废弃地、几百平方米的社区空地，同样也包括附属于建（构）筑物的可绿化潜在空间，如屋顶、立面、露台、沿口及桥下空间等。城市更新背景下 GI 韧性提升的重要前提是系统识别具有增加绿量及提升绿地效应潜力的存量空间，并在城市建成区有限的空间与资源条件下对所有潜在存量空间进行更新优先级排序。

3.2 存量空间提升 GI 韧性的潜力

由于一段时间低强度的人为干扰，存量空间尤其是长期闲置的空间因植被自然演替而形成荒野生境，从而具有独特的生态价值，成为GI的重要组成部分（冯姗姗 等，2017）。对存量空间进行更新提质，将为重构城市空间形态、增强城市生态系统韧性提供契机。从结构上看，作为城市演进过程中土地功能转换的必然产物，面状存量空间边界明确，将其转变为绿地，可以形成新的斑块或垫脚石（图 3-1 a），或增加原斑块面积（图 3-1 b），可增加网络的多样性及多中心性进而增强绿色基础设施韧性。点状存量空间，包括附属于建（构）筑物的潜在绿色空间，得益于其数量大、分布广泛、距离居住和工作场所近等特征，增加点状存量空间可起到提升已有斑块功能、软化生态基底（图 3-1 c、d）的作用，也是提升城市公共性和社会活力的重要途径（金云峰 等，2017）。河道、道路、铁路等线性存量空间是联系斑块的重要廊道，可连接孤立分散的生境系统（图 3-1 e）。

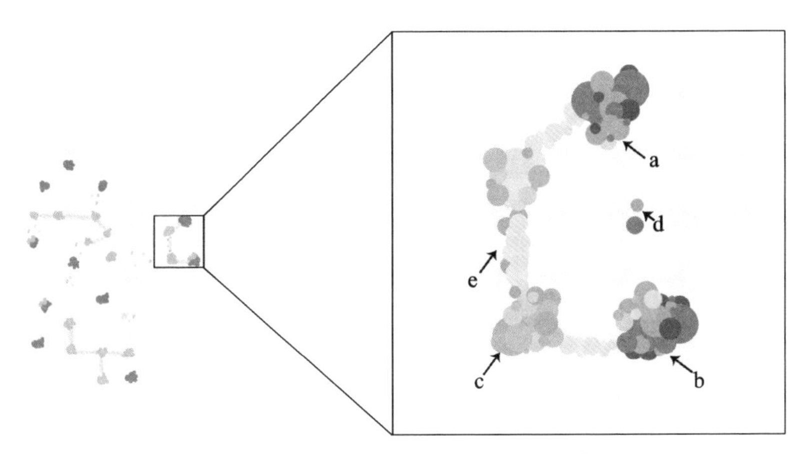

图 3-1　存量空间完善城市 GI 的不同模式示意图

（图片来源：根据网站图片改绘，https://www.tverc.org/cms/content/ecological-networks-0）

从功能上看，作为城市绿地的重要补充，存量空间发挥了营造生境、调节气候、净化空气、渗透雨水等多数城市绿地的生态功能（宋小青 等，2018）。除此之外，存量空间还可用于创造人与自然“更亲密、更原生态”接触的城市荒野景观（Rebele et al.，1996），通过提供休闲游憩空间、食物促进人身心健康。存量空间更新为 GI 带来的上述社会生态效益受到学者广泛关注，下面将从丰富生物多样性、调节小气候、营造健康人居环境、提升绿地公平性四个方面阐述相关研究成果。

需要强调的是，由于 GI 的系统性，若想实现韧性导向下的具体目标，则需要将存量空间置入城市系统及 GI 网络中进行整体评估，根据区位、场地属性、所在地块的生态系统服务功能供需匹配情况等因素确定其更新为城市 GI 的适宜程度及优先级

（冯姗姗 等，2021）。

3.2.1　丰富城市生物多样性的物种栖息空间

棕地、闲置土地等长期未被干扰或处于低干扰状态的存量空间，在植被自我演替过程中形成了新的具有较高生态价值的荒野空间，为丰富城市生物多样性奠定了基础（钱蕾西 等，2022；常江 等，2005）。Mathey 等通过对城市存量空间动植物物种进行跟踪调查，对植被演替阶段进行研究与模拟，论证了闲置存量空间内部显著而丰富的生物多样性，以及潜在的生态、美学、社会文化价值（2015）。其中，闲置土地提供的生物栖息地，具备支持多种常见和稀有物种的能力（Bonthoux et al.，2014）。Gardiner 等人发现闲置土地中存在一些稀有的无脊椎动物且数量高于其他栖息地，也发现一些濒危鸟类将闲置土地作为觅食、筑巢的场所（2013）。

废弃地及闲置土地内的物种种类和数量是研究的热点之一，除了本土植物物种，还包括无脊椎动物、鸟类、哺乳动物在内的各类动物物种（表 3-2）。人类对闲置空间的干扰程度、闲置空间土壤所含成分是影响生物多样性的主要因素。缺乏管理的存量空间中的植物通常以自发生长的植被为主，这些植被肆意生长，“自然”的状态吸引了各种生物。因为存量空间为野生动物（包括濒危动物）提供了栖息地、水及更多的生存条件，所以棕地、闲置土地、空地等存量空间被认为是自然栖息地的替代品（Rega-Brodsky et al.，2018）。相反，割草、伐树等植被整理或污染治理等人类活动的介入，会降低闲置土地内的物种数量，因为这些干扰破坏了场地原有生态系统的平衡。

表 3-2　存量空间物种类型及数量研究

<table>
<tr><th>类型数量</th><th>样本物种</th><th>位置</th><th>尺度</th><th colspan="2">研究对象</th><th>研究学者</th></tr>
<tr><td>46</td><td>国家级稀有甲虫</td><td rowspan="2">英国</td><td rowspan="3">国家</td><td rowspan="2">棕地</td><td rowspan="2">78 个</td><td rowspan="2">Eyre et al.，2003</td></tr>
<tr><td>136</td><td>甲虫</td></tr>
<tr><td>265</td><td>植物</td><td>新加坡</td><td>垂直绿化</td><td>总面积 18600 m^2</td><td>Oh et al.，2018</td></tr>
</table>

类型数量	样本物种	位置	尺度	研究对象		研究学者
11	树木	美国，罗阿诺克市	城市	闲置土地	114 个，单块面积约 400 m^2	Kim et al.，2015
98	蜜蜂	美国，克利夫兰市		闲置土地	8 个，单块面积 843 ～ 6951 m^2	Sivakoff et al.，2018
39	鸟类	美国，巴尔的摩市		闲置土地	150 个，单块面积大于 500 m^2	Rega-Brodsky et al.，2018
43	树木					
109	植物	美国，芝加哥市		闲置土地	35 个	Anderson et al.，2019
34	鸟类	美国，圣地亚哥市		闲置土地	7 个，单块面积大于 10000 m^2	Villaseñor et al.，2020
—	哺乳动物	法国，巴黎市		废弃铁路	32 km	Foster，2014
307	植物	法国，巴黎市		路边小微生境	48 km，总面积 98000 m^2	Bonthoux et al.，2019
64	植物	新加坡国立大学	街区	屋顶绿化	2 个，总面积 740 m^2	Hwang et al.，2015

（表格来源：作者自绘）

3.2.2 城市气候调节和雨洪管理的空间载体

在城市范围内 GI 降温及降低雨洪风险的功能是其应对气候变化所提供的重要服务，棕地、闲置土地等存量空间具有相当大的潜力来缓解气候变化带来的诸多影响。Mathey 等对城市绿地与棕地的降温效应进行了对比，发现棕地在调节温度方面具有重大作用及潜力（2015）。其中，有植被覆盖的棕地提供的降温功效一定程度上与城市绿地相当，远高于大型草地类绿地，降温的幅度取决于其生态演替的阶段，有成熟林地、处于植被演替晚期的棕地的降温作用最强，有茂密林地的城市绿地次之，草本植物与原生植物混合生长的处于演替早期的棕地的降温作用最弱。因此，闲置类存量空间，尤其是人类干预及控制程度越低、自然演替介入时间越久的城市荒野空间，越能够发挥微气候调节作用。存量空间的气候调节能力还与不透水表面比例、绿色植物覆盖比例、植被结构、旧建筑密度和容积率相关。

除此之外，数量较大、分布广泛且离散的存量空间，类似城市空间“孔洞”，作为补充传统灰色基础设施的弹性空间，经过恰当的管理、更新或重新利用，是提高城市水适应性、增加城市应对雨洪风险韧性的重要空间。

3.2.3 营造增加公众健康福祉的人居环境空间

限于封闭管理和不安全因素，目前公众对于棕地、废弃地、滨水荒地等存量空间的感知和接受度具有显著差异。大部分居民通常会拒绝进入无人照管的城市荒野空间，但也有研究表明，位于生态演替晚期的植被群落，相比人工绿地具有更丰富的形式和颜色，会吸引当地居民驻足停留。同时，广泛分布的存量空间以其高可达性为显著特征，成为居民可便利到达的“身边的开放空间”，对于增加居民的社会交往、增强社区社会网络韧性起到重要作用（Joshi et al.，2022b）。

研究表明，空地、废弃地等存量空间为居民提供了安全、健康的人居环境。一方面，此类存量空间通过发挥社会生态功能，提升了居民身心健康水平（胡一可 等，2021）；另一方面，城市空地、闲置土地的微更新降低了社区犯罪率，为居民提供了更加安全的生活环境（Korn et al.，2018；Garvin et al.，2013）。不少国家通过对空地进行更新和整治来降低社区周边犯罪率，且已获得成效。尽管有学者认为空地植被丰富，具有隐藏犯罪活动的倾向，但也有研究发现经过微更新的空地确实可以减少犯罪，原因在于清理垃圾、整理树木、增加设施等小微措施的实施可不断增加人们对于废弃空地的良性使用，使得驻足人群趋于多样化，包括负责任的成年人在内，他们成为减少犯罪的监督者。另外，植被等自然景观可以抑制潜在罪犯的暴力倾向，如缓解人们以注意力下降、控制能力减弱为特征的精神疲劳（Branas et al.，2018；Wolfe et al.，2012）。

3.2.4 提升城市绿地公平性的潜在资源

绿地公平性是指城市居民能够方便且平等地享用城市绿地的各项功能与服务。其中，对健康与福祉需求最大的老年人、儿童、残疾人和低收入居民等弱势群体，常常由于大型城市绿地资源不足、分布不均，而在日常生活中难以充分享用绿地。而之前被人们忽略的废弃地、闲置土地等存量空间，分布于城市建成区的“缝隙”和“孔洞”中，高可达性使其成为居民日常光顾的绿地，是城市绿地的重要补充，是提升城市绿地布局公平性的潜在资源。

不同国家的学者对城市正式绿地和具有植被覆盖的非正式绿地的布局及使用情况进行了研究，Sikorska 等人以波兰华沙市及罗兹市为例，比较研究区内住宅楼 300 m 范围内的绿地数量，发现非正式绿地数量远远多于城市正式绿地，分布更加广泛、均匀，且超过 80% 的城市居民 5 min 内无法到达城市正式绿地，而对于非正式绿地的使用非常普遍（2020）。进而有学者针对弱势群体使用社区周边空地的情况进行了研究，Rupprecht 等人以澳大利亚布里斯班市和日本札幌市为例，研究了儿童和青少年在空地游憩娱乐的情况，发现孩童经常使用距离家近的社区空地，并且与城市绿地相比，近自然性、荒野景观带来的冒险感使其备受孩子的欢迎（2016）。

3.3　相关研究及实践

存量空间转型绿地的过程中涉及多个环节和部门（Atkinson et al.，2014b），从自身利益出发的“孤岛思维”及“碎片 - 断裂式”的转型（柯克伍德 等，2015），会增加存量空间更新的低效益或失败风险。因此，将全生命周期视角引入存量空间转型绿地的研究及实践过程具有重要意义。全生命周期视角要求全面、动态、联系地看问题，从整体考虑存量空间转型绿地的不同阶段的研究重点及其相互关系，有利于减少转型过程中伴生的负面影响，促进环境、社会、经济净效益最大化。

本书将存量空间转型绿地的全生命周期分为场地选择、项目策划、规划设计、场地修复、项目实施、管理维护 6 个阶段（Pediaditi et al.，2010；Doick et al.，2009b）。剖析不同学科视角下的不同研究方向，进行分类总结，得出存量空间转型绿地的潜力及优先级评价、规划过程及影响机制、修复技术及理论、景观更新设计、综合效益评估、可持续性评价 6 个热点研究方向（图 3-2）。

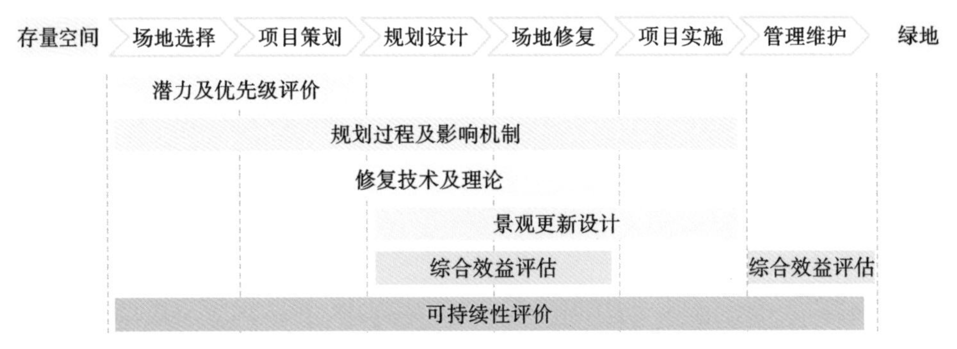

图 3-2　存量空间转型绿地全生命周期及热点研究方向

（图片来源：作者自绘）

3.3.1　存量空间转型绿地的潜力及优先级评价

存量空间转型绿地的潜力及优先级评价，是进行项目决策及选址的重要前提。由于资金限制与外界因素影响，面对数量众多的绿色潜力空间，通过潜力及优先级评价可以选择出最适宜转型绿地的存量空间。本书从场地、区块、城市三个尺度下的生态、社会经济两个维度对潜力评价研究进行总结（图 3-3）。

1. 场地尺度潜力评价

存量空间转型绿地的潜力与场地面积（Sanches et al.，2016）、坡度、场地硬化率、植被覆盖率、污染程度等指标息息相关。场地内自然演替形成的丰富植被结构（Strauss et al.，2006）和提供的生物栖息地功能（Hunter P，2014）逐渐引起了学者们的关注，进而对场地发挥的生态系统服务功能进行进一步测度，大量研究证明存量空间是完善城市绿地系统的重要载体（Anderson et al.，2019）。Mathey 等基于情景模拟，预测了棕地转型为不同类型绿地所提供的生态系统服务的差异性（2015）。Kattwinkel 等研究发现平均用地年龄为 15 年的存量空间具有的物种丰富度最高（2011）。此外，也有学者从社会维度将土地利用现状、土地权属、有无历史文化遗产等列入潜力评价指标体系。

2. 区块尺度潜力评价

存量空间转型绿地的潜力还受到场地邻近用地性质和周边居民诉求等区块尺度因素影响。Sanches 等将邻近绿地的面积、最小距离、服务效率及可达性纳入存量

图 3-3　存量空间转型绿地潜力评价指标

（图片来源：作者自绘）

空间转型绿地的潜力评价体系（2016）。此外，周边居民诉求（Anderson et al., 2019）、人均绿地面积、闲置土地外部可达性（Heckert, 2013）、邻近用地性质（Sanches et al., 2016）等都会影响其转型潜力。

3. 城市尺度潜力评价

随着 GIS 的发展，研究角度逐渐延伸到城市尺度。大部分研究结合“千层饼模式”的可视化方式确定存量空间转型绿地的优先级（McPhearson et al., 2013）。学者最初关注存量空间与 GI 结构、生境斑块分布的关系，如 Lafortezza 等以景观连通性提升为目标判断存量空间转型绿地的潜力（Lafortezza et al., 2004；Newman et al., 2017；曹越 等，2020），学者们普遍认为位于绿地网络关键部位（斑块边缘、廊道、垫脚石）的存量空间转型绿地的潜力更大（Kattwinkel et al., 2009）。与此同时，将存量空间转型绿地的潜力评价指标拓展到城市尺度上，如缓解热岛效应、提高空气质量、减少雨洪灾害的效力（Scott et al., 2016），充分考虑不同效力在空间上的供需关系。近几年，存量空间转型绿地的潜力评价还考虑了人口空间分布、结构特征及收入水平等社会因素（Anderson et al.，2019；Heckert，2013），关注弱势群体的绿地需求，通过存量空间转型绿地提高城市绿地的公平性。

3.3.2 存量空间转型绿地的规划过程及影响机制

在全生命周期视角，存量空间转型绿地的决策及规划过程是项目实施的决定性环节。存量空间转型绿地的显性经济收益小、涉及多方利益（Altherr et al.，2007）、开发动力不足，具有相当的复杂性（Siikamäki et al.，2008；Gardiner et al.，2013）。一般认为，存量空间转型绿地过程中涉及4个利益主体：①以政府为代表的公共部门；②土地所有者；③开发商；④公众及公益性团体（图3-4）。De Sousa（2003）和Siikamäki等（2008）通过对案例相关利益主体的访谈及问卷调查，分析基于多方利益诉求的转型阻碍及促进因素。

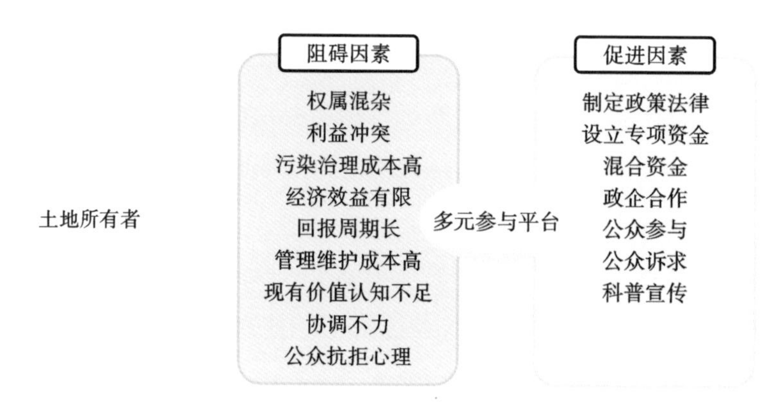

图3-4 存量空间转型绿地的影响因素分析

（图片来源：作者自绘）

其中，阻碍因素体现在土地征收、利益博弈、投资成效及公众意识4个方面。对政府而言，权属混杂、城市用地紧张、土地价格高昂等原因导致存量空间征收难度和成本增加（Harrison et al.，2002；Foo et al.，2014）。原土地所有者往往因与其他利益相关者存在利益冲突，而不愿转让土地使用权（Kristiánová，2013）。棕地污染治理成本高、经济效益有限、回报周期长、管理维护成本高是难以吸引开发商投资的直接因素（De Sousa，2003）。除此之外，对存量空间现有价值认知不足、多方协调不力也会抑制项目的有效开展（De Sousa，2003；Atkinson et al.，2014a）。而闲置的存量空间多有荒芜、混乱、不安全等消极的景象，以及其污染历史往往会引发市民和游客的抗拒心理（Rupprecht et al.，2016；Brun et al.，2018）。

因此，基于目标协调、资金共担、利益共赢、信息共享，建立一个集合多方利益主体的合作平台，是促进存量空间转型绿地的重要路径。政府作为政策和法律的制定者在政策引导、战略部署、场地选择、资金划拨方面具有主导权（Doick et al.，2009b; Heckert, 2013），能积极推进项目有序开展。开发商是混合资金的主要提供者，在规划设计和项目实施阶段发挥重要作用（Doick et al.，2009b）。公众是绿地最直接的使用者和受益者（Klenosky et al.，2017），增加公众在全过程中的参与度能提高公众对项目的理解和支持（Anderson et al.，2017）。

3.3.3 存量空间转型绿地的修复技术及理论

污染一直被认为是遏制棕地类存量空间更新的阻碍因素（李建萍 等，2011）。因此，针对污染土地的生态修复是其再利用的必要程序。需要对受到污染的存量空间进行环境风险评估，以确定污染物防治的具体措施。目前主流的修复方法有物理修复、化学修复、微生物修复和植被修复。物理修复能有效地去除污染物，但是存在工程量大、能耗高等不足。化学修复能在短时间里针对性地治理污染，但具有二次污染的风险。微生物修复没有二次污染的风险，但普适性不高。植被修复因其修复效果好、价格便宜、环境破坏风险低等优势逐渐受到学者们的关注（郭丹丹 等，2012）。尽管植被修复具有修复时间长的缺点（马德尔 等，2017），但是相较于转型为居住用地、商业用地等，存量空间转型绿地的污染处理标准、目标及技术更加具有弹性及延展性（张振威 等，2019），因此植被修复对于转型为绿地的存量空间的污染治理具有更好的适用性。

在修复技术不断完善的同时，形成了融合多学科背景的修复理论，如绿色可持续修复理论（侯德义 等，2018）、基于自然的解决方案的修复理论（Scott et al., 2016）、美学基础修复理论（郑晓笛 等，2015b）。Hou 和 Al-Tabbaa 提出的绿色可持续修复理论转变了既往主要关注污染物处理效率的观念（2014），提倡运用整体的全生命周期方法，以减少能源使用和环境二次污染，实现社会、经济和环境方面的净收益最大化为目标制定修复方案。以植被修复为基础的 NBS 理论提倡让自然做功（崔庆伟，2017），以临时绿地或低人工干扰的方式（Németh et al., 2014；Todd et al., 2016），将自我修复和人工干预修复相结合，提高存量空间的生物多样性。郑晓笛等则强调将美学作为修复的基础，以场地整体景观优化为导向，融美学及景观艺术于修复方案制定、技术选择、美学管理和景观营造等不同阶段和不同层面，实现景观增值和多学科交叉（2015b）。总之，污染土地修复技术研究已从单一技术向联合技术转变（郭丹丹 等，2012），从传统的物理修复、化学修复技术向更加可持续的微生物修复、植被修复技术转变，从减少污染物的单一目标向环境、社会及经济复合修复目标转变（侯德义 等，2018），从关注单一修复阶段转向关注全生命周期。

3.3.4 存量空间转型绿地的景观更新设计

景观更新设计是存量空间转型绿地全生命周期中直接影响绿地品质和公众吸引力的关键。相对于新开发用地，存量空间必须充分考虑场地本身的赋存信息和属性特征，因此，众多学者研究了场地的安全性、自然性、历史显现性和公众感知与偏好，以更好地指导存量空间的景观更新设计。

场地安全性是存量空间景观更新设计的重要前提。污染风险和犯罪现象是棕地、废弃地等长期闲置空间的主要威胁。Klenosky 等认为污染风险是公众使用棕地的重大影响因素（2017），因此场地必须达到环境质量标准方可进行景观设计，污染治理措施和监测结果需要及时公开，保障公众的知情权（刘锴 等，2018）。针对犯罪现象，景观设计师应注重场地空间的透明度和路线设计（Unt et al., 2014），减少潜在犯罪机会，鼓励社区成员参与维护与管理（Morckel, 2015），消除公众心理上对犯罪行为的担忧。

植被的自然性和历史遗迹的历史显现性是存量空间景观更新设计的基础。一方面，存量空间相较于正式绿地的最大优势是自然性（Rupprecht et al., 2016）。经过长期无干扰演替形成的生物群落不仅极大地丰富了城市生物种类（Mathey et al., 2015），同时也具有极强的自然景观欣赏价值。另一方面，曾经使用过的存量空间的历史遗存是记录场地历史的独特景观标记，是邻近居民归属感的载体。因此，景观更新设计方案宜采取针灸式的小规模干预手法（small-scale design interventions）（Hofmann et al., 2012；郑晓笛，2015a），尽可能降低对既有生态系统和人文历史景观的破坏，最大化地保留存量空间生物多样性和延续城市的历史文脉（Unt et al., 2014；Hunter P, 2014）。

公众感知与偏好是存量空间景观更新设计的支撑（邓炀 等，2019）。居民对于旧厂区、旧住区等存量空间具有独特的情感（Martinat et al., 2018），并会尝试在场地内进行低强度的活动，因此公众感知与偏好是景观设计的重要参考。Mathey 等发现人们偏爱经过人工设计、冠层闭合度高的正式绿地，中间草地演替阶段（intermediate grassland stage）的植被结构被认为是最具吸引力的（2018），其中娱乐体验型绿色空间受到更多关注。也有学者从居民性别、年龄方面研究公众偏好，认为女性更加青睐文化、体育、儿童等公园类型（Martinat et al., 2018）；对老年人和儿童等弱势群体而言，开放、平坦、安全的场地是开展健身、游憩的前提（Unt et al., 2014）。

3.3.5 存量空间转型绿地的综合效益评估

综合效益评估是衡量存量空间转型绿地功能绩效的重要环节，按照效益评价时间分为现实效益和潜在效益，可为未来的规划提供支撑或检验建成项目的实际效益。相较于生地，存量空间多位于交通和经济地理区位较好的位置，因此转型为绿地后在环境、社会及经济方面发挥的效益更加显著（Doick et al., 2006）（表 3-3）。效益评估逐渐从环境效益延伸至社会效益和经济效益层面，并逐渐细分，同时更加关注人的生理及心理需求。评价类型也从单一类别的评估延伸至同类或跨类效益复合评估，注重多种效益权衡。评测的方法更加具有针对性和多样化，多种评测方法之间的互补应用逐渐兴起。

表 3-3　存量空间转型绿地效益分类及其研究方法统计

效益大类	效益子类	研究方法	部分研究学者
环境效益	调节微气候	遥感反演、i-Tree 模型	Kim et al., 2015; Smith et al., 2017
	改善环境质量	i-Tree 模型、InVEST 模型、现场测量	Kim et al., 2015; Kim et al., 2018
	维持和提高生物多样性	田野调查	Gandy, 2013; Do et al., 2014
	缓解城市雨洪压力	绿值雨水管理计算器（the green values stormwater management calculator）	Thiagarajan et al., 2018; Kim, 2018
	提供食物	蔬菜价值评估法	McClintock et al., 2013; Smith et al., 2017
社会效益	居民文化休憩服务	案例比较分析、空间分析、观察法	Kowarik et al., 2019; De Valck et al., 2019
	延续历史文化	案例比较分析	De Sousa, 2003; Kim, 2018
	抑制犯罪	双重差分模型、空间杜宾模型	Garvin et al., 2013; Kondo, 2017
	提升居民身心健康	凯斯勒心理困扰量表、随机对照实验	Branas et al., 2011; South et al., 2018; Jerrett et al., 2018
	促进邻里和谐	问卷调查	South et al., 2018
经济效益	创造就业机会	问卷调查、访谈	Kim, 2018
	提升周边地块价值	双重差分模型、特征价格模型、地理加权回归	Kaufman et al., 2006; Noh 2019
	降低能源消耗费用	现场测量	Kim et al., 2016

（表格来源：作者自绘）

1. 环境效益

存量空间转型为绿地可改善区域环境质量，净化污染土壤及水体（Kim et al., 2015；Kim et al., 2016），形成新的生物栖息地（Gandy，2013）；存量空间转型为城市农业用地可提供食物（McClintock et al., 2013；Lin et al., 2019）。在高密度城市居住环境中，规模不一的存量空间转型绿地成为调节城市微气候（Smith et al.，2017）、减轻雨洪灾害的重要途径，其产生的长期效益是不可估量的。

2. 社会效益

闲置土地、棕地等存量空间作为城市荒芜形象的代表，容易让居民及游客在心理上产生抵制情绪。将存量空间转型为城市绿地，创造了游憩、社交的空间和机会（Atkinson et al.，2014a），弥补了区块内人均绿地面积低、既有绿地可达性差的不足（Kim，2018），更改善了邻里关系，提升了社区凝聚力，同时绿地对于情绪调节和心理健康有着积极的作用（Branas et al.，2011；South et al.，2018），而这种变化在城市贫困区域更为显著（Jerrett et al.，2018）。Garvin 和 Kondo 等运用双重差分模型研究发现，存量空间转型为绿地后，抢劫、偷窃等犯罪行为明显减少（Garvin et al.，2013；Kondo et al.，2016；South et al.，2018）。

3. 经济效益

存量空间转型为绿地之后能降低能源消耗，改善地区的面貌，吸引更多的投资，提供更多的就业岗位，带动区域经济复苏和发展（Kaufman et al.，2011），最为显著的表现是周边房地产价格增长（Heckert et al.，2012）。Kaufman 和 Noh 基于特征价格模型研究显示，富裕地区的房地产价格由存量空间转型绿地所带来的增值高于贫困地区（Kaufman et al.，2006；Noh，2019），居住地产价格受存量空间绿化项目影响提升的范围大于商业地产（Noh，2019）。

3.3.6 存量空间转型绿地的可持续性评价

存量空间转型绿地的可持续性评价是判断存量空间绿化项目成功与否的重要方法，按照评价的阶段可以分为前瞻性和回顾性两种评价类型（侯德义 等，2018）。科学有效的可持续性评价，不仅依赖于评价工具本身，同时与评价主体、目标及程序息息相关，因此有学者研究了存量空间转型绿地的可持续性评价阻碍因素（Pediaditi et al.，2010）（表 3-4）。Doick 等研究了存量空间转型绿地的可持续性评价的原则、评价目标与不同评价主体之间的影响机制（2009b）。Pediaditi 等基于 28 类绿地可持续性评价工具，提出其运用于存量空间转型绿地评价的优势与局限性（2010）。

在评价目标方面，必须明确评价是多目标性的（Doick et al.，2009b），可持续性评价是环境、社会、经济三方面效益评价的综合（Doick et al.，2009b）。在评价目标的指导下，拟定具体的监测和评价标准是可持续性评价的关键（Doick et al.，2009b）。在评价主体方面，应提升评价人员的整体素质水平，构建共商、共建、共管平台，提高评价的透明度。在评价工具方面，不断推动评价工具的研发，这是完善可持续性评价的重要基础。在评价程序方面，务必加强各个环节的衔接，促进数据和信息的共享。Li 等在构建的可持续性评价模型框架中，提出可持续性评价必须贯穿全生命周期，将监测和评价程序融入日常管理（2019），在不同空间尺度下，开展存量空间转型绿地的短期、中期、长期动态评价（Doick et al.，2006），促使存量空间绿化项目发挥长期的作用。

表 3-4　存量空间转型绿地的可持续性评价阻碍因素

可持续性评价阻碍	阻碍子项
评价主体的局限性	1. 不同评价人员对可持续性理解的差异导致评价标准的差异； 2. 评价人员缺乏基本的理论知识和实践技能； 3. 评价人员缺乏可以借鉴的经验； 4. 评价人员缺乏长期监测和评价的意识； 5. 利益相关者的责任分散
评价工具的局限性	1. 评价工具评价内容不全面； 2. 未能结合场地自身的特殊性； 3. 重视产出的监测，忽视潜在的益处
评价程序的局限性	1. 结果导向思维，忽视过程的监测和评价； 2. 不同环节缺乏交流，导致信息传递受阻、评价缺乏连续性； 3. 监测和评价过程封闭，缺乏透明性； 4. 缺乏工具的集成

（表格来源：作者自绘）

4

城市尺度：城市功能需求导向下的 GI 韧性提升

4.1 城市功能需求的内涵

韧性存在的重要前提是将主体作为一个整体且相互作用的系统来对待。城市更新是一项宏观性、系统性极强的工作，缺乏城市功能结构整体评价的零散更新项目往往背离城市更新的目标，难以解决城市出现的环境质量下降、生物多样性丧失等各类问题（杨建强，2018）。同样，面对功能、结构和权属相当复杂的城市现状，GI 韧性提升下的绿地增补和提效更新，也必须置于宏观的城市系统中进行统筹安排，即从城市需求出发，识别 GI 韧性最薄弱的环节或地点，将有限的资金和资源投入最需要的地方，补足短板，高效提升 GI 的功能及生态系统服务，以应对全球气候变化等风险和危机。

那么城市需求的具体目标如何确定？本书更多是从城市本体出发，在城市可持续发展总体目标下确定城市功能提升和空间布局优化的需求。

从城市功能提升角度看，需求是依据城市目前的功能布局及对未来的发展愿景产生的，需要把具象的城市典型社会生态问题转变为抽象的城市功能和服务需求。这里首先需要明确功能（functionality）与生态系统服务（ecosystem services）的概念区别。GI 功能是影响城市生态系统稳定性的重要因素。GI 的生态系统服务则以人为中心，强调受益者是人类，侧重表达绿地在维持城市人类活动和居民身心健康方面提供物质产品、环境资源、生态公益和美学价值的能力，GI 在一定的时空范围内为人类社会提供的产出构成其生态服务功效（李锋 等，2014）。图 4-1 中的级联模型揭示了功能及服务之间的区别和联系。比如，生物物理结构或过程（水流通过）是功能（净初级生产力）的基础，这些功能可以为人类带来服务（如降低雨洪风险）。同时，GI 韧性的核心特征强调 GI 发挥的功能类型的多样化，其所体现的多功能性是 GI 的整体助推力。因此，城市需求是多元的，应从关注某一类功能及服务需求，到综合权衡、补充不同类型的城市功能及人类福祉。

从空间布局优化角度来看，GI 的空间结构直接影响绿地的功能发挥及韧性程度。因此以优化 GI 布局、增加 GI 斑块之间的景观连通性作为 GI 韧性提升的城市需求目标，在研究及实践中被广泛采纳。识别位于斑块或廊道等关键位置上的潜在存量绿地，通过生态恢复或 GI 更新，提升斑块及节点的规模与质量，修复、增强斑块间的薄弱连接，增加景观连通性，从而保护生物多样性，缓解生境破碎化，对于提升 GI 及城市社会 - 生态系统的韧性具有重要意义。

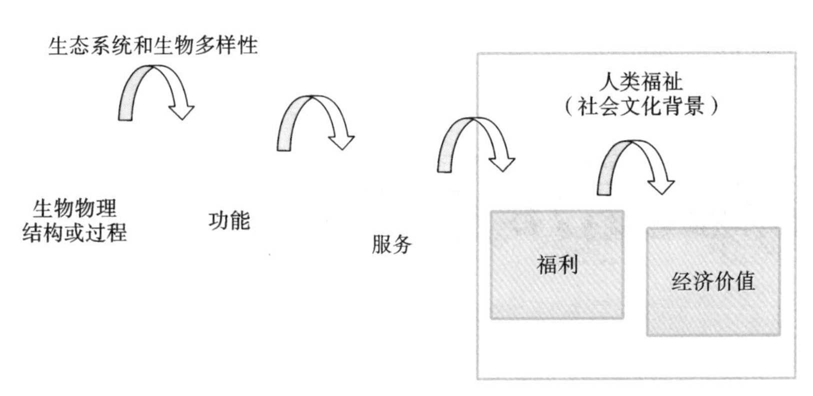

图 4-1　将生态系统与人类福祉联系起来的级联模型

[图片来源：根据文献（Haines-Young et al., 2010）改绘]

具体而言，城市需求立足于解决城市典型的社会生态问题，从自然过程及人类福祉两方面为 GI 韧性增强提供目标。因此在国内外以实践为导向的 GI 规划中，首要的步骤是立足现实情况、确定规划目标，尤其是要识别城市面临的最紧迫的问题与需求。如英国默西森林（2011）的 GI 规划步骤包括总体目标确定、合作关系确定、数据收集与资源整合、功能评估、需求评估、规划计划。又如美国诺福克市的 GI 规划针对韧性导向下的应对海平面上升可能产生的洪涝威胁的目标，分别制定了 3 个土地治理目标和 2 个水环境提升目标（赵娟 等，2021）。不同地域、不同城市发展阶段所面临的需求不同，如美国费城市面临的最大问题是土地空置带来的一系列社会经济问题，而恢复城市活力、加强社会关系、减少犯罪活动被认为是 GI 更新的目标需求之一（衣霄翔 等，2020）。

目前，主要从城市所应对的风险、威胁和干扰，确定核心的生态系统功能及服务提升目标，根据其供需关系来引导城市 GI 建设。以生态系统服务功能目标需求为例，通常涉及以下几方面：①净化空气、缓解热岛效应、降低噪声、涵养水源和保持水土等，促进城市环境质量改善；②维持和增加城市生物多样性，尤其是增加鸟类栖息地；③增加人类美学感知、维护人类身心健康的休闲游憩功能；④增强抵御洪水、地震、飓风等自然灾害的能力；⑤降低犯罪率、建立和谐社会关系的社会功能。

4.2　城市需求下 GI 韧性提升实践案例及经验

4.2.1　里士满市绿色基础设施规划

1. 规划背景

美国的里士满市是弗吉尼亚州首府，位于詹姆斯河航线的起点，拥有 21 万人口，是美国重要的烟草市场和制烟中心，也是钢铁、农机、金属加工等工业产地。随着城市无序扩张，自然空间不断减少，受产业转型、人口变化、劳动力转移等因素影响，美国政府与私人企业逐渐从城市社区中撤资，这导致城市出现大量空置土地，带来土地遗弃、犯罪频发、城市垃圾堆积、生态景观衰败等诸多问题。为了解决以上难题，政府提出将具有绿化潜力的空地转变为 GI 的战略，因此，自 2006 年以来，里士满地区区域规划委员会（Richmond Regional Planning District Commission, RRPDC）、里士满市绿色基础设施中心（Green Infrastructure Center，GIC）、E^2 公司及里士满市多部门协助当地社区，对城市自然资源与空地进行系统调研和评估，研究将城市空地融入城市 GI 的目标和路径（图 4-2），并据此制定了基于空地更新的 GI 系统多尺度规划及发展报告（宫聪 等，2017）。

图 4-2　空地绿化及其重构 GI 示意图

（图片来源：Green Infrastructure Center,E^2 Inc., 2010）

2. 城市需求目标及规划过程

里士满市绿色基础设施评估与规划的目标契合城市发展的实际需求，在《里士满市总体规划（2000—2010）》中提出了涉及社会及生态层面的多个城市功能提升愿景与目标，具体如下：①为废弃建（构）筑物赋予新的功能；②对公园体系关键位置进行补充和提升；③通过空置地更新增加詹姆斯河岸空间的开放性和可达性；④保证高质量的水资源；⑤保护城市中敏感、关键的自然空间；⑥增加市民感知与接触自然环境的机会；⑦保护步行及自行车出行的空间；⑧增加城市公立学校与休闲游憩空间的联系；⑨加强休闲游憩部门在经济发展和社区复兴中的作用；⑩保证居民的高质量生活环境。

里士满市绿色基础设施评估与规划的核心任务是评估空地作为 GI 的潜力，因此，对城市自然资产的估算及城市潜力空间的识别十分重要。规划前，里士满市共有 9000 块空地，其中很多空地被视为极富生态价值的自然资产，对扩展 GI 网络、增进邻里关系具有重要作用。评估分为两个阶段：阶段一，RRPDC 对城市绿色资源进行评估及效益分析，并将结果汇编成研究报告《里士满绿印》（*The Green Print*），建立城市 GI 数据库；阶段二，识别城市空地并对其 GI 适宜性进行评估（图 4-3），从不同尺度提交 GI 更新概念规划。

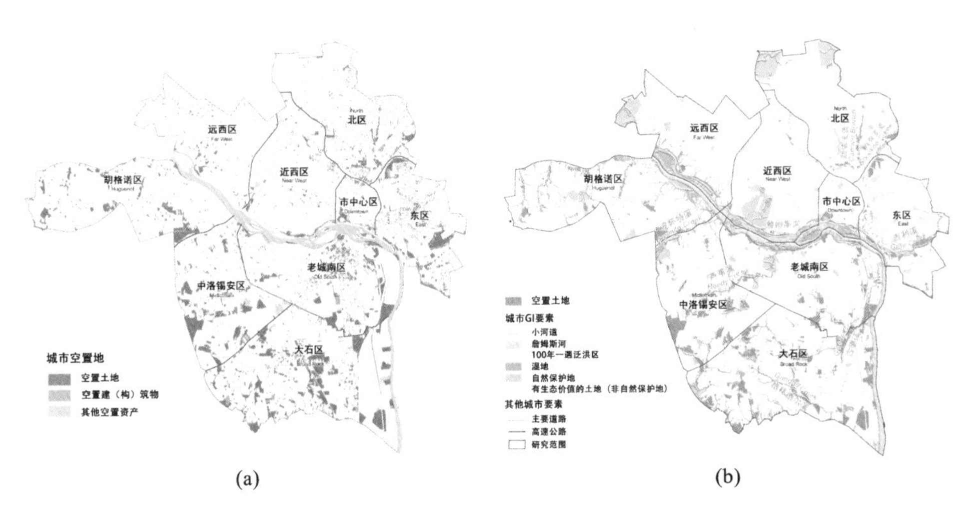

(a)　　　　(b)

图 4-3　里士满市空置土地类型及空置土地与已有 GI 空间的关系

（a）里士满市空置土地类型；（b）里士满市空置土地与已有 GI 空间的关系

（图片来源：Green Infrastructure Center,E^2 Inc., 2010）

（1）城市尺度：基于空地生态适宜性评价，重构城市 GI 系统。

（2）辖区尺度：以改善水质，扩大自然保护区域，增加公园、社区花园、户外教室及廊道连接为目标，创建用以进行空地适宜性评价的交互数据平台。

（3）社区尺度：发展邻里概念规划，明确空地作为触媒连接社区和城市 GI 网络的作用。

3. 实践启示

里士满市绿色基础设施评估与规划项目明确将存量空间与城市 GI 联系起来并落实到空间上，探索了城市空置土地如何为城市 GI 做出贡献，最终从城市、辖区、社区三个尺度提出了具体的 GI 规划措施。该规划建立了完善而系统的 GI 更新体系及方法框架，有效应对了美国部分城市存在的城市收缩及城市空地问题。其突出的特点包括：①该规划方法实现了不同尺度下 GI 优化方案及尺度间的系统衔接，以最大限度地填补、扩充城市 GI 网络，加强了城市的生态韧性；②规划所依托的城市空地数据库的构建成为规划的重要基础，联合多个部门对空置土地进行统一归口，详细调查、分类评估、层层筛选及排序，结合城市 GI 状况和社区需求系统性地进行试点规划和实践。

4.2.2　费城绿色计划

1. 规划背景

费城市位于美国宾夕法尼亚州东南部，是宾夕法尼亚州最大的城市，城区面积为 369.3 km^2，根据 2020 年人口普查数据，城区人口约为 160.4 万人。[1] 随着美国的工业发展，费城市这座曾经美国最富有的城市之一，因过度工业化而逐渐变得拥挤不堪且混乱肮脏（苏毅 等，2017）。而自 20 世纪中叶起，费城市的工业与制造业逐渐衰败，占据了大量城市空间的货运基础设施与工厂设施相继被废弃，土地利用率极低，如何再利用这些废弃存量空间成了费城亟待解决的问题（毛晨悦 等，2020）。为了应对上述问题，费城市于 2010 年实施“费城绿色计划”（Green Plan Philadelphia），整合城市绿色基础设施，完善城市生态基底，打造绿色宜

---

[1]　数据来源：维基百科。

人的人居环境。

2. 需求目标及规划过程

费城绿色计划在传统的绿地规划基础上进行了创新，不仅关注城市公园、社区花园、街道绿化等传统城市 GI 要素，以及休闲游憩等单一绿地功能，而且从不同尺度将城市农业、屋顶花园、小微生境等非正式绿地融入计划，从而实现生态、经济和社会效益最大化，并以此给出了系统的评估框架，为城市科学选择 GI 保护、修复、增补要素和场所提供了一种全面评估和规划的新方法。

计划首先将城市 GI 分为两类——绿色元素（elements of green places）和绿色场所（green places）。绿色元素构建起绿色场所，绿色场所形成绿色基础设施网络。绿色元素包括树木、雨水管理工具、牧场、步行道及自行车道、小型湿地、城市农业和社区花园、高透水率地表。绿色场所包括公园与娱乐空间、广场及附属空间、绿色校园、空置土地、滨水区、绿色街道、铁路及公共设施走廊等。

基于生态、经济和社会效益最大化的总目标，费城绿色计划从城市面临的现实问题出发，识别生态环境具体问题及市民生活差异化需求（苏毅 等，2017）。从生态环境维度设定 4 个总目标：清洁空气、健康水系、稳定的栖息地、宜人的气候。同时提出 4 项亟待提升的社会 - 生态系统服务：提供新鲜的农产品、提高休闲游憩地可达性、保证市民健康、维护安全邻里关系。随后在具体的计划措施中将其又细化为 30 多个可实现的目标，其中包括每个社区的树木覆盖率至少达到 30%；改善现有的草地品质并新增 220 acre（1 acre ≈ 4046.86 m^2）草地；新增 200 acre 湿地以求改善城市河岸、潮汐与非潮汐湿地；通过校园公园计划新增 100 处校园绿化；推动城市商业农业项目的盈利，在 5 年内完成 10 个城市农业项目；创建全市 1400 mile（1 mile ≈ 1609.34 m）的绿色街道网络，并确保所有居民居住地 0.5 mile 内有一条小径；将私人持有地块的空置土地和建筑废弃率从 10% 降到 5%（Wrtdesign, 2016）。

考虑到城市中不同区域有不同的需求，这些目标的细化与城市区域密切相关：比如费城市收入有限的弱势群体更偏向高热量的非健康饮食，且无法承担绿色食品的高昂费用。该计划进行时城市仅有 14 个创业城市农场，城市农业生产需求很高，因此建议通过营利性城市农业、非正式的社区屋顶菜园等各种形式增加特定区域的城市农业项目（图 4-4）。在效益考察中，实现的目标越多，计划为城市的环境、经济和社会生活带来的好处就越多，也就越接近费城绿色计划的整体目标。

图 4-4　费城绿色计划中对屋顶花园的规划愿景

（图片来源：https://www.wrtdesign.com/work/greenplan-philadelphia）

为了确保在 GI 更新过程中获得最大的社会生态效益，费城绿色计划建立了收益矩阵（benefits matrix）（图 4-5），用来评价和衡量城市 GI 建设项目在生态、经济及宜居方面的综合效益，为不同增绿、融绿及转绿项目之间的效益比较提供了一个较为客观的依据。如满足一定数量标准（目标门槛）的 GI 项目才可能被纳入费城绿色计划项目，并可以获得公共资金资助、减免税收等优惠政策的机会。

3. 实践启示

费城绿色计划打破了传统城市空间规划的思维定式，是针对城市 GI 更新建设而进行的创新性尝试，具有规划对象丰富、层级目标明确、可实现最低成本 - 最大效益的优势。基于绿色元素及绿色场所营造 GI 网络，并参考不同需求对多目标进行细化，有效提升计划目标的可实现性。同时，费城市通过对比 GI 规划项目的相关效益成本要素，选择可最大限度发挥生态、经济、社会效益的土地作为提质、增绿的空间，不断扩展 GI 规模、类型，提升 GI 效能，并有序协调政府、市场与社会三方利益，有效促进了绿色空间网络的优化及城市韧性的提升，为城市更新背景下 GI 的实践及理论研究提供了典型范本。

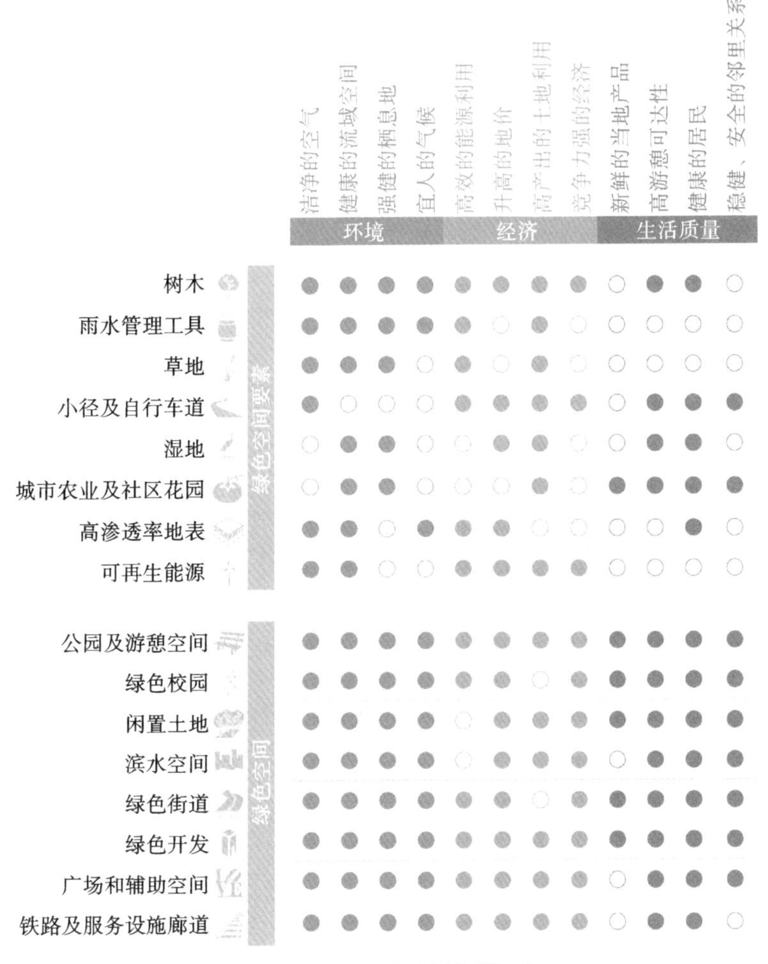

图 4-5　费城绿色计划收益矩阵

（图片来源：https://www.wrtdesign.com/work/greenplan-philadelphia）

4.2.3　扬斯敦 2010 总体规划

1. 规划背景

扬斯敦市地处美国俄亥俄州东北部锈带地区，曾是美国三大钢铁生产城市之一。扬斯敦市的钢铁产业在美国去工业化浪潮中遭受严重打击，扬斯敦市经济逐渐落后并导致城市人口持续下降，从 1950 年的 17 万下降到 2000 年的 8.2 万，因此在城市中出现大量的长期废弃、未充分利用的空置土地及破败的建筑，引发了高犯罪率、老龄化、种族矛盾加剧等社会问题（杜志威 等，2020）。2002 年，扬斯敦市政府联合扬斯敦州立大学等团队，在全市各方力量的支持下开始着手进行《扬斯敦 2010 总体规划》（*Youngstown 2010 Citywide Plan*）的编制，以解决以往规划无法科学引导城市未来发展的问题。经过充分的研究与讨论之后，《扬斯敦 2010 总体规划》的核心思想被确定为削减建设用地并扩展开放空间及农业用地。该规划作为美国第一个明确提出精明收缩的城市规划，标志着收缩作为一种城市规划策略在规划实践中得以确立。

2. 需求目标及规划过程

缓解城市收缩问题是《扬斯敦 2010 总体规划》出台的重要目标。作为解决以上社会生态问题的规划策略之一，闲置土地向 GI 的转变是《扬斯敦 2010 总体规划》中的重要内容（图 4-6）。规划聚焦如何在城市收缩的背景下实现城市环境的可持续发展（Rhodes et al., 2013），精简城市中过量的存量空间，将其转变为公共绿地或非建设用地，使城市的建成空间规模与人口规模重新恢复相对均衡的状态。其中，规划主要从以下三个方面增加城市 GI 的数量并提升其功能。

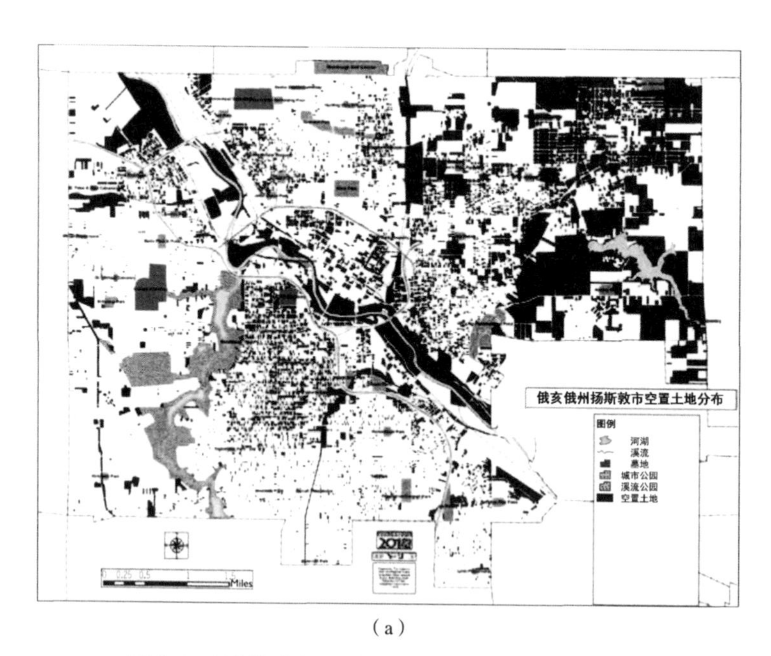

（a）

图 4-6　扬斯敦市空置土地分布及扬斯敦市绿色空间规划

（a）扬斯敦市空置土地分布；（b）扬斯敦市绿色空间规划

[图片来源：文献（黄鹤，2011）]

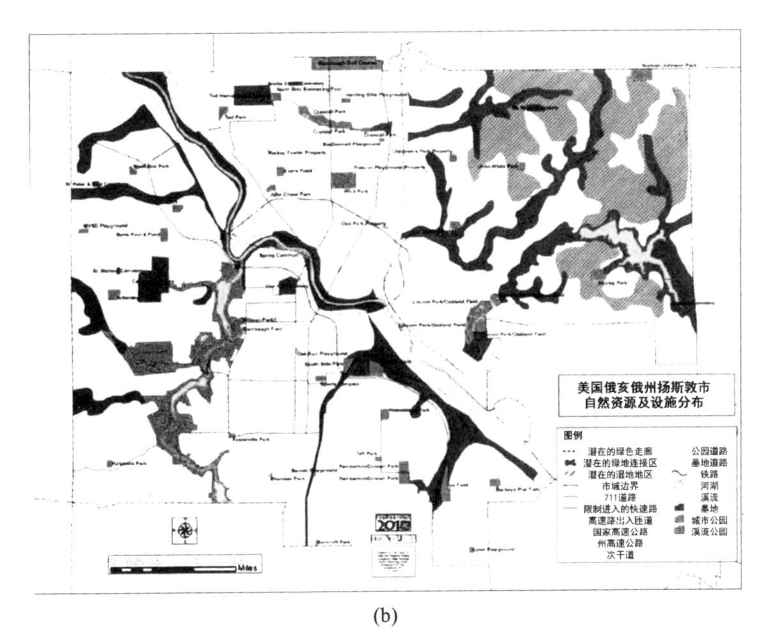

(b)

续图 4-6

第一，绿化及修复闲置土地，重构城市 GI 网络。重点关注以人为核心的休闲游憩空间的优化，将大量闲置土地、废弃地更新改造为城市公园，形成更绿、更干净的城市形象；通过河流走廊串联绿色廊道，计划对现存的工业水道进行改造升级，将其塑造为供当地居民日常开展休闲娱乐活动的滨水带；将原本分散各处的公共绿地及各级开放空间相连接，构成一个整体的城市绿色网络，并尝试与地区、州乃至国家层面等各级绿地网络相互联系。这些规划举措不仅能够有效扩展城市 GI 的范围，提升城市环境，还有助于营造吸引人口增长的高活力、高品质的城市生活空间。

第二，调整各类用地比例，建设具有竞争力的工业区，增设新的工业用地分类——工业绿地（industrial green），同时降低重工业及污染型轻工业的比例，将上述两类工业用地分别减少至 490 acre 和 350 acre，轻工业用地缩减至原本的 15%。降低居住用地与商业用地比例，扩大教育用地的规模，通过土地的混合利用，增加绿色融入并减少硬质界面，从总量上缩减城市建设用地规模，彻底贯彻精明收缩的规划理念。

第三，通过绿化重塑邻里空间，采取绿化街道、建设社区花园、修复马霍宁河等措施修补破损的社区环境和城市市容，划分城市邻里组团，建立具有多样性和城市活力的邻里空间，并促进城市中心恢复，间接引导城市人口回流和经济复苏。

同时，政府致力于构建完善的规划实施机制，扬斯敦市积极号召公众参与并实行土地银行（land bank）政策。土地银行是一种由政府主导或部分私营的企业，其主要任务是回收、持有、管理及处置建成区复杂利益关系下的存量土地资产，土地银行可以统筹实现规划目标，促进城市环境提升，是城市更新的重要推动者。同时，规划的编制和开展都基于广大市民的参与和专业规划人员的科学评估与判断，为规划实施者提供了合理有据的空间介入方法和改造建议（高舒琦，2020），从而有效提升了规划的科学性与合理性。

3. 实践启示

《扬斯敦 2010 总体规划》同里士满市绿色基础设施规划、费城绿色计划一样，从城市面临的社会生态问题及目标需求出发，从不同尺度系统地调查城市闲置土地及存量绿色空间，并积极将其融入 GI 空间，以增加 GI 的效能及韧性。但事实上《扬斯敦 2010 总体规划》的核心目标“减少建设用地、增加城市开放空间”并未较好实现，且在下一轮 2013 年区划中体现很少。有学者对扬斯敦市 2010 年总体规划与 2013 年区划进行了土地利用类型对比：2010 年总体规划中的 3786 个规划开放空间，仅有 279 块绿地在 2013 年区划中得以实施；同时，2013 年区划中的开放空间规划，不仅没有延续 2010 年总体规划中连续的网络体系，反而倒退到接近 1993 年区划的零散的不成体系的绿地空间状态（高舒琦，2018）。这也说明建成环境内闲置土地、棕地等存量空间融入 GI 的过程中，需要强大的机构和资金支持，缺乏绿化改造和维护资金、鲜有投资经济回报、政府领导与协调缺位等是实践这类模式的主要障碍（衣霄翔 等，2020）。

4.3 实证研究：整合城市需求与场地属性的徐州市 GI 增绿选址

基于以上案例分析可知，城市更新背景下城市 GI 韧性提升，最核心的是识别与评估可以扩充 GI 数量、提升 GI 功能的潜在可绿化存量空间，在城市、社区及建筑等不同尺度将潜在可绿化存量空间以不同方式补充或融合到现有 GI 系统中。其中，棕地向 GI 的转化，已被广泛认为是改善城市内部生态环境、控制城市发展边界及实现可持续发展的重要途径之一（高洁 等，2018）。这种转型将产生巨大的生态价值、审美价值和社会经济价值（Haase et al.，2014；Kim et al.，2016），然而这种软性利用方式受到了市场影响及财政限制，难以大规模展开（Bardos et al.，2016）。如何在有限的资金下，选择最具潜力的棕地纳入城市 GI 成为重要课题。因此，棕地转型 GI 的优先级评价对于绿地公共政策制定至关重要。

该部分实证研究以中国徐州市中心城区为例，采用耦合协调度（coupling coordination degree，CCD）模型及匹配度分析，提出一种整合场地属性及多功能城市需求的棕地转型 GI 优先级评价方法。与单一维度的方法相比，该方法可以更精准地支持决策者将有限的财力、时间投入最关键、最紧迫或整体效率最高的地点，从而实现 GI 整体结构及功能的最优化（Doležalová et al.，2014；Pizzol et al.，2016）。本书以提升城市 GI 功能为出发点，为城市新增绿地选址、GI 韧性增强提供新的解决方案，实现了从传统见缝插针的被动式增补城市绿地向以功能需求为导向的主动式建设城市绿地转变。主要研究目标如下。

（1）因地制宜建立合理的指标体系，确定适合纳入 GI 的棕地。

（2）基于耦合协调度模型，揭示棕地场地属性与城市需求的耦合关系。

（3）确定影响棕地转型 GI 优先级的关键场地属性指标及城市需求指标。

4.3.1 逻辑框架

城市棕地转型为 GI 的潜力既取决于场地属性，也与所处位置的城市功能需求密切相关。场地的自然环境属性是潜在 GI 选址研究首先考虑的因素。面积、覆盖 [植被覆盖度（fractional vegetation cover，VFC）、场地硬化率] 及与蓝色和绿色基础设施的距离等自然环境属性被认为是影响城市绿地适宜性的关键因素（Ustaoglu et al.，2020）。之后研究认为棕地转型 GI 不仅要考虑自然环境属性，还要考虑社会经济因素（Chrysochoou et al.，2012；Green，2018），如周边人口密度、相邻土地用地性质等（Herbst et al., 2006）。随后，Sanches 及 Pellegrino 从更加综合的角度，建立了包含生态、雨水和社区三组分类的城市荒地绿化潜力评价指标体系，增加了场地可达性、社区使用潜力、周边区域家庭收入、周边区域社会脆弱性等社会经济指标（2016）。

GI 的多功能性被认为是 GI 规划的核心要素（Kambites et al., 2006；Pauleit et al., 2011），因此近年来研究逐渐转向 GI 功能提升目标下的棕地转型 GI 潜力测度，如以降低城市雨洪风险、缓解热岛效应、提升绿地公平性、增加景观连通性等作为单一目标进行棕地绿化的研究（Heckert, 2013；Aleksandra, 2016；Hou et al., 2021；魏新星 等, 2022）。与棕地转型 GI 的场地属性不同，研究关注棕地所处位置与城市功能需求之间的空间关联性，更加强调棕地转为绿地后，是否能够最大限度地响应城市需求。比如 Aleksandra 研究在适应气候变化背景下棕地和社会热脆弱性及城市热岛效应强度之间的空间关系，棕地群分布与降温功能高需求区的吻合关系（2016）。

然而，棕地作为 GI 的场地适宜性，与城市功能需求往往存在空间错位（Motzny, 2015）。Motzny 以降低当地雨洪风险为目标，同时评估降低雨洪风险的 GI 最大需求，以及闲置土地作为 GI 的最大机会地块条件，证明二者分布的差异性（2015）。只有棕地场地属性与城市需求精准匹配，才能实现 GI 整体功能的最优化。目前整合场地属性与城市功能需求尤其是多类城市功能需求的研究较少。因此，基于二者耦合关系的棕地转型 GI 优先级评估方法，能帮助选择适宜且精准响应城市需求的棕地作为 GI。

研究框架包括三个步骤（图 4-7）：首先通过叠加场地面积、植被覆盖度、场地周边用地性质等单一要素分值获取棕地转型 GI 的场地适宜性；然后通过叠加缓解热岛效应、雨洪调节、景观美学、防灾避险及休闲游憩单项城市功能需求空间分布，得到棕地所在地块的城市功能需求综合值；最后基于四象限分析法和耦合协调度模型，获得棕地转型 GI 的场地适宜性和棕地城市功能需求的耦合协调度，筛选高需求且高耦合协调度的棕地纳入 GI，并确定其优先等级。

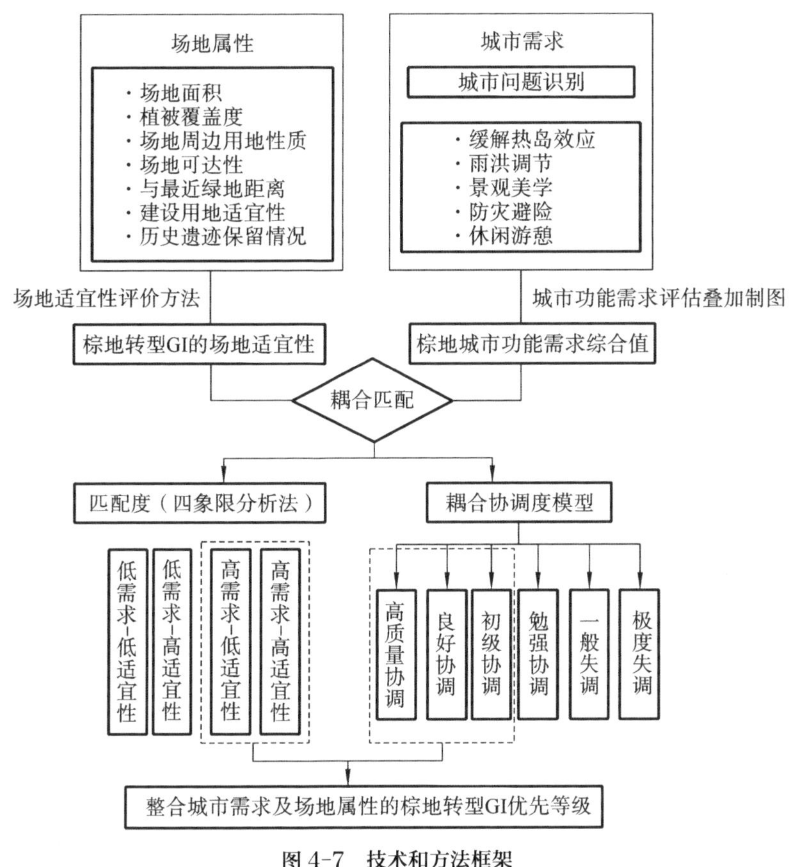

图 4-7　技术和方法框架

（图片来源：作者自绘）

4.3.2　研究区及数据处理

1. 研究区概况

（1）徐州市概况。

本研究以江苏省徐州市为研究区域，徐州市位于中国华北平原东南部（东经 116° 22′～118° 40′、北纬 33° 43′～34° 58′），江苏省西北部，紧邻山东、河南、安徽三省。京沪、陇海两大铁路在此交会，京杭运河穿城而过，是中国重要的综合交通枢纽城市。徐州都市圈为江苏省三大都市圈之一，徐州市是淮海经济区中心城市、省域副中心城市。

受到黄河、淮河支流长期冲积影响，徐州市西北地势较东南高，但起伏不大，地貌类型以平原为主，海拔高度为 20 ～ 50 m。由于夏季受到东南季风、冬季受到西北季风的影响，徐州市四季分明，春季气温舒适、夏季高温多雨、秋季天高气爽、冬季寒潮频袭。境内河网密布，河、湖、水库互通，有古黄河水系、沂沭泗水系、濉安河水系三大水系，2 座湖泊，74 座大、中、小型水库。

徐州市属暖温带半湿润季风气候区。徐州市地理位置优越，素有“五省通衢”之称，是中国典型的资源型城市。随着传统工业基地转型及我国城市存量更新政策的实施，大量的低效、闲置工业用地亟待被重新赋予功能。棕地转型 GI 是提升资源型城市功能的重要路径，目前通过棕地、闲置土地转型，徐州市已建成潘安湖、九里湖湿地等重要生态源点，近 10 年每年平均增加绿地 2.12 km^2，建成区绿地增幅达 22.5%，2018 年获联合国人居环境奖。

徐州市是重要的历史文化名城，拥有 2600 多年的建城史。夏朝时期，彭祖建立彭国，于汴水、古泗水交汇之处筑造都城，自此，徐州就简称“彭城”。两汉文化也诞生于此，西汉武帝设徐州刺史部，后改名为彭城郡；东汉刘英受封于楚国，都彭城。朝代的更替为徐州市留下了众多地上和地下遗迹。徐州市历史遗迹分布广泛、类型多样、历史悠久。目前，徐州市中心城区有 2 处历史文化街区、12 片历史地段、4 处全国重点文物保护单位[1]。

本书选取徐州市中心城区为研究区，面积 573.19 km^2（图 4-8）。高密度的建成区有较高的人口密度及城市活力，但也存在热岛效应加剧、雨洪风险增大、绿地分布不平衡等诸多问题。同时，产业厂房结构调整，大量工业企业搬离中心城区，导致棕地出现。棕地转型为 GI 成为缓解以上城市功能问题的重要途径。

（2）中心城区绿地。

作为传统工业基地，徐州市的煤炭开采活动为中国工业化的发展提供了极大的推动力，但是也造成了山体破碎、生态环境恶化、资源型城市转型发展难等问题。多年来，徐州市以宜居为目标，坚持规划引领、城乡统筹，强化城市绿地与山、水、林、田、湖等生态要素的联系，大力推进荒山绿化和生态建设。

[1] 数据来源：《徐州市城市总体规划（2007—2020）》（2017 年修订）。

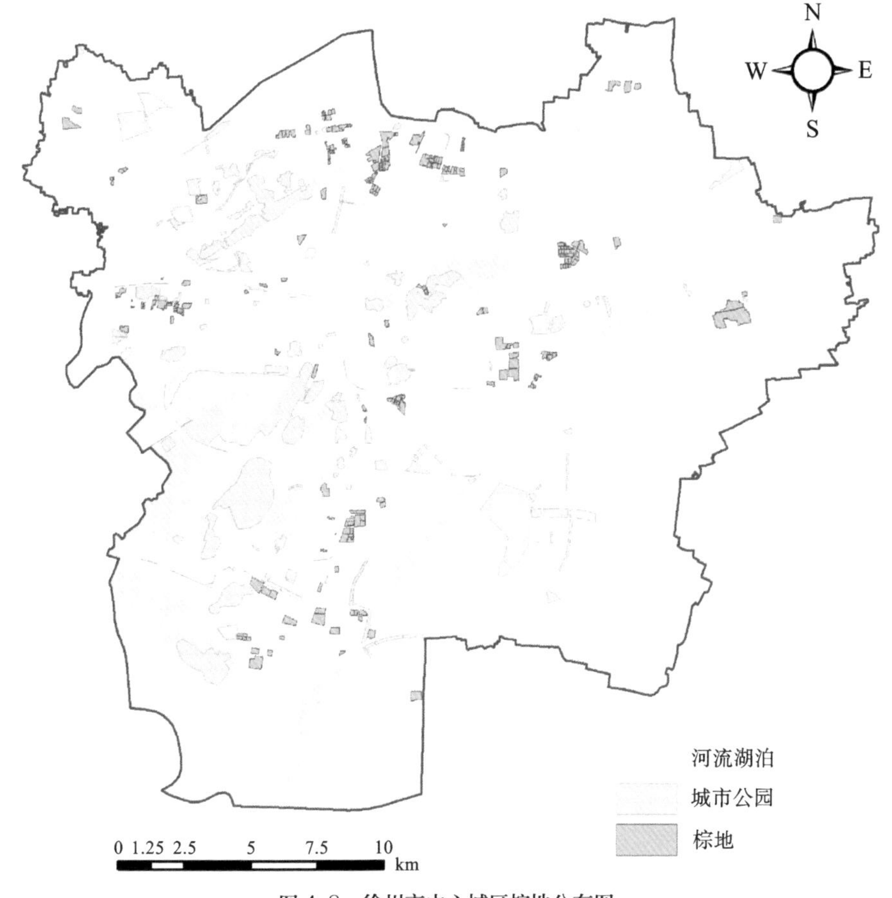

图 4-8　徐州市中心城区棕地分布图

（图片来源：作者自绘）

在城市中心城区，目前已经形成市级综合公园－片区级公园－街头绿地三级公园绿地层级体系，其中较大的有云龙湖风景名胜区、大龙湖风景区、泉山森林公园。以需求为导向，持续推进城市绿地增补、更新增效工作；以让绿于民、还绿于民为导向，充分利用采煤塌陷地、城市边角地、采石宕口等空间新增城市绿地，有序建设“小、多、匀”公园体系；重点推进老城区拆违、补绿、增绿工作，尽可能满足城市绿化建设用地需求，在一定程度上推进老城区绿地质和量的提升。虽然城市绿地的均衡性有所改善，但由于老城区空间有限，历史上绿地让位于建设的扩张式发展导致中心城区绿地仍较为稀缺，且仍然存在较严重的不均衡现象。

（3）城市棕地。

近年来，徐州市积极开展各类工业企业入园，采取污染企业关停措施，推动综合整治。2010 年 4 月 27 日，徐州市政府发布《徐州市政府关于推动主城区工业企业退城入园的指导意见》（徐政发〔2017〕59 号），指出主城区范围（三环路以内区域）存在的不符合城市总体规划、不符合环境保护规划，对城市功能格局有影响，因优化产业布局、调整产业结构需要搬迁，需要通过改造扩建做大做强，实施城市公共基础设施建设需要占用企业土地，以及其他需要退城入园的企业，必须退出主城区范围，向经济开发区和其他工业集中区转移。2018 年徐州市印发《关于上报 2018 年徐州市城区企业退城入园计划的通知》（徐退城办〔2018〕1 号），要求 2018 年 5 月底前城市建成区所有列入计划的重污染企业关闭或停产。

同时，从土地出让角度看，我国工业园区的普遍寿命仅为 10 年，与工业用地土地使用权出让最高年限 50 年相比存在严重的错位现象，导致出现低效使用的情况后，土地使用权所有人由于资金不足等，进行二次开发的意愿不高，土地闲置、荒废的情况难以得到改善（图 4-9）。部分工厂为了尽可能回笼资金，出租厂房收取租金，甚至存在“二房东”转租的现象。

图 4-9　已停产关闭的企业用地

（图片来源：作者自摄）

续图 4-9

本实证研究中所指的棕地是前文提到的有量空间的主要类型之一，数据来源于《国土空间规划背景下徐州中心城区低效用地存量挖潜研究》，共计 294 块，面积共计 9.21 km^2，如图 4-8 所示。从棕地空间分布看，徐州市中心城区核心区域的单块棕地呈现出规模小、数量少的特征。其主要原因是城市中心人口密集，发展水平高，地价高，建设能力强，规划指引性明晰，土地利用得到有效的引导，在多轮城市规划和土地利用规划中，棕地得到了较为及时、合理的更新。研究区边缘的棕地表现出规模大、数量多的特征。城市边缘区地价较低和现代化工业所需要的面积大等原因共同导致单块棕地的规模较大。研究区范围内的棕地根据土地权属确定数量，因此部分棕地相互毗邻，呈现集聚的状态。

2. 数据来源及处理

本研究将遥感影像（remote sensing image，RSI）、数字高程模型（digital elevation model，DEM）及谷歌地图作为主要数据来源，同时结合徐州市各类规划数据、百度地图 API 抓取数据、街道人口数据及 OpenStreetMap 网站数据等，共同构成研究基础数据（表 4-1）。为评估城市需求等级，将研究区按照主要道路划分为 637 个地块。

表 4-1 数据来源

数据		用途	数据来源	数据处理
城市数据	Landsat 8 遥感影像数据	测度缓解城市热岛效应的潜力、植被覆盖度、土地利用分类	LocaSpace 网站 http: //www.locaspace.cn/，于 2020 年 8 月 2 日访问，30 m×30 m	数据由 ENVI 5.3 中的辐射定标和 FLAASH 大气校正工具进行预处理
	数字高程模型	测度防范雨洪风险需求的潜力	http://www. gscloud.cn/，于 2020 年 8 月 2 日访问，10 m×10 m	通过计算地表综合径流系数，确定雨洪淹没高风险区
	城市公园景点评分	测度提升景观美学需求的潜力	百度地图 POI（point of interest，兴趣点）抓取（46 个公园绿地）	结合不同公园绿地服务半径，计算各评价单元的景观美学分值
	防灾疏散场所分布数据	测度满足防灾场所需求的潜力	徐州市中心城区综合防灾减灾规划图	—
	城市公园绿地数据	测度满足游憩场地需求的潜力；测度棕地与最近绿地的距离	2019 年徐州市中心城区土地利用现状图	依据《城市绿地分类标准》（CJJ/T 85—2017），将公园绿地按面积大小划分为 5 个等级，并设置相应的服务半径
	人口数据	测度满足游憩场地需求的潜力	2020 年各街道人口数据	—
场地数据	周边土地利用	基于场地属性测度棕地转型 GI 的潜力	2019 年徐州市中心城区土地利用现状图	地图数字化处理；结合徐州市土地利用调查数据、Google Earth 高精度影像和典型区野外调查等进行数据校正
	历史遗迹		徐州市中心城区历史文化名城保护规划图	
	建设适宜性		徐州市规划区用地评定图	
	道路数据	测度棕地的可达性	OpenStreetMap，http: //www.openstreetmap.org	—

（表格来源：作者自绘）

（1）遥感影像预处理。

本书使用 ENVI 5.3 遥感影像处理软件对研究区范围的 TM 遥感影像数据进行预

处理，包括辐射定标、大气校正、图像裁剪等操作，将传感器和天气所导致的误差最小化，提升实验数据的精度，为后期的数据处理做好准备工作。辐射定标的目的是校正与辐射相关的误差，获得准确的辐射值。大气校正的目的是获得真实的地表反射率。图像裁剪的目的是剔除研究区外的遥感影像数据。由于本次研究范围正好为一景遥感影像数据，因此不需要进行图像拼接处理。最终得到预处理后的遥感影像数据，如图 4-10 所示。

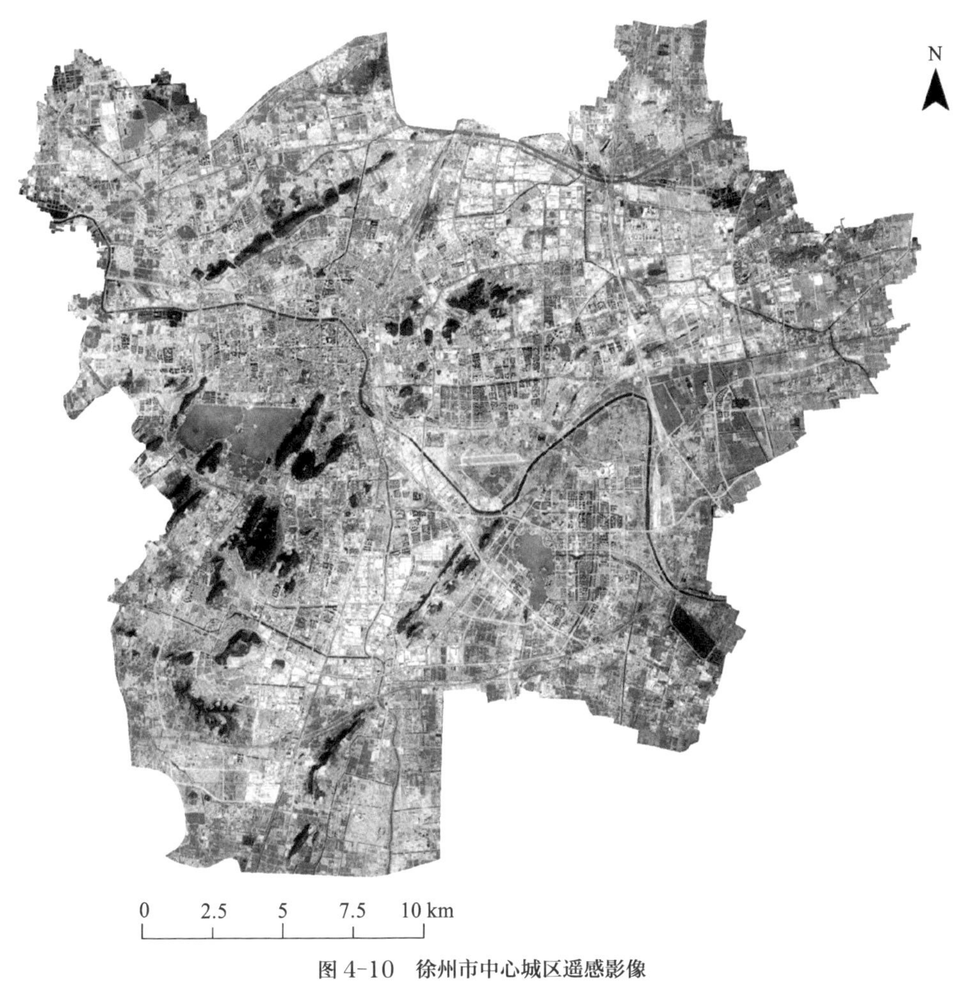

图 4-10　徐州市中心城区遥感影像

（图片来源：作者自绘）

（2）遥感影像数据解译。

遥感影像数据解译主要分为土地利用分类样本建立、影像分类、分类精度评价3个步骤。

①土地利用分类样本建立。Landsat 8 OLI 波段的4、3、2组合为标准假彩色图像，是一种基于大量实践经验的常用方案，其第5影像丰富、鲜明、层次好，有利于土地利用状况的分类。在 ENVI 5.3 中通过 Region of Interest 创建感兴趣区。本书将土地分为5种主要的用地类型，分别为建设用地、林地、草地、裸地、水域（表4-2）。每个分类样本建立20个训练样本，并用 Compute ROI Separability 工具计算得到样本的分离度为1.98，大于1.9，说明训练样本的可分离性较好，可以进行分类。

表4-2　分类样本

地类编号	土地利用类型	解译标志	地类描述
1	建设用地	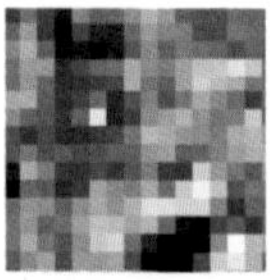	主要为居民点、工厂
2	林地		成片的天然林、次生林和人工林覆盖的土地
3	草地		主要生长草本植物和灌木的土地
4	裸地		植被较为匮乏的土地
5	水域		江、河、湖泊、渠道、水库、水塘

（表格来源：作者自绘）

②影像分类。支持向量机分类器（support vector machine classification）具有强大的分类能力，不易受到噪声、关联波段，以及训练样本之间数量和大小差异的干扰，目前被广泛应用于影像分类。本次研究选择支持向量机分类器对研究区的地表进行监督分类。

③分类精度评价。选择混淆矩阵进行精度评价，真实感兴趣区验证样本选择 91 卫图的高精度地图影像数据。总体分类精度为 90.1998%，Kappa 系数为 0.8614，大于 0.8，满足要求。

最终可以得到徐州市中心城区土地利用分类结果，如图 4-11 所示。根据分类结果可知，徐州市中心城区面积最大的土地为建设用地，其次为裸地。

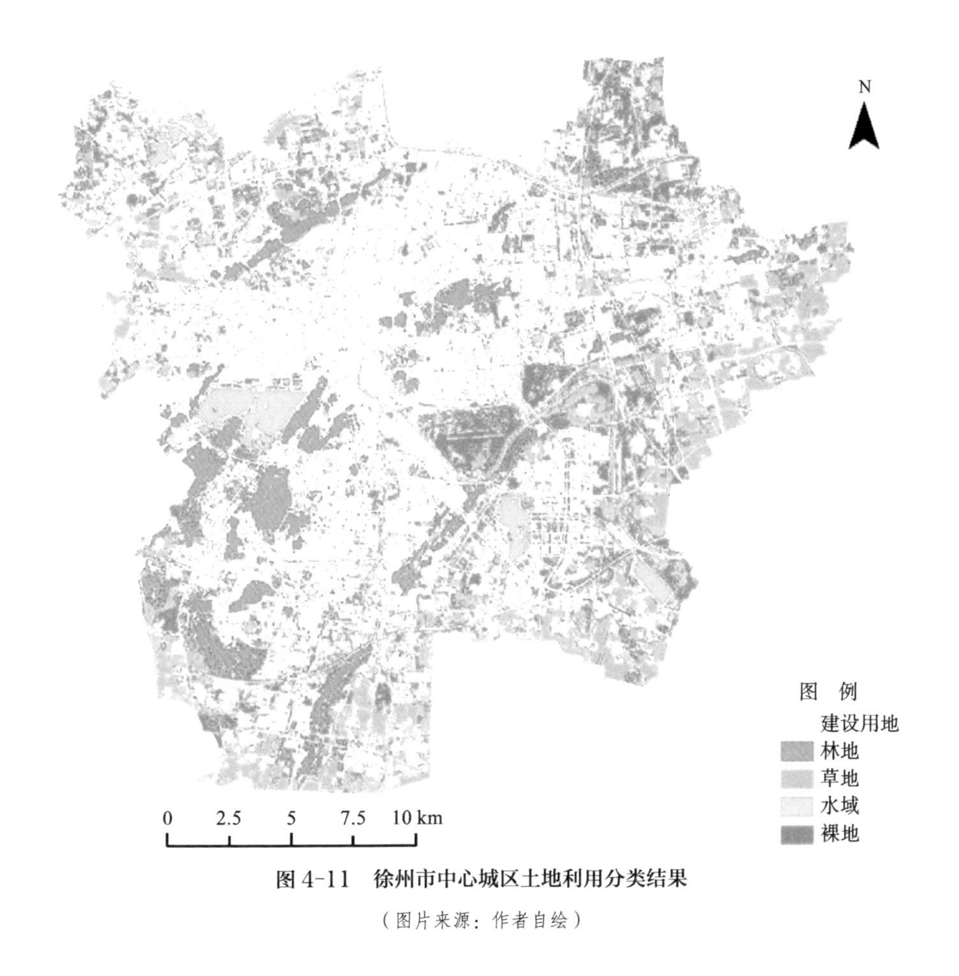

图 4-11　徐州市中心城区土地利用分类结果

（图片来源：作者自绘）

4.3.3 研究方法

1. 城市需求的目标

如上文所述，确定具体的目标导向是提升城市 GI 韧性的重要步骤，因此根据城市统计资料及相关文献分析，识别徐州市典型的社会生态问题及绿地建设中的缺失，通过空间制图确定各类城市功能薄弱位置，为评估棕地转型 GI 提供基础。

（1）热岛效应日趋严重。

作为淮海经济区的中心城市，徐州市城市规模得到快速的扩张。与此同时，城市热岛问题也随着城市化的进程逐渐加重。据统计，1990—2020 年徐州市年平均气温和年极端最高温度逐年上升，2022 年徐州市平均高温日数（平均气温超过 35 ℃）为 25.8 天，为 1960 年以来最多，过程最高温度为 39.4 ℃。有研究对徐州市 1995 年、2003 年、2014 年的遥感影像数据和气温数据进行了分析，研究徐州市中心城区的热岛效应时空演变规律（梁鑫斌 等，2020），发现徐州市热岛中心主要集中在人口密集的中心城区，以及布局交通站场或工业较为集中的东北部和西南部，随着城市的扩张，地表高温区域在空间上呈现蔓延趋势。热岛效应较强的区域主要集中于交通场站、工业集中区、城市中心区。

（2）城市雨洪问题多发。

受降水、地形、水文等多重因素的影响，自古以来徐州市雨洪问题突出。徐州市受东南季风的影响，全年降雨集中于夏季，短时间内降雨强度大。徐州市中心城区以地势低洼的平原为主，市区周围丘陵岗地围绕，形成独特的“盆底”地形。黄河故道徐州段在历史上曾多次改道，水患不断，对人民造成严重的影响，并逐渐发展成为地上悬河。进入 21 世纪，城市建设规模迅速扩张，城市内涝进一步加剧。严重的雨洪问题不仅造成生产生活不便，而且对生命和财产安全构成严重威胁。2018 年的“8 · 17”徐州暴雨全市平均降雨量 132.2 mm，最大降雨量 516.0 mm，暴雨造成 7 人死亡、18 人受伤、90 余万人受灾，大量民房损坏、公共设施受损、农田受灾。

（3）绿地品质有待提升。

绿地是居民日常游憩的重要空间，城市绿地的品质与市民使用绿地的感受密切相关，较高品质的公园绿地能为市民的游憩活动、日常交流提供更优的环境支持。随着徐州市整体经济水平的提升和人们对健康的重视，居民对绿地的环境品质提出了更高的要求。目前，徐州市部分公园绿地存在景观质量不高、基础设施缺乏、管理维护不当、游憩设施安全隐患较高等短板，导致公园绿地的品质降低，对人群的吸引力日趋下降。城市绿地发挥的社会服务效益也不高，城市绿地品质亟待改善提升。

（4）防灾避险体系有待完善。

城市是一个高人口密度的开放生态系统，具有一定的脆弱性（刘明月 等，2020）。地震、火灾、地面下沉、洪水等灾害成为威胁徐州市发展的潜在风险。以地震为例，徐州市地质条件及地质结构相对简单，主城区 80 km 范围内不存在较大的震源。徐州市主要的地震威胁来自周边地区。徐州市地处华北地震区的郯城—营口地震带上，主城区周边存在多个潜在的震源。徐州市历史上多次受到邻近区域地震的干扰。2022 年 2 月 5 日，徐州市铜山区发生 3.3 级地震，造成居民心理恐慌。早期的城市建设中，徐州市重视物质空间的建设，缺乏防灾意识，忽视了城市防灾体系的建设，城市防灾体系落后于城市发展的水平。尽管绿地防灾功能的使用频率不高，但却是城市可持续发展的基础保障。因此，强化城市抵御灾害、灾后重建的能力，逐步完善城市综合防灾体系，规划建设包括防灾公园在内的防灾减灾空间对徐州市而言具有十足的必要性。

（5）绿地分布均衡性不足。

近年来，徐州市通过各种途径积极增补城市绿地，极大地丰富了市民游憩的场地。但既有绿地的服务在空间上存在较大的差异，如翟山片区、新城区等人均绿地水平均较高；而中心城区 39% 的小区存在绿地不达标问题，老城区绿地均衡性不足的现象尤其突出（李鑫 等，2019）。新城区在建设前期就对城市用地开发进行了严格的管控，保障了城市绿地的建设，而老城区等区域建设较早，缺乏先进的规划理念和有力的建设控制，导致城市绿地缺乏。而在城市总体规划和城市绿地建成后评价中，常以全市人均绿地、大型绿地服务半径等宏观指标来衡量，模糊了绿地局部的差异性，导致部分居民获得城市绿地服务的权益受损。因此，通过棕地更新改善绿地在城市空间上的不均衡现象，对于提升城市绿地公平性具有重要意义。

城市 GI 能有效缓解极端高温天气、城市内涝问题，并及时提供灾后疏散、避险、重建服务。选择位于 GI 关键位置或城市功能高需求区的棕地进行绿化更新，可以最大限度地增加 GI 抵抗风险与干扰的韧性，同时扩展城市绿地整体的服务范围，提升绿地公平性，改善城市人居环境质量，提升城市生活品质。综上所述，本书将城市需求目标确定为以下 5 个方面：缓解热岛效应、降低雨洪风险、增强防灾避险能力、提升景观美学，以及促进绿地公平性。

2. 棕地转型 GI 的场地适宜性评价

棕地转型 GI 的场地适宜性（S_s）是从棕地场地属性出发，确定其作为城市 GI 的潜力。本书参考国内外绿地适宜性评价指标（Sanches et al.，2016；武文丽 等，2018），遵循系统性、代表性、独立性及可获得性等原则，统筹考虑棕地作为城市 GI 的场地属性影响因素，选取场地面积、植被覆盖度、与最近绿地距离、建设用地适宜性、场地可达性、场地周边用地性质、历史遗迹保留情况 7 项指标因子，构建棕地转型 GI 的场地适宜性评价指标体系。同时参考相关文献按照各指标层的特点建立分级标准，按此标准对棕地分别赋值，进而获得各指标的评价值。利用 ArcGIS 10.2 加权叠加工具，将各指标的评价结果按权重进行叠加，得到棕地转型 GI 的场地适宜性 S_s 值，计算公式如下。

$$S_s = \sum_{i=1}^{n}(W_i X_i) \tag{4-1}$$

式中：S_s为棕地转型GI的场地适宜性；W_i为各项指标权重；X_i为各项场地属性指标的分值。

采用层次分析法（analytic hierarchy process，AHP）根据各指标在场地适宜性中的重要性程度，确定各指标的权重。为保证指标权重的科学性和严谨性，共邀请 10 名风景园林、城乡规划、人文地理学、土地资源管理等相关领域的专家进行了有关指标权重的问卷调研。求解判断矩阵最大特征值和对应的特征向量，经过归一化处理后，得到层次单排序权重向量，并进行一致性检验。采用算术平均法计算得到棕地转型 GI 的场地适宜性中各个指标的权重值，具体见表 4-3。

表 4-3　棕地转型 GI 的场地适宜性权重表

	指标层	权重
棕地转型 GI 的场地适宜性（S_s）	场地面积	0.0546
	植被覆盖度	0.1058
	与最近绿地距离	0.0638
	建设用地适宜性	0.1304
	场地可达性	0.1816
	场地周边用地性质	0.2374
	历史遗迹保留情况	0.2264

（表格来源：作者自绘）

具体而言，各个指标的评价分级依据及计算步骤如下。

（1）基于场地面积的棕地转型 GI 潜力评价。

GI 生态效益发挥的水平与 GI 的面积存在显著的正相关性。GI 面积越大，则其在降低局部气温、增加空气湿度、固定二氧化碳、汇集雨水、净化空气、提供游憩空间等方面的效益也就越大。此外，GI 遭受外部干扰时，在短时间内恢复受干扰前状态的能力也越强。

相关研究在棕地面积等级划分和赋值标准方面差异性较大。Sanches 等将棕地的面积划分为 $x \leqslant 2\ hm^2$、$2\ hm^2 < x \leqslant 4\ hm^2$、$4\ hm^2 < x \leqslant 7\ hm^2$、$7\ hm^2 < x \leqslant 13\ hm^2$、$x > 13\ hm^2$ 5 个等级（2016）。英国格拉斯哥和克莱德河谷战略发展规划局联合委员会在一项确定克莱德河谷 2 个战略走廊中的棕地是否具有绿化潜力的研究中，将棕地的面积划分为 $x < 5\ hm^2$、$5\ hm^2 \leqslant x \leqslant 14\ hm^2$、$15\ hm^2 \leqslant x \leqslant 24\ hm^2$、$25\ hm^2 \leqslant x \leqslant 50\ hm^2$、$x \geqslant 50\ hm^2$ 5 个等级。本书借鉴以上成果，同时参考《城市绿地规划标准》（GB/T 51346—2019）中对于公园绿地分级设置的标准，将棕地按面积大小划分为 5 个等级，且场地面积越大，其转型为 GI 的潜力越大，对应的得分也就越高，具体的评价标准如表 4-4 所示。

徐州市中心城区棕地共计 294 块，平均面积为 $3.13\ hm^2$，其中最大的棕地面积为 $62.15\ hm^2$，最小的棕地面积为 $914.74\ m^2$。通过 ArcGIS 10.2 中的计算几何工具可根据要素的几何值，计算要素的坐标值、长度和面积。本书选择 WGS 1984 UTM ZONE 50N 作为投影坐标系，计算各棕地的面积，并根据以上评分标准对棕地进行赋值，得到其转型为 GI 的潜力值。

表 4-4　基于场地面积的棕地转型 GI 潜力评价标准

场地面积	棕地转型 GI 潜力	赋值
小于 5 hm^2	非常低	1
大于等于 5 hm^2 小于 10 hm^2	低	2
大于等于 10 hm^2 小于 20 hm^2	中等	3
大于等于 20 hm^2 小于 50 hm^2	高	4
大于等于 50 hm^2	非常高	5

（表格来源：作者自绘）

（2）基于植被覆盖度的棕地转型 GI 潜力评价。

植被是城市绿地的天然属性之一，也是绿地发挥社会 - 生态效益的主要载体。植被覆盖度越高，表明植被群落的构成越复杂、结构越稳定，其抗干扰能力越强，发挥生态系统服务效益的能力也越大。例如，植被覆盖度越高，则绿地对缓解热岛效应的作用越明显（袭月 等，2021），距离绿地 200 m 范围内，降温效果最佳（池腾龙 等，2017）。此外，高植被覆盖度对于空气污染物吸收也具有重要的意义。

长期无人看管的棕地会自发生长出植被，并演替形成不同阶段的植被结构，为生物提供重要的栖息地，增加野生动物活动场所，提升城市物种的多样性，也是邻近居民的重要记忆载体和情感载体。在棕地的景观改造设计中，倡导保留场地的原生植被，采取低人工干扰干预手法进行景观的更新设计，保留场地的历史价值和生态价值。

本书认为植被覆盖度越高的棕地，越有利于转型 GI，转型 GI 的潜力越高；而植被覆盖度较低的棕地转型 GI 的潜力较低。因此，在评价标准中，以植被覆盖度为依据，将棕地划分为 5 个层级，每个层级的差值为 0.2，潜力层级从低到高依次为非常低、低、中等、高、非常高，对应 1、2、3、4、5 分值，具体的评价标准如

表 4-5 所示。

表 4-5　基于植被覆盖度的棕地转型 GI 潜力评价标准

植被覆盖度	棕地转型 GI 潜力	赋值
小于 0.2	非常低	1
大于等于 0.2 小于 0.4	低	2
大于等于 0.4 小于 0.6	中等	3
大于等于 0.6 小于 0.8	高	4
大于等于 0.8	非常高	5

（表格来源：作者自绘）

本书基于归一化植被指数（normalized difference vegetation index，NDVI）计算植被覆盖度，具有计算简便、结果可靠的优点，在估算植被覆盖度方面具有较好的实用性。NDVI 是通过测量近红外波段反射率和红色波段反射率之间的差异（也可以是反射值）来量化植被的。

基于徐州市中心城区的归一化植被指数估算植被覆盖度，计算公式如下。

$$\mathrm{VFC}=\frac{\mathrm{NDVI}-\mathrm{NDVI}_{\mathrm{soil}}}{\mathrm{NDVI}_{\mathrm{veg}}-\mathrm{NDVI}_{\mathrm{soil}}} \tag{4-2}$$

式中：$\mathrm{NDVI}_{\mathrm{soil}}$为完全是裸土或无植被覆盖区域的NDVI值；$\mathrm{NDVI}_{\mathrm{veg}}$为完全被植被所覆盖的像元的NDVI值。

在 ENVI 5.3 中使用 Compute Statistics 工具，取累计概率为 5% 和 90% 的 NDVI 值作为 $\mathrm{NDVI}_{\mathrm{soil}}$ 和 $\mathrm{NDVI}_{\mathrm{veg}}$，得到 2020 年夏季徐州市中心城区的 $\mathrm{NDVI}_{\mathrm{soil}}$ 和 $\mathrm{NDVI}_{\mathrm{veg}}$ 分别为－0.170030 和 0.505137。然后使用 ENVI 5.3 的 Band Math 工具进行计算，最后得到徐州市中心城区植被覆盖度指数，如图 4-12 所示。

为了区分不同棕地的植被覆盖度，研究以每个棕地范围内的平均植被覆盖度作为棕地最后的植被覆盖度，计算公式如下。

$$\mathrm{VFC}_{\mathrm{avg}}=\frac{\sum_{i=1}^{n}\mathrm{VFC}_{i}}{n} \tag{4-3}$$

式中：VFC_{avg}为单个棕地的平均植被覆盖度；VFC_i为棕地范围内第i个栅格的植被覆盖度；n为棕地范围内的栅格数量。

按照表 4-5，将基于植被覆盖度的棕地转型 GI 潜力划分为 5 个等级。

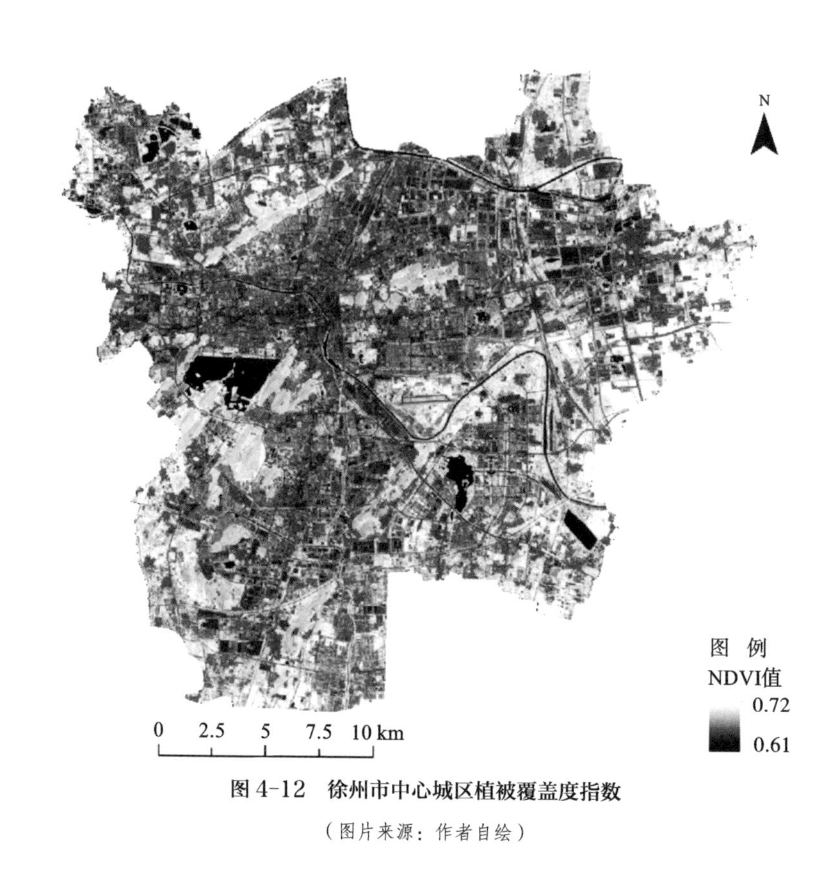

图 4-12 徐州市中心城区植被覆盖度指数

（图片来源：作者自绘）

（3）基于与最近绿地距离的棕地转型 GI 潜力评价。

在景观生态学领域，一块单独的绿地可以被视为一个绿地斑块。绿地斑块平均距离是评价绿地网络景观格局的重要指标，能反映城市绿地斑块平面分布均匀程度。绿地斑块平均距离越长，表明绿地聚集性越高（杨瑞卿 等，2020）。而绿地的服务效率与绿地斑块平均距离呈现负相关性，绿地斑块平均距离越短，绿地服务效率越高（王太春 等，2015）。在生态效益方面，增加绿地斑块，能提升绿地结构的复杂程度，改善城市绿地总体的网络连接度。

邻近城市既有绿地的棕地，在转型为 GI 后，能增加绿地斑块平均距离，完善城市现有绿地系统结构，优化城市点—线—面绿色生态空间格局。位于关键节点的棕地，具有衔接断裂的景观廊道的潜力，提升城市景观连通性，有效地增加当地物种的数量和促进基因的流动，丰富生物多样性（孔繁花 等，2008）。本书认为与最近绿地距离越近的棕地，越有利于转型为 GI；而远离既有绿地的棕地，提升景观连通性的潜力较低，不具备转型为 GI 的优势。因此，在评价标准中，棕地与最近绿地的距离越近，则该棕地转型为 GI 的潜力越高，对应的分值也就越高，具体评价标准如表 4-6 所示。

表 4-6　基于与最近绿地距离的棕地转型 GI 潜力评价标准

与最近绿地距离	棕地转型 GI 潜力	赋值
非常远	非常低	1
远	低	2
中等	中等	3
近	高	4
非常近	非常高	5

（表格来源：作者自绘）

在 AutoCAD 2014 软件中将 2019 年徐州市中心城区土地利用现状图 CAD 文件结合实地调研情况进行校正。进行初步整理，得到 DWG 格式的 2019 年徐州市中心城区公园绿地。将 DWG 格式的 2019 年徐州市中心城区公园绿地数据导入 ArcGIS 10.2，转换为 Polygon 图层，并将投影坐标系设定为 WGS 1984 UTM ZONE 50N。

在 ArcGIS 10.2 中，通过邻域分析工具下的近邻分析工具，计算棕地与既有绿地的最小距离，并通过自然断点法将棕地与既有绿地之间的距离分为 5 个等级，按照距离由大到小分别赋值 1、2、3、4、5。

（4）基于建设用地适宜性的棕地转型 GI 潜力评价。

建设用地适宜性评价是基于建设用地的自然条件和社会经济条件，结合建设工程需求，依据不同指标的重要性，对建设用地做出的综合性评价（王海鹰 等，2009），为城市建设活动的选址和建设工程的开展起到了积极的引导作用。依据《城乡用地评定标准》（CJJ 132—2009），城市建设用地可划分为不可建设用地、不宜建设用地、可建设用地、适宜建设用地 4 类。建设用地适宜性评价能促进土地资源的合理利用，发挥城市土地的最大效益，真正落实因地制宜，促进社会经济的良性发展（陆张维 等，2016）。

居住用地、公共管理与公共服务设施用地、商业服务业设施用地等建设用地对土地具有较高的要求，而公园绿地对土地的要求相对较低。部分工业用地是早期规划的，缺乏科学的用地适宜性评价支撑，盲目建设导致土地资源适用性的错位。而棕地更新则是一种及时纠错的行为。

本书认为位于不可建设用地范围内的棕地，更有利于转型为 GI；而位于适宜建设用地范围内的棕地适宜用于建设强度较高的用地类型，不具备优先转型为 GI 的优势。因此，在评价标准中，若棕地位于不可建设用地范围内，则具有非常高的转型 GI 潜力，具体评价标准如表 4-7 所示。

表 4-7　基于建设用地适宜性的棕地转型 GI 潜力评价标准

棕地建设适宜性	棕地转型 GI 潜力	赋值
位于适宜建设用地范围	非常低	1
位于可建设用地范围	低	2
位于不宜建设用地范围	高	3
位于不可建设用地范围	非常高	5

（表格来源：作者自绘）

通过地图扫描—配准—裁剪—图像拼接—图形要素的跟踪—拓扑处理—采集、属性字段添加—数据录入 8 个步骤，对徐州市规划区用地评定图（图 4-13）进行数字化处理，获得适宜建设用地、可建设用地、不宜建设用地、不可建设用地 4 个图层数据。

位于不同类型建设用地范围内的棕地具有不同水平的转型 GI 潜力。使用按位置选择工具分别选择位于适宜建设用地、可建设用地、不宜建设用地、不可建设用地范围内的棕地，并分别赋值 1、2、3、5。

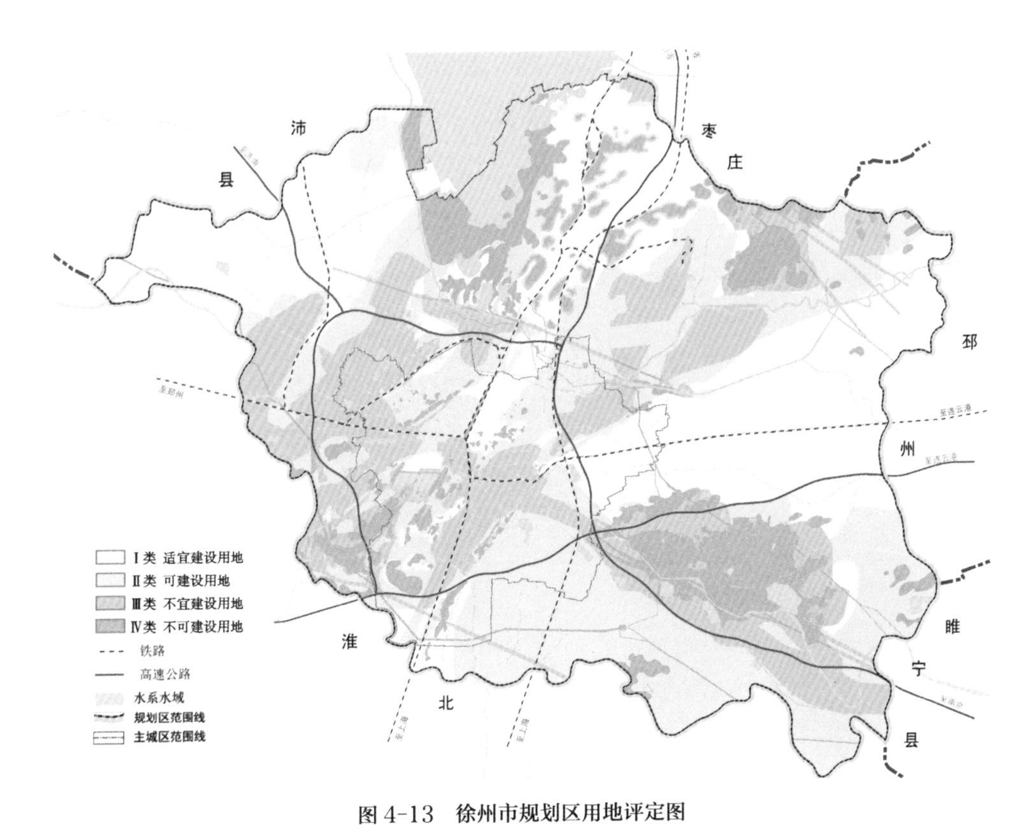

图 4-13　徐州市规划区用地评定图

［图片来源：《徐州市城市总体规划（2007—2020）》（2017 年修订）］

（5）基于场地可达性的棕地转型 GI 潜力评价。

可达性是指使用者到达某一目的地所需花费的时间成本和经济成本，是量化绿地空间可获得性的方法（黄思颖 等，2022）。可达性是影响城市居民使用公园绿地频率的一个至关重要的因素，它意味着使用者是否可以方便地到达并访问这些区域（陈秋晓 等，2016）。高可达性的绿地拥有更大的服务范围，可以为社区居民甚至是为全市公众提供高质量的服务，是绿地发挥服务效能的重要保障，契合“人民城市为人民”的发展理念。

部分棕地拥有良好的交通区位，倘若将其转型为 GI，能有效地提升城市绿地整体的可达性，优化绿地的整体布局，弥补城市绿地建设的不足，有助于绿地均衡地发挥各种效益，提升居民使用绿地的公平性。

本书认为棕地的可达性越高，其转型为 GI 后能服务的范围越大，因此，转型潜力越大；而可达性较低的棕地转型绿地的潜力较小。在评价标准中，棕地可达性越高，其转型为 GI 的潜力越大，对应的分值也就越高，具体评价标准如表 4-8 所示。

表 4-8　基于场地可达性的棕地转型 GI 潜力评价标准

场地可达性	棕地转型 GI 潜力	赋值
非常低	非常低	1
低	低	2
中等	中等	3
高	高	4
非常高	非常高	5

（表格来源：作者自绘）

若将棕地转型为 GI，则场地的可达性指标是一个至关重要的指标，可评价使用者是否容易到达这些区域。本书通过测量棕地与城市道路的距离，表示场地的可达性。距离越短，则棕地的可达性越高；距离越长，则棕地的可达性越低。本书基于 OpenStreetMap 数据对棕地的可达性进行测度。OpenStreetMap 数据是一个免费开源的数据，城市中心区的道路数据精度相对较高，所包含的信息较为丰富，既包括空间数据，也包括属性数据。

本次研究关注的是棕地基于城市道路的可达性，因此，只需要从 Highway 字段中提取 trunk、primary、secondary、tertiary、road 5 种类型的道路，结果如图 4-14 所示。

由于无法确定棕地转型为 GI 之后的具体出入口，本书提取了棕地的几何中心，测量棕地几何中心距离城市道路的距离。在 ArcMap 10.2 中使用近邻分析工具测度棕地距离城市道路的距离。用自然断点法将棕地距离城市道路的距离划分为 5 个等级，并根据表 4-8，对棕地转型绿地的潜力进行赋值。距离越近，棕地转型为 GI 的潜力越大，赋值越大；反之，则赋值越小。

（6）基于场地周边用地性质的棕地转型 GI 潜力评价。

协调土地使用性质是城市更新的必然选择。周边建成环境对绿地公园的使用效益有重要的影响。吴京婷等通过研究对比 8 个公园，发现周边用地性质是影响绿地空间使用活力的重要因素（2022）。其中居住用地、公共管理与公共服务设施用地、商业服务业设施用地所在区域人群较为集中，对绿地的需求较大。

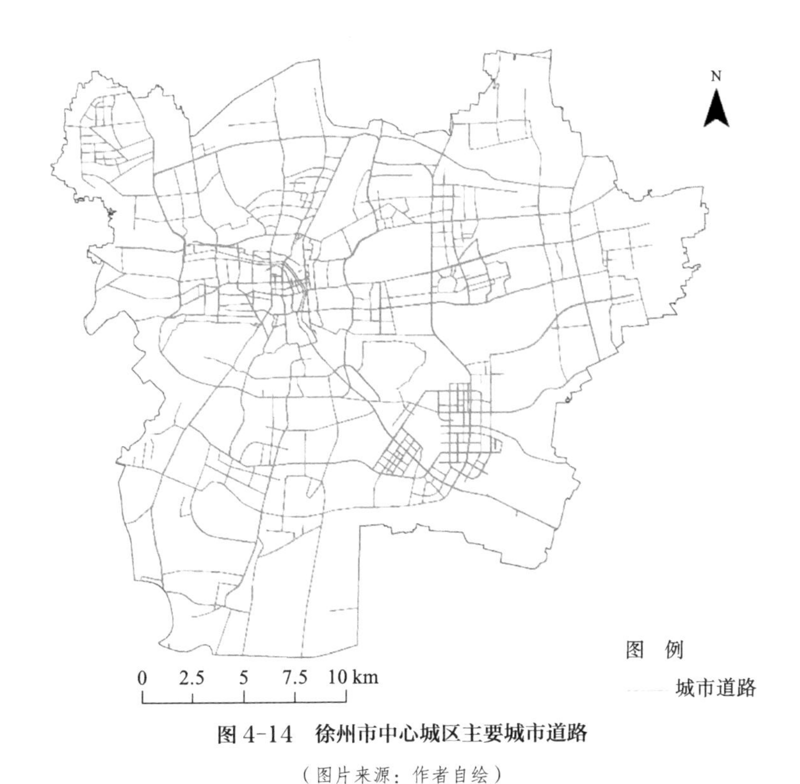

图 4-14 徐州市中心城区主要城市道路

（图片来源：作者自绘）

识别潜在使用者较多的棕地，对于评价棕地转型 GI 潜力具有重要的意义。部分早期建立的工厂存在与居住、商业、办公等城市功能混合的情况，工业生产活动所产生的废水、废气、固体废弃物、噪声等严重影响邻近居民的生活和工作，同时对居民的身心安全构成威胁。这实质上是工厂将负外部性的成本转移至邻近用地的使用者身上，并且未承担相应的责任。一旦棕地转型为 GI，周边居住、工作、消费的人群就有可能就近使用这些 GI，使得 GI 成为日常休闲、娱乐、饭后散步的好去处。邻近居民、办公者的角色将从工业活动负外部性的承担者向 GI 正外部性的受益者转变。

本书认为如果棕地邻近居住用地、公共管理与公共服务设施用地、商业服务业设施用地，则将比其他棕地更有使用潜力。结合住房城乡建设部提出的“300 m 见绿、500 m 见园”的人居环境建设目标，本次研究将 300 m 作为棕地场地周边使用潜力测度的阈值。由于不同研究对象的情况有差异，300 m 范围内居住、商业、公共服务设施用地占比只是定性标准，具体的区分标准应根据测度结果而定，如表 4-9 所示。

表 4-9　基于场地周边用地性质的棕地转型 GI 潜力评价标准

300 m 范围内居住、商业、公共服务设施用地占比	棕地转型 GI 潜力	赋值
非常低	非常低	1
低	低	2
中等	中等	3
高	高	4
非常高	非常高	5

（表格来源：作者自绘）

首先，提取土地利用情况。结合实地调研对数据进行校正，对 2019 年徐州市中心城区土地利用现状图的 CAD 文件进行初步整理，提取徐州市中心城区的居住用地、公共管理与公共服务设施用地、商业服务业设施用地数据。将上述 3 类用地的 DWG 格式文件导入 ArcMap 10.2，转换为 Polygon 图层，并将投影坐标系设定为 WGS 1984 UTM ZONE 50N。

其次，计算周边使用潜力。以棕地为原点，建立半径为 300 m 的缓冲区。将棕地的缓冲区（不包含棕地）与居住用地、公共管理与公共服务设施用地、商业服务业设施用地图层进行相交处理，并分别统计各棕地缓冲区内 3 类用地累计面积占棕地缓冲区总面积的百分比，计算公式如下。

$$Q_i = \frac{\sum_{j=1}^{z} S_j + \sum_{g=1}^{l} S_g + \sum_{y=1}^{f} S_y}{S_i} \tag{4-4}$$

式中：Q_i为第i块棕地缓冲区内居住用地、公共管理与公共服务设施用地、商业服务业设施用地的面积占比；S_j为第i块棕地缓冲区内第j块居住用地的面积；S_g为第i块棕地缓冲区内第g块公共管理与公共服务设施用地的面积；S_y为第i块棕地缓冲区内第y块商业服务业设施用地的面积；S_i为第i块棕地缓冲区的总面积；z为第i块棕地缓冲区内居住用地的数量；l为第i块棕地缓冲区内公共管理与公共服务设施用地的数量；f

为第i块棕地缓冲区内商业服务业设施用地的数量。

最后，根据上述 3 类用地在棕地缓冲区范围内的面积占比，按表 4-9 对棕地转型 GI 的潜力进行赋值。

（7）基于历史遗迹保留情况的棕地转型 GI 潜力评价。

工程建设活动已经成为地下文物保护工作的最大挑战（刘颂华，2015）。随着建造技术的提升，以地铁和综合管廊为代表的地下空间开发快速崛起。“十三五”期间，江苏省新增地下空间面积 1.75 亿 m^2，新增数量居全国第一；截至 2020 年底，中国城市地下空间开发建设面积已达 24 亿 m^2。不可忽视的是，城市建设和地下文物保护的矛盾日益激烈。地下文物在工程建设过程中受到破坏的事件屡见不鲜，地下的历史文物急需避免人类建设活动的破坏。

徐州市是国家历史文化名城。朝代更替更是形成了富有地域特色的“城下城”，为徐州市留下了巨大的财富。但是在大规模的建设活动中，徐州市地下文物受到了严重的破坏，大量历史遗迹不复存在。历史遗迹保护问题亟待解决。在 2017 年修订的徐州市中心城区历史文化名城保护规划图中对徐州市地下文物埋藏区进行了界限划定，以保护徐州市地下文物（图 4-15）。

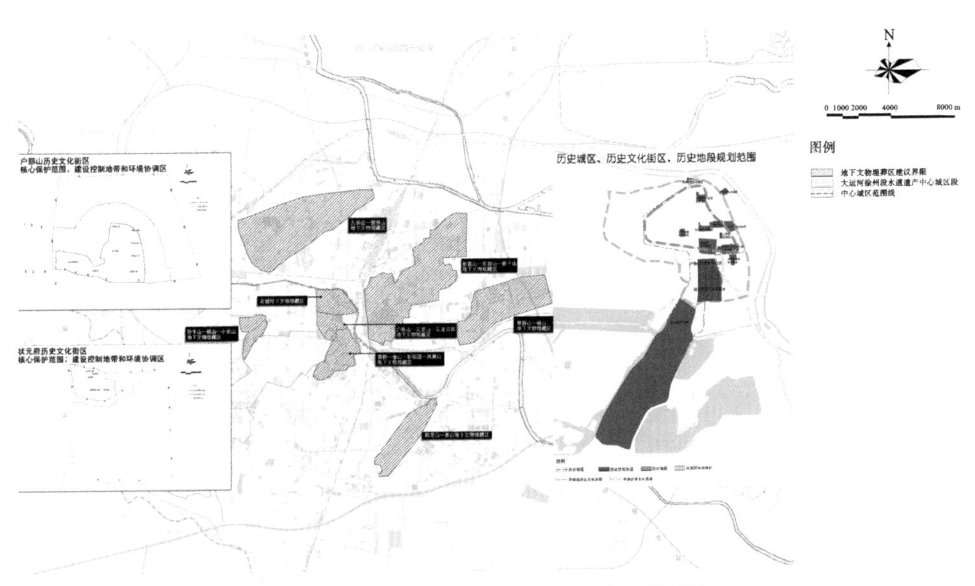

图 4-15　徐州市中心城区历史文化名城保护规划图

［图片来源：《徐州市城市总体规划（2007—2020）》（2017 年修订）］

相较于商业、住宅开发等高强度开发建设活动，绿地的建设对地面改动较小，能最大限度降低对地下文物的破坏。因此，本书认为位于地下文物埋藏区的棕地更具有转型为GI的潜力，而位于地下文物埋藏区范围外的棕地转型为GI的潜力较低，具体的评价标准如表4-10所示。

表4-10 基于历史遗迹保留情况的棕地转型GI潜力评价标准

是否位于地下文物埋藏区	棕地转型GI潜力	赋值
否	低	1
是	高	5

（表格来源：作者自绘）

通过地图扫描—配准—裁剪—图像拼接—图形要素的跟踪—拓扑处理—采集、属性字段添加—数据录入8个步骤，将徐州市中心城区历史文化名城保护规划图进行数字化处理，识别出徐州市地下文物埋藏区范围。使用按位置选择工具筛选出所有位于地下文物埋藏区范围的棕地，并赋值5，对位于地下文物埋藏区范围之外的棕地赋值1。

3. 棕地所在地块的城市功能需求评价

利用徐州市自然及社会多源数据，评价5类城市功能需求情况，其中缓解热岛效应、雨洪调节以栅格为单位，通过构建脆弱性指标反映需求程度；其他3类城市功能需求以地块为单位，通过人均服务覆盖面积及关注度指标来反映需求程度。

基于5类城市功能需求情况，通过ArcGIS 10.2的分区统计工具分别计算棕地所在位置的城市功能需求单项值，并按照自然断点法将其分为5级，赋值1～5，分别代表其需求低、较低、中等、较高、高。同样基于前文提到的针对10位相关研究领域专家的问卷调查，采用AHP确定5类需求在城市功能需求综合值中的重要程度，以获取5类需求不同的权重值，见表4-11。将不同需求等级值按照以上权重进行叠加，得到棕地的城市功能需求综合值，计算公式如下。

$$D_u = \sum_{i=1}^{n}(W_i X_i) \tag{4-5}$$

表 4-11　棕地所在地块的城市功能需求权重表

	指标层	权重
棕地所在地块的城市功能需求（D_u）	缓解热岛效应需求	0.1470
	雨洪调节需求	0.3600
	景观美学需求	0.0668
	防灾避险需求	0.1844
	休闲游憩需求	0.2418

（表格来源：作者自绘）

式中：D_u为棕地所在地块的城市功能需求综合值；X_i为各单项城市功能指标需求值；W_i为各项指标的权重。

（1）缓解热岛效应需求。

热岛效应对人体的影响不仅停留在其会引起感官上的不适，而且会对呼吸系统、心脏等造成潜在的危害。产生热岛效应的原因主要为绿色空间减少、城市硬质下垫面扩张、人为活动热量排放等多重因素（彭保发 等，2013）。城市绿地常被称为“城市冷岛”，绿地的地表透水性较强，土壤和空气中都有较多的水分，水分在蒸发过程中和植物在蒸腾过程中能吸收周边环境中大量的热，从而降低周围环境的温度。绿地在缓解热岛效应中发挥着积极的作用，通过绿地缓解城市热岛效应具有较高的可行性。

本书认为热岛效应显著的区域对于绿地生态系统调节小气候的服务具有更高的需求。位于高需求区域的棕地转型为 GI 后，能有效地缓解城市局部高温的现象。因此，在评价标准中，地表温度越高，人口密度越大，意味着该城市地块缓解热岛效应的需求越高，因此位于该地块的棕地转型为 GI 的潜力越高，具体评分标准如表 4-12 所示。

表 4-12 棕地所在地块缓解热岛效应需求等级评价标准

热脆弱性	棕地所在地块缓解热岛效应需求等级	赋值
不显著	非常低	1
显著	低	2
轻微显著	中等	3
比较显著	高	4
非常显著	非常高	5

（表格来源：作者自绘）

明确缓解热岛效应需求差异的关键点在于测度地表温度及人口分布密度。采用遥感影像进行地表温度反演获取地表温度分布。选取影像质量好、无云层遮挡、热岛效应较为显著的 2020 年 8 月 2 日 Landsat 8 遥感影像数据，在 ENVI 5.3 软件中通过辐射定标、大气校正和图像裁剪等预处理，并利用辐射传输方程法进行地表温度反演。同时，参考已有研究成果中的人口密度数据进行计算（Chen et al.，2022），公式如下。

$$D_{hr}= T_i \times P \tag{4-6}$$

式中：D_{hr}为城市缓解热岛效应需求值，即热脆弱性；T_i为城市第i个像素点的反演温度；P为城市人口密度。

（2）雨洪调节需求。

暴雨带来的洪涝灾害成为气候变化下城市面临的常见威胁之一。大规模的城市建设活动造成地表覆盖和土地利用的改变。不透水面的面积占比不断提升，城市下垫面对于雨水的滞纳能力被严重削弱，地表径流加大。传统的地下管网排水系统难以承担城市短时间内的高强度排水。暴雨导致的城市内涝问题不断凸显，轻则造成交通瘫痪，影响市民的交通出行与日常生活，重则威胁到居民的人身安全（谭传东，2019）。高密度城市建成区的雨洪调节已经成为城市发展中不可忽视的一大问题。

公园绿地作为海绵城市的基本单元，通过地表下渗、滞留等过程，能有效地削弱地表径流，减轻地下管网的排水压力，降低城市内涝的风险。因此，保障绿地规模，深化海绵城市的建设，加强城市对内涝灾害的抵御能力，对提升城市韧性、强化城市抵御自然灾害的能力具有非常重要的现实意义。

本书认为城市雨洪高风险区对于绿地调节雨洪服务具有更高的需求。位于雨洪高风险区的棕地转型为 GI 后，滞纳雨水，对缓解城市内涝具有积极的作用。因此，在评价标准中，城市雨洪风险等级越高，棕地所在地块的雨洪调节需求越高，棕地转型为 GI 的潜力越大，对应的分值也就越高，具体评价标准如表 4-13 所示。

表 4-13　棕地所在地块雨洪调节需求等级评价标准

城市雨洪风险等级	棕地所在地块雨洪调节需求等级	赋值
非常低	非常低	1
低	低	2
中等	中等	3
高	高	4
非常高	非常高	5

（表格来源：作者自绘）

根据地表综合径流系数来确定雨洪淹没高风险区。地表综合径流系数越高，城市地下管网排水的负担越高，则产生城市内涝的风险越高。基于遥感图像并参考已有计算地表综合径流系数的方法（刘兴坡 等，2016；燕超 等，2022），将建设用地、林地、草地、裸地、水域 5 种土地利用分类结果，与平坦、起伏、陡坡 3 种类型坡度进行叠置分析，得到 13 种地形地类，确定各类地形地类的径流系数，表示不同坡度不同用地类型的滞纳雨水能力，进一步表征城市雨洪调节需求。

（3）景观美学需求。

公园绿地因其艺术性和可观赏性，可以提供减轻压力、增强安宁感等多种景观美学功能。在新时期，公众对于生态环境日益重视，“十四五”时期经济社会发展的目标之一就是民生福祉达到新的水平，不断实现人民对美好生活的向往。

公众使用绿地的频率与绿地的景观美学存在较大的相关性。公园景观质量越高，公众就越倾向于使用。绿地的景观美学已经成为影响公众使用绿地的重要因素。因此，满足居民对高质量的景观美学需求成为未来城市绿地建设的核心使命之一。

本书认为景观美学评价得分较低的评价单元对景观美学提升服务具有更高的需求。位于高需求区域的棕地，通过景观规划设计后，有潜力提升区域的景观美学度。而位于景观美学评价得分较低区域的棕地转型 GI 的潜力较低，不建议优先转型为 GI。因此，评价单元内既有公园绿地的景观美学综合评价得分越低，则棕地所在地块的景观美学需求越高，棕地转型为 GI 的潜力越大，对应的分值也就越高，具体评价标准如表 4-14 所示。

表 4-14　棕地所在地块景观美学需求等级评价标准

景观美学综合评分	棕地所在地块景观美学需求等级	赋值
非常高	非常低	1
高	低	2
中等	中等	3
低	高	4
非常低	非常高	5

（表格来源：作者自绘）

研究使用社交网站的地理标志及评分来评估景观美学需求。基于中国用户量最多的互联网地图服务商百度地图，以地块为制图单元，利用 POI 抓取该地图中公园绿地的有效评分，计算城市各评价单元的景观美学评分的平均值。景观美学需求与景观美学得分呈负相关性。计算公式如下。

$$D_{\mathrm{la}}=\left(\frac{\sum_{i=1}^{n}P_i}{n}\right)^{-1} \tag{4-7}$$

式中：D_{la}为城市地块的景观美学需求值；P_i为评价单元内第i块公园绿地的景观美学评价得分；n为评价单元内的公园绿地评分数量。

（4）防灾避险需求。

城市所面临的地震、台风等自然灾害和火灾等人为灾害的危险性和紧迫性日益增强。尤其在高密度的城市中心区和老旧社区，建筑密度高、人口密集，灾害发生后救援难度大、危害严重，次生灾害发生概率高。因此，城市综合防灾避险体系在防范城市灾害、保障人民生命和财产安全方面具有重要的地位。若没有足够的防灾避险空间，在遇到大型灾害时，难以满足避难救灾对场所的需求。

城市绿地系统是城市综合防灾避险体系中的重要组成部分。因其设施完备、空间开阔、紧邻居民居住地等特点，能有效发挥防灾避险的功能。在灾害发生的第二阶段——临时安置阶段，主要承载空间为公园绿地、学校等大型开放空间。绿地在城市灾害来临时发挥了重要的作用。棕地所在地块的防灾避险需求等级评价标准见表 4-15。

表 4-15　棕地所在地块的防灾避险需求等级评价标准

人均实际享有防灾避险场所面积	棕地所在地块防灾避险需求等级	赋值
非常高	非常低	1
高	低	2
中等	中等	3
低	高	4
非常低	非常高	5

（表格来源：作者自绘）

依据步行指数划定防灾避险场所服务半径，在 ArcGIS 10.2 中以现有防灾避险场所边界划定 1000 m 的缓冲区，按照缓冲区在评价单元中的面积占比，计算各个评价单元内的防灾避险场所面积总量。结合人口数据获得评价单元内人均防灾避险场所面积，面积越大，则地块防灾避险需求越小，地块内棕地转型 GI 的潜力就越小，计算公式如下。

$$D_{\mathrm{dp}} = \left(\sum_{i=1}^{n} \frac{S_i \times C_{ij}}{P_j} \right)^{-1} \tag{4-8}$$

式中：D_{dp}为城市地块的防灾避险需求值；S_i为第i个防灾避险场所的面积；C_{ij}为第i个防灾避险场所缓冲区内第j个评价单元的面积占比；P_j为第j个评价单元的人口数量。

（5）休闲游憩需求。

社会公共意识的提升和对健康的追求，促使人们更加高频率地外出进行各种户外活动。城市绿地的休闲游憩服务功能也受到了越来越高的重视。城市绿地的数量和规模成为影响居民休闲游憩活动开展的重要因素。尤其对于老年人等弱势群体而言，是否具有同等的机会接近并使用这类开放空间，映射出一个城市的文明水平。绿地资源的空间分布不合理，将导致绿地的公平性降低。

在城市中，人口在二维平面中并非呈现均质化分布，不同等级的公园绿地面积和服务半径也存在差异。传统的城市人均绿地面积指标的评价尺度过大，模糊了人口随机集聚的事实。基于该数据的规划方案容易导致规划绿地与实际需求存在空间上的错位。

因此本书以人均实际享有公园绿地面积对既有公园绿地进行评价，依据不同公园绿地的服务半径、面积，评价城市既有公园绿地的服务水平。认为人均实际享有公园绿地面积较少的评价单元对提供休闲游憩场地的服务具有更高的需求。位于高需求区域的棕地转型为 GI 后，能提供更多的休闲游憩场地，提升绿地公平性。而位于人均实际享有公园绿地面积较多区域的棕地转型 GI 的潜力相对较低。因此，在评价标准中，人均实际享有公园绿地面积越少，棕地所在地块的休闲游憩需求越高，则棕地转型 GI 的潜力越高，对应的分值越高，具体评分标准见表 4-16。

表 4-16　棕地所在地块休闲游憩需求等级评价标准

人均实际享有公园绿地面积	棕地所在地块休闲游憩需求等级	赋值
非常高	非常低	1
高	低	2
中等	中等	3
低	高	4
非常低	非常高	5

（表格来源：作者自绘）

休闲游憩需求主要因人口密集和绿地数量及规模不足产生，以评价单元的人均实际享有公园绿地面积为表征，该值越大，相关评价单元的休闲游憩需求越低。结合《城市绿地规划标准》（GB/T 51346—2019），将公园绿地按面积大小划分为5个等级，按不同公园面积等级划定缓冲区（500 m、800 m、1200 m、2000 m、3000 m），进而确定公园绿地的服务范围。将该范围与评价单元进行叠加，通过计算得到各评价单元的人均实际享有公园绿地面积，休闲游憩需求与之呈负相关性。计算公式如下。

$$D_{\mathrm{lr}} = \left(\frac{\sum_{i=1}^{n} S_i \times C_{ij}}{P_j} \right)^{-1} \tag{4-9}$$

式中：D_{lr}为城市各地块的休闲游憩需求值，本质为第j个评价单元的人均实际享有公园绿地面积；S_i为第i个公园绿地的面积；C_{ij}为第i个公园绿地缓冲区内第j个评价单元的面积比例；P_j为第j个评价单元的人口数量。

4. 基于场地属性与城市功能需求耦合的GI选址优先级评价

（1）S_{s}和D_{u}耦合协调度分析。

耦合协调度模型通过耦合度阐明系统间存在的相互作用，在此基础上耦合协调度反映不同系统间的相互促进或相互拮抗程度（Xin et al., 2021；Ding et al., 2021），该模型操作简单且结果直观。研究选取耦合协调度模型揭示棕地的场地适宜性和棕地所在地块的城市功能需求两者之间的相互协调程度。计算过程如下。

$$C = \frac{\sqrt{S_{\mathrm{s}} \times D_{\mathrm{u}}}}{S_{\mathrm{s}} + D_{\mathrm{u}}} \tag{4-10}$$

$$T = \alpha \times S_{\mathrm{s}} + \beta \times D_{\mathrm{u}} \tag{4-11}$$

$$D = \sqrt{C \times T} \tag{4-12}$$

式中：S_{s}、D_{u}分别为棕地转型GI的场地适宜性和棕地所在地块的城市功能需求综合值；C、T、D分别为系统耦合协调度、系统综合协调指数、系统耦合协调度，D的等级划分标准如表4-17所示；α、β为待定参数，基于前人研究（Ding et al., 2021），$\alpha = \beta = 0.5$。

表 4-17　系统耦合协调度 D 的等级划分标准

D	等级	D	等级
(0.00，0.20]	极度失调	(0.50，0.60]	初级协调
(0.20，0.40]	一般失调	(0.60，0.80]	良好协调
(0.40，0.50]	勉强协调	(0.80，1.00]	高质量协调

（表格来源：作者自绘）

（2）S_s 和 D_u 匹配度分析。

基于计算出的 S_s 和 D_u，用四象限分析法分析二者的匹配度。x 轴代表棕地转型 GI 的场地适宜性（S_s），y 轴代表棕地所在地块的城市功能需求综合值（D_u）。形成的 4 个象限将二者的匹配度分为 4 种类型：高需求 - 高适宜性（象限Ⅰ）、高需求 - 低适宜性（象限Ⅱ）、低需求 - 低适宜性（象限Ⅲ）和低需求 - 高适宜性（象限Ⅳ）。

（3）基于场地适宜性与城市功能需求耦合的棕地转型 GI 优先级评价。

基于耦合协调度及匹配度分析结果，识别同时满足以下两个条件的棕地：$D>0.5$ 的棕地，即耦合协调度为初级协调、良好协调及高质量协调；匹配度为高需求 - 高适宜性（象限Ⅰ）或高需求 - 低适宜性（象限Ⅱ）。按照表 4-18 确定棕地转型 GI 的优先级。

表 4-18　棕地转型 GI 的优先级划定标准

D	匹配度	
系统耦合协调度等级	高需求 - 高适宜性	高需求 - 低适宜性
良好协调（0.60 ～ 0.80]	优先级Ⅰ	优先级Ⅲ
初级协调（0.50 ～ 0.60]	优先级Ⅱ	优先级Ⅳ

（表格来源：作者自绘）

4.3.4　结果与讨论

1. 棕地转型 GI 的场地适宜性（S_s）

通过对 294 块棕地的 7 个场地属性指标进行测度，按照表 4-3 中的权重进行叠加得到棕地转型 GI 的场地适宜性值（图 4-16）。结果显示：棕地的 S_s 值为 1.237400 ～ 3.466600，表明棕地转型 GI 的适宜程度有所差别，但总体分值偏低。其中 $S_s > 2.5$ 的棕地数量为 69，面积约为 191.7×10^4 m^2，仅占棕地总数量的 23.47%，主要分布在研究区中心及东北方向部分地块；$S_s \leqslant 2$ 的地块主要集中在研究区北部和南部的棕地集群。因此，基于场地属性的棕地转型 GI 的适宜性并无明显的圈层空间分布规律，但总体看，靠近城市中心的棕地往往具有较高的转型为 GI 的适宜性。

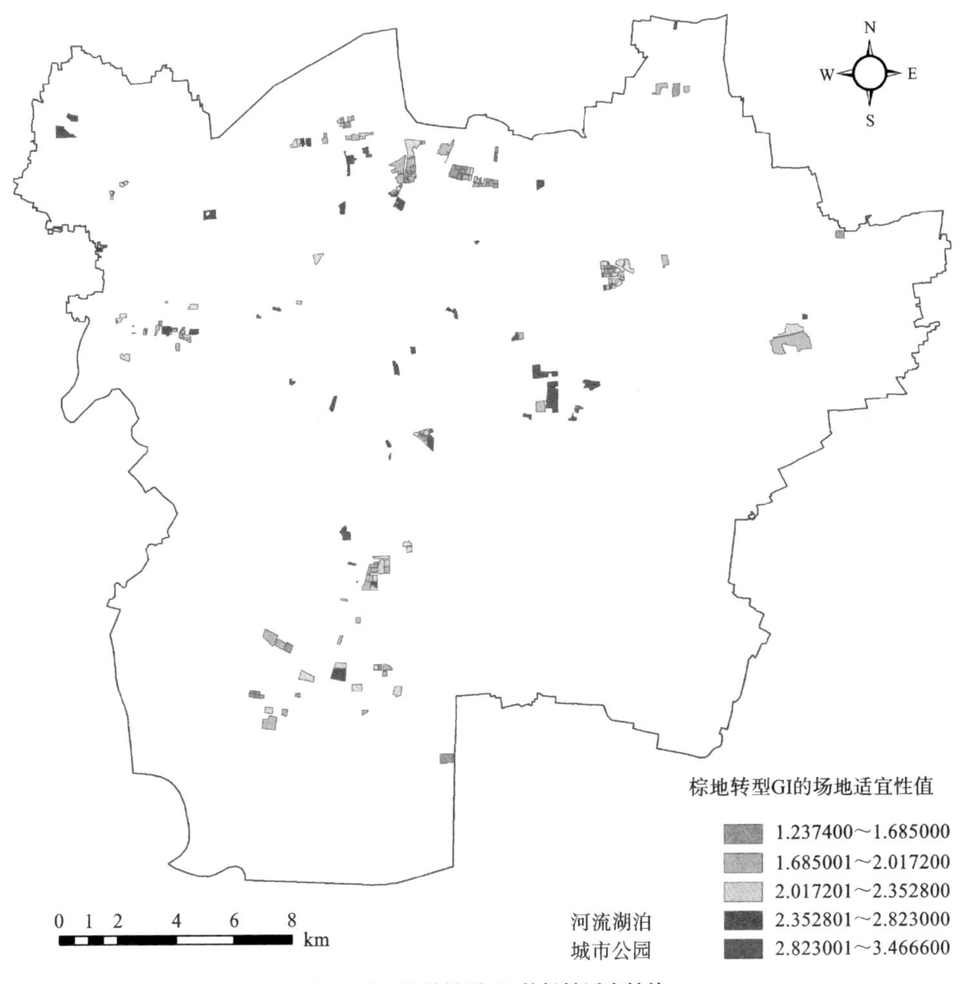

图 4-16　棕地转型 GI 的场地适宜性值

（图片来源：作者自绘）

单个指标结果显示，场地面积及 NDVI 代表的自然因素指标总体评分较低。场地面积指标在 2 分及以下（面积＜ 10 hm^2）的棕地数量占到总量的 93.2%，植被覆盖度指标在 2 分及以下（NDVI ＜ 0.4）的棕地数量占到总量的 66.33%。在社会经济因素指标中，场地可达性和与最近绿地距离 2 项指标分值较高，3 分及以上的棕地数量分别为 228 块和 208 块，占到棕地总量的 77.55% 和 70.75%；建设用地适宜性、历史遗迹保留情况与场地周边用地性质 3 项指标分值较低，如位于地下文物埋藏区（5 分）的棕地数量为 52 块，占总量的 17.69%，场地周边用地性质指标得分为 2 分及以下的棕地为 249 块，占棕地总量的比例高达 84.69%。

2. 棕地所在地块的城市功能需求综合值（D_u）

按照表 4-11 的权重值，加权叠加棕地的 5 类城市功能需求值（图 4-17）得到城市功能需求综合值 D_u 的空间分布，如图 4-18 所示。可以看出，D_u 为 2.004800 ～ 5.000000，总体分值呈现较高水平。分值为 4.000000 ～ 5.000000 的棕地数量为 127 块（占总量的 43.2%），面积约为 289.52×10^4 m^2（占总面积的 31.44%），即约占研究区棕地总面积 1/3 的棕地所在地块对城市综合功能需求极高。分值为 3.000000 ～ 4.000000 的棕地有 113 块，占棕地总量的 38.44%，这些棕地所在地块对城市功能也存在较大需求。此外，不同分值的空间分布并无明显规律。

尽管棕地所在地块的城市功能需求综合值较高，但对于各分项功能的需求程度具有差异性。从棕地的分项城市功能需求分值占比（图 4-19）可以看出，294 块棕地所处地块对雨洪调节、防灾避险、景观美学都具有强烈的需求，三者中分值为 5 的棕地占棕地总量的比例分别高达 69.39%、67.01%、89.46%。棕地所在地块的休闲游憩需求较为均匀，而对于缓解热岛效应的需求较前 4 类城市功能需求呈现较低水平，74.49% 的棕地（219 块）缓解热岛效应需求的分值在 2 分及以下。该结果也可以在图 4-17（a）中得到印证，大部分棕地所在地块与热脆弱性高值区并不重合。

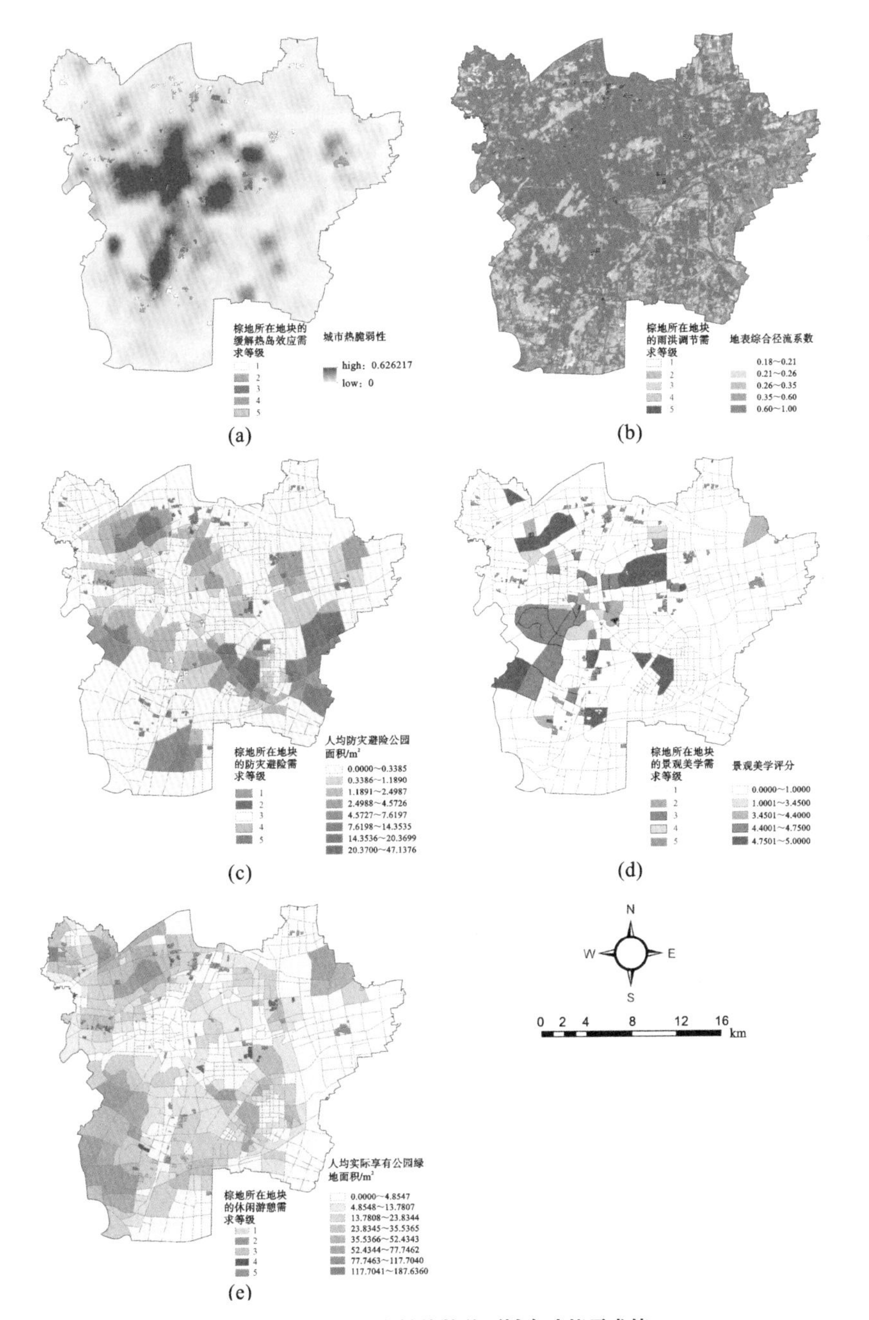

图 4-17　棕地所在地块的单项城市功能需求值

注：棕地所在地块的综合城市功能需求由以下 5 部分单项需求组成：（a）棕地所在地块的缓解热岛效应需求；（b）棕地所在地块的雨洪调节需求；（c）棕地所在地块的防灾避险需求；（d）棕地所在地块的景观美学需求；（e）棕地所在地块的休闲游憩需求。

（图片来源：作者自绘）

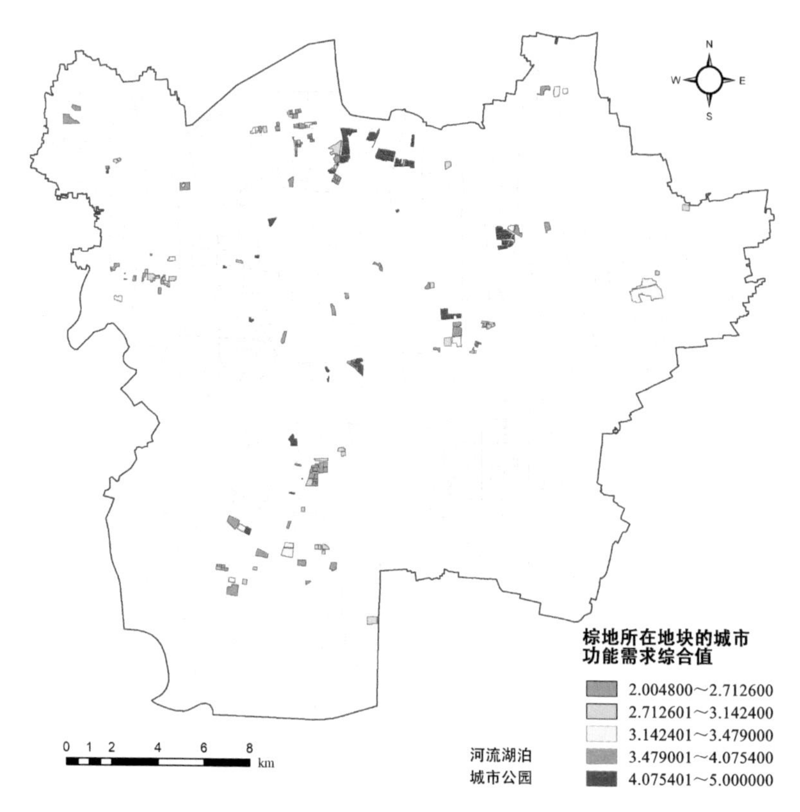

图 4-18　棕地所在地块的城市功能需求综合值

（图片来源：作者自绘）

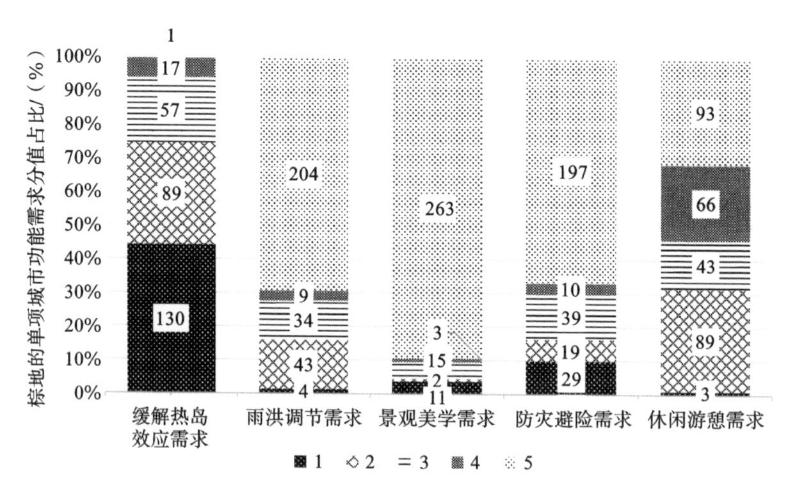

图 4-19　棕地各项城市功能需求值

注：柱状图上的数字表示相应城市功能需求分值的棕地数量。

（图片来源：作者自绘）

3. 基于场地适宜性与城市功能需求的棕地转型 GI 优先级

基于场地适宜性与城市功能需求匹配度的象限分布直观地刻画了二者之间的关系，按照自然断点法确定 S_s 和 D_u 的高低中断值分别为 2.288 和 3.479。结果显示：场地适宜性与城市功能需求的关系集聚可分为 4 种匹配类型（图 4-20）：高需求 - 高适宜性（象限Ⅰ）、高需求 - 低适宜性（象限Ⅱ）、低需求 - 低适宜性（象限Ⅲ）和低需求 - 高适宜性（象限Ⅳ）。其中象限Ⅰ内的棕地数量为 65 块，占棕地总量的 22.11%，象限Ⅱ内的棕地为 132 块，占棕地总量的 44.9%。因此，位于高需求区的棕地为 197 块，接近总量 2/3（67.01%）的棕地转型为 GI，能够较好填补城市功能。此外，象限Ⅰ中的部分棕地偏离联合坐标轴及原点，说明二者匹配关系较好，适宜纳入城市 GI；象限Ⅱ中的棕地越偏离联合坐标轴及原点，则其适宜性与需求越不匹配。

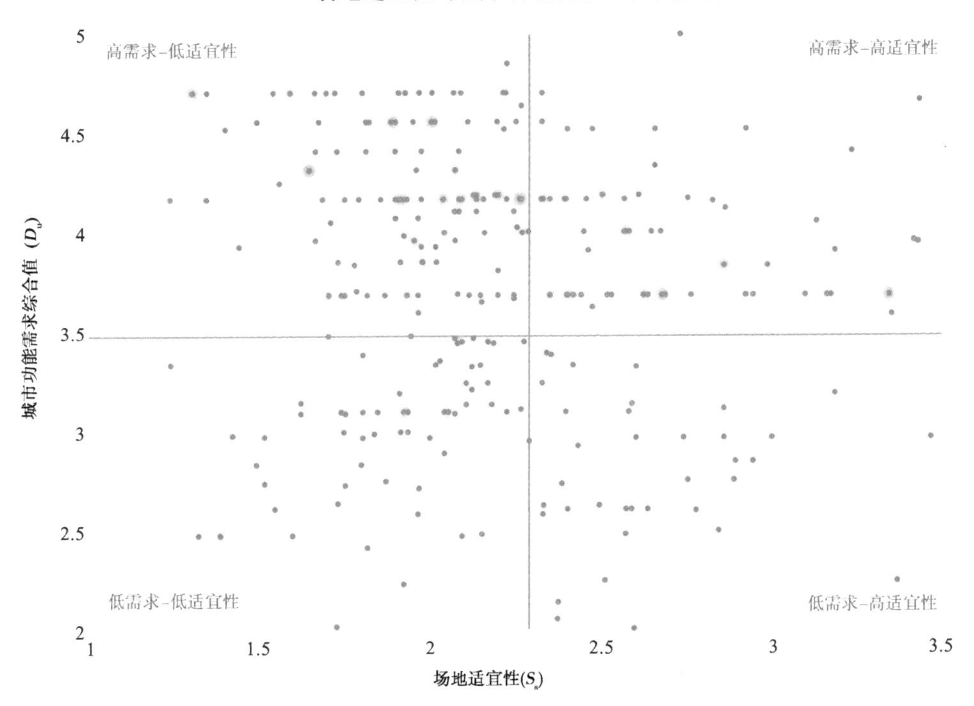

图 4-20　棕地的场地适宜性与城市功能需求匹配度的四象限图

（图片来源：作者自绘）

棕地的 S_s 与 D_u 的耦合协调度（*D* 值）为 0.10225 ～ 0.68399，具体可分为良好协调、初级协调、勉强协调、一般失调和极度失调 5 类。这表明总体上棕地的场地适宜性和城市功能需求之间的耦合未达到理想状态。但是良好协调和初级协调的棕地分别为 13 块和 112 块，占棕地总量的 4.42% 和 38.1%，即超过 1/3 的棕地的场地适宜性和城市功能需求之间处于较协调状态。*D* 值小于 0.40 的棕地有 48 块，占棕地总量的 16.33%，该部分棕地的场地适宜性与城市功能需求之间存在不协调的耦合关系。从棕地 *D* 值的空间分布来看（图 4-21），耦合协调度最高的棕地主要集中在城市中心和研究区东部，且存在离城市中心越远，*D* 值越小，场地适宜性与城市功能需求不匹配程度越高的空间变化趋势。

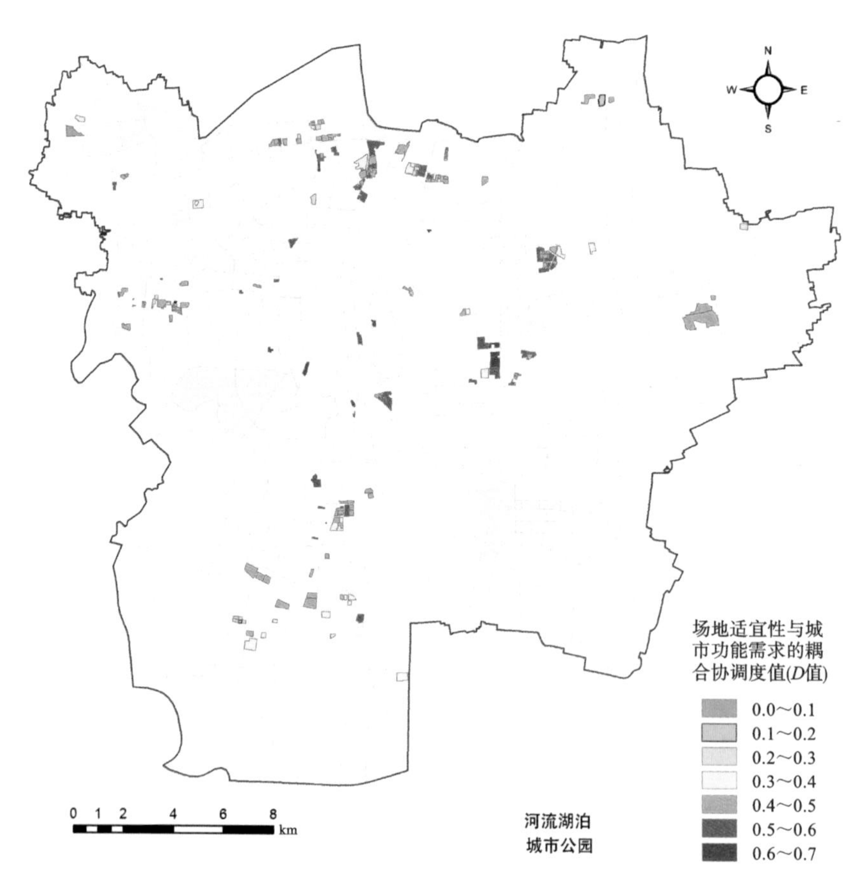

图 4-21　棕地场地适宜性与城市功能需求耦合协调度值（*D* 值）图

（图片来源：作者自绘）

根据表 4-18，从 197 块高需求分值的棕地中，筛选出 D 值为 0.5 ～ 0.7 的 120 块棕地（面积为 2.4032×10^6 m^2），占棕地总量的 40.82%，这些棕地的场地适宜性与城市功能需求的匹配度较高，适宜转型为城市 GI（图 4-22）。由于高需求 - 低适宜性的棕地的 D 值均小于 0.6，因此将棕地转型为 GI 的优先级划分为 3 级，由高到低为 Ⅰ级、Ⅱ级、Ⅲ级。具有优先级Ⅰ的棕地共 13 块（面积为 4.344×10^5 m^2），占样本棕地总量的 4.42%，占适宜转型的棕地总量的 10.83%。具有优先级Ⅱ和Ⅲ的棕地分别为 52 块和 55 块，总面积共计 1.9688×10^6 m^2。各棕地转型 GI 优先级空间分布如图 4-22 所示，具有优先级Ⅰ和Ⅱ的棕地多分布于靠近城市中心的位置，环绕其周边的棕地的优先级以Ⅱ级和Ⅲ级为主。部分毗邻的棕地集群的优先级多相邻。

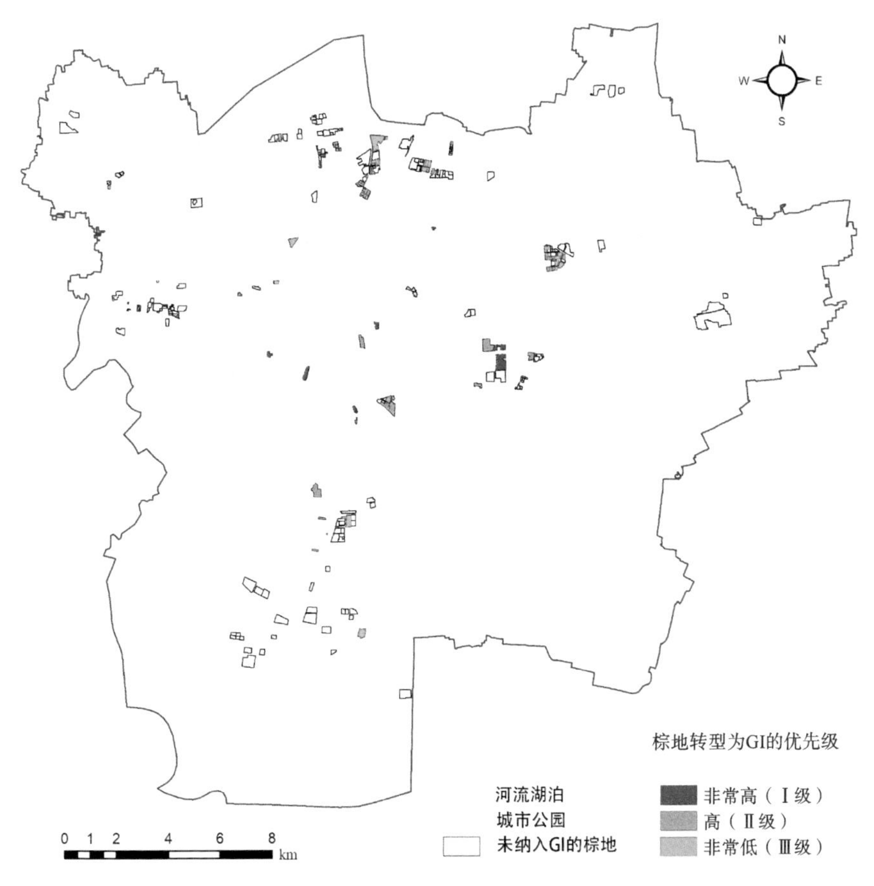

图 4-22　各棕地转型 GI 优先级空间分布

（图片来源：作者自绘）

4. 讨论

（1）场地属性对棕地转型为 GI 的影响。

相关棕地转型 GI 研究显示，棕地转型为 GI 的适宜性与棕地的场地属性具有较强的关联性（Ustaoglu et al.，2020；Mathey et al.，2015）。场地面积、坡度、场地硬化度、植被覆盖度、污染程度等场地属性，与棕地转型 GI 的潜力息息相关（Sanches et al.，2016）。研究证明，由于长期无人干扰，场地内自然演替形成的丰富植被结构（Strauss et al.，2006）能够提供生物栖息地功能（Hunter P，2014），因此棕地被认为是增加城市 GI 功能的重要载体（Anderson et al.，2019）。本研究中 NDVI ≥ 0.4 的棕地占比 33.67%，这部分棕地植被覆盖度及植物种类丰富度较高，更适宜转型为 GI，应保留场地植被，避免二次开发过程带来的生物多样性损失。

同样重要的是，棕地转型 GI 的适宜性也受到场地与现有城市绿地距离、场地毗邻用地性质、目标使用人群等周边场地因素影响（Heckert，2013）。其中，棕地与现有城市绿地距离因影响绿色网络的连接，一直作为影响绿地适宜性的关键要素（Uy et al.，2008）。部分研究将与人为活动有关的因素作为反向指标，认为人类干扰越剧烈，适宜性越低（鲜明睿 等，2012）。而更多学者认为，周边居住、商业等设施的完善程度，道路可达性，是棕地转型 GI 后发挥文化服务功能的重要基础（曹钊豪 等，2022）。从本研究中棕地周边情况看，大部分棕地由于有工业运输设施而具有较高的可达性，但部分棕地周边 300 m 范围内居住、商业及公共服务设施用地占比非常低，这与人口密集区的绿地需求形成空间上的错位关系，导致其转型为 GI 的适宜程度也有所降低。该结果与此类棕地位于聚集连片的工业产业园区有关。

鉴于徐州市是国家历史文化名城，以及在历史上是典型的煤炭资源型城市，存在较多的地下文物埋藏区和不适宜建设的采煤塌陷区，因此增加建设用地适宜性、历史遗迹保留情况 2 个指标，该指标对于棕地转型 GI 也具有重要影响。同时由于建成区以平原为主，研究中未考虑坡度及高程指标。

（2）城市功能需求对棕地转型 GI 潜力的影响。

城市功能需求测度已经被研究人员用于棕地转型 GI 的整体评估中，与单一考虑棕地场地属性的评价方法相比，考虑城市功能需求为 GI 功能的提升提供了更为精准、高效的方案。在全球气候变化影响下，大部分研究者针对城市最为突出的生态问题，选择某一类城市功能需求进行研究，涉及较多的是缓解热岛效应需求、雨洪调节需求，以及与公平性相关的休闲游憩需求（Heckert，2013；Aleksandra，2016；Thiagarajan et al.，2018）。大部分研究证明，棕地分布与城市功能高需求区在空间上存在高度的重叠关系（Aleksandra，2016；Heckert，2013），棕地转型 GI 能够提供较强的冷却服务能力、雨洪调节能力，甚至发挥改善居民健康及加强邻里社会联系的作用（Demuzere et al.，2014）。

考虑人口密度及人口结构是实现城市需求精准测度的途径，如 Aleksandra 同时考虑了城市热岛效应与弱势群体的分布，来测度热脆弱性与棕地分布的关系（2016）。因此，本研究将人口密度纳入 5 类需求测度中，结果表明人口密度的增加将会加剧功能需求的程度。整体来看，大部分棕地的城市功能需求综合值较高，表明这些棕地转型为 GI 可高效提升城市功能。但其中不同的城市功能需求指标，对于棕地转型 GI 潜力的影响具有差异性。缓解热岛效应需求和休闲游憩需求的分值分布较为均匀，对棕地转型 GI 的优先级划分影响较大；棕地的其他 3 类需求的分值分布较为集中，且需求分值较高。这表明，不同城市面临的生态问题不同，选择测度的城市需求及需求之间的权重具有差异，因此识别城市生态问题是进行棕地转型 GI 优先级评估的重要前提。

（3）匹配度和耦合协调度模型在识别棕地转型 GI 适宜性中的重要作用。

在本研究中，匹配度和耦合协调度模型被用来识别适合纳入城市 GI 的棕地集群及其优先级，对于 GI 的精准补缺及功能提升具有重要意义（Motzny，2015）。耦合协调度模型可以较为精准地反映棕地转型 GI 的场地适宜性和城市功能需求二者之间的耦合协调度。值得注意的是，耦合协调度高的棕地并不意味着都应该纳入城市 GI，该方法不能剔除耦合协调度很高，但属于低需求 - 低适宜性的棕地。因此，有必要采用四象限分析法确定二者匹配的基本状态，从而选择适宜转型为 GI 的棕地。

研究结果表明，棕地转型 GI 的场地属性与城市功能需求仍存在明显的空间错位。但仍然有 22% 以上的棕地既具有较高的场地适宜性，又具有较高的城市功能需求，该组棕地可以优先考虑转型为 GI，并对其污染情况、土地权属、历史遗迹等因素进行二次评估，以成本最低、效益最大为目标，更加精准确定城市 GI 优化的潜在空间。对于低需求 - 低适宜性的棕地，可以考虑开发居住、商业、公共服务等其他城市功能。

研究结果还显示，离城市中心较近的棕地，其转型 GI 的优先级都较高，表明由于城市中心具有人口密集、道路可达性好、场地周边混合功能丰富等特征，中心地带的棕地对城市功能需求更为强烈，将其转型为 GI 能产生更高的社会经济价值。

（4）研究局限及未来的研究方向。

本研究较为完整地构建了耦合场地属性和城市功能需求的棕地转型 GI 优先级评价体系，选择了 5 类城市功能需求进行测度，需求测度的精细化及各类需求之间的相对重要性的科学确定，是研究中的关键挑战之一。本研究仅采用了较为基础的 AHP 确定权重，且在需求测度中考虑的因素不够全面，比如仅考虑了人口密度，而未考虑人口年龄、性别等结构特征。同时由于数据获取限制，场地属性中尚未考虑污染等级、土地权属、有无工业文化遗存等较为重要的指标，但这也为今后更为精细化的研究提供了方向。未来研究将聚焦于探索棕地生物多样性、文化多样性等更加全面的场地属性，及其与城市生态系统服务供需之间的关系，更多考虑城市弱势群体、规划师、政府及其他公众的利益诉求，以使城市 GI 的更新和规划更加精细。

（5）结论与展望。

本研究从棕地场地属性与城市功能需求匹配角度出发，提出适用于多种气候背景和城市问题的棕地转型 GI 优先级评估技术路线。首先，通过选择与棕地转型 GI 适宜性密切相关的植被覆盖度、与最近绿地距离、场地可达性等 7 个指标，获得棕地的场地适宜性值；其次，对缓解热岛效应、雨洪调节、景观美学、防灾避险、休闲游憩 5 类城市功能需求进行测度，确定棕地所在地块的城市功能需求综合值；最后，通过四象限分析法与耦合协调度模型，对场地适宜性与城市功能需求之间的耦合与匹配关系进行探讨，识别出建议转型为 GI 的棕地，并对其进行优先级划分。

主要结论如下：①从场地属性看，棕地转型为 GI 的适宜性总体不高，S_s 为 1.237400 ～ 3.466600，空间上靠近城市中心的棕地往往具有较高的转型为 GI 的适宜性；②从城市功能需求看，棕地所在地块的城市功能需求综合值 D_u 为 2.004800 ～ 5.000000，总体分值呈现较高水平，约占研究区棕地总面积 1/3 的棕地的城市综合功能需求极高，分项需求中对雨洪调节、防灾避险及景观美学需求较高，对缓解热岛效应需求则一般；③通过整合场地属性和城市功能需求，结果显示

40.82% 的棕地（120 块）位于城市功能高需求区，同时与场地适宜性具有良好协调和初级协调的关系，建议将其转型为 GI。根据耦合协调度将棕地转型为 GI 的优先级划分为优先级Ⅰ、优先级Ⅱ和优先级Ⅲ。同时，该类棕地与城市中心的距离和优先级呈现正相关关系。

该研究方法具有简洁、易操作的特征，同时可以根据城市特征和需求变化进行灵活调整，具有推广价值。研究实践结果可以作为大都市区 GI 空间选址及增量优化的参考，也可以为整体视角下的棕地系统更新提供决策支持。

5

社区尺度：融合居民需求的GI韧性提升

5.1 社区尺度 GI 建设存在的问题及诉求

社区是城市的组成单元，是介于城市尺度和建筑尺度的过渡层次，其内部混合了大小不一，具有居住、工作、生活及休闲娱乐等功能的具象空间单元，外部则承接城市尺度的结构，共同构成城市整体格局。社区尺度的 GI 既包括综合公园、社区公园、专类公园、游园等城市公园绿地、广场绿地，也包括河流、街道绿化、废弃地、闲置土地等各类非正式绿色空间。社区由社区居民与社区生态环境融合构成，是由社会系统与生态系统彼此耦合、相互依存并协同进化的社会 - 生态系统（Berkes et al.，2013）。社区尺度 GI 的总量、布局、可达性、可使用性及影响绿地功能的个体属性，是影响并决定社区景观质量、居民健康与福祉的重要表征，同时社区尺度 GI 也是体现社区社会 - 生态系统韧性的载体（申佳可 等，2018）。

社会 - 生态系统的韧性需从社会整体角度探讨，不仅强调在外界干扰下生态系统具备的适应、重组、学习及恢复生态秩序和系统机能的能力，而且关注人类与自然互动下社会系统的再生、干扰适应能力（周利敏，2015）。在提升快速性、鲁棒性、冗余性及智慧性 4 个韧性目标的要求下，除了提供关键服务、提升效率、提供整体性预案等途径，学习、多方参与和合作也是韧性提升的重要柔性措施。应重视人类的智慧及社区居民的力量，促进政府、学术界、私营部门、非营利组织等相关利益群体参与韧性建设（沈清基，2018）。

社区作为提升 GI 韧性的基本单元，对该单元内 GI 的布局规划与景观设计，须充分以 GI 使用者为核心，明确绿色空间为谁服务、如何服务。社区尺度 GI 韧性提升的关键目标是以居民需求为核心，挖潜存量绿化空间，优化社区 GI 布局并提升其功能。社区居民既是 GI 服务与福祉的享用者，也是 GI 建设、管理和维护的参与者。不同社区单元内人口密度、居民年龄、收入、职业及受教育水平等人口特征均具有差异，因此考虑不同人群对绿地的实际需求，并挖掘社区居民的知识、技能及创新性，以及社区组织的决策力和项目推动力，实现“以人为本”的绿色空间建设、使用及维护，对于提升社区尺度 GI 韧性非常重要。

然而，在社区尺度 GI 规划实践中，城市尺度绿地系统规划无法对社区尺度 GI

进行精确指导，同时以孤立项目为主导的社区尺度 GI 更新及增绿实践，无法系统评估社区尺度单元之间或单元内部的 GI 需求差异。目前已有研究中，结合城市居民使用需求定向营建 GI 相应服务功能的研究较少（李荷，2020a），社区尺度的 GI 建设仍存在以下问题：① GI 空间分布与人口密度及脆弱人群分布存在空间错位，导致绿地分配存在非公正现象；② GI 功能定位不清晰，对居民需求了解不足，绿地使用效率具有差异；③ GI 的关联性及层级结构不清晰，结构韧性不足。

针对以上问题，结合存量更新的绿地增量提质要求，社区尺度 GI 韧性提升的主要诉求包括提升公平性、实现多功能性、促进多方参与、增加亲自然性（图 5-1），通过增加连通性和模块层级，加强社区尺度 GI 系统性，增强对未来干扰和风险的应对及适应能力。

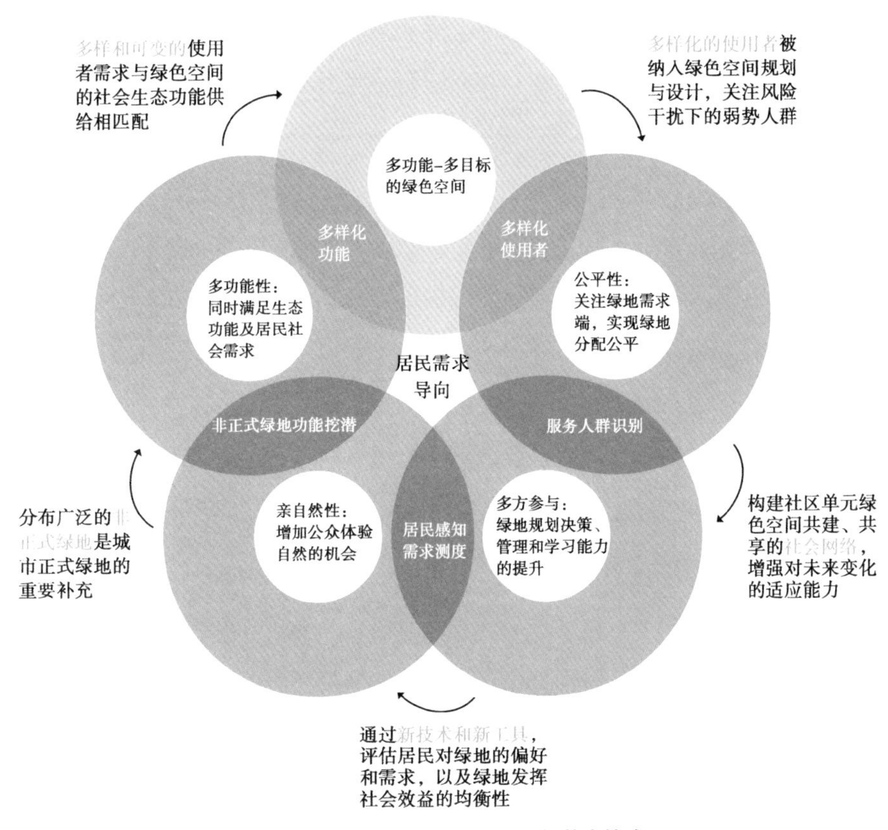

图 5-1　社区尺度 GI 韧性提升的基本策略

（图片来源：作者自绘）

1. 公平性：关注绿地需求端，实现绿地分配公平

基于可达性的 GI 分配公平是社区 GI 韧性提升的核心和基础，即基于公平的原则，确保所有人都可以便捷地进入公园、使用公园（张天洁 等，2019）。这种公平公正建立在居民需求与绿地供给匹配的前提下，因此，社区尺度的 GI 规划不仅是生态层面的物质空间绿化，而且应该强调人与自然协同的核心规划思想，将韧性思想与提升弱势群体的生活品质联系在一起。如规划前期需要对社区单元内的人口密度、人口结构、人口特征进行系统评估，以识别在某一风险下最需要关注哪一类人群的利益，选择建成环境的哪一部分来投资。识别城市中相对脆弱或弱势的人群及社区，这类人群及社区抵御、适应风险的能力最弱，因此增绿的空间选址应优先满足这类人群的需求，以增加 GI 系统应对风险的整体韧性。

2. 多方参与：绿地规划决策、管理和学习能力的提升

在城市高密度建成区增加绿色空间、提升城市韧性面临非常大的挑战，需要在绿地建设与经济发展之间做出权衡，因此符合居民需求并得到公众认可非常重要。为了保证绿地分配的公平性，需要将所有受到影响的人群纳入绿地决策及规划过程，以实现过程公正及居民在绿地使用过程中安全交往的互动公正（张天洁 等，2019）。一方面，在大数据、智慧技术等新技术的支持下，建立面向公众的公开透明的绿地科普宣传及建设改造信息交流平台，培育公众的生态观念，收集居民在绿地需求、更新措施方面的意愿，融合企业、非政府组织及学术界等社会力量，从过往发展或其他地区的 GI 韧性建设实践中汲取经验和教训。另一方面，增强居民对社区绿地的自我管理能力，设立居民绿地管理机构，增强居民的主人翁意识，促进不同人群交流，基于绿地管理和保护形成坚韧的社会关系网络。

3. 亲自然性：增加公众体验自然的机会

由于建成区稀缺的土地资源与公众对自然的需求之间的矛盾难以调和，社区尺度 GI 的韧性提升尤其需要打破仅依靠公园绿地、广场绿地等传统城市 GI 满足休闲游憩需求的思维，而应挖潜、开放、营造身边的绿色空间，逐渐将附属绿地向所有类型群体开放，重视边角空间、小块闲置土地、滨河荒地等非正式绿地在提升 GI 韧性中的重要作用。采取营造街道绿化、街头公园、口袋公园、小微绿地、绿色步道等绿化措施，美化回家的路、实现家的延伸，从而增进居民与植被及大自然

的亲密接触，增加人们对城市生物多样性、自然演替及生态功能过程等的认知与体验。亲自然性的提升不依赖高成本的过度设计，而是通过低成本、微更新及简单的设计，营造吸引所有群体参与共享的舒适、安全、易达且不需要高成本维护的 GI 空间。

4. 多功能性：同时满足生态功能及居民社会需求

社区尺度 GI 韧性提升的核心内容是在受限的建成区空间，以居民与自然之间的适应性互动为基础，根据人的行动需求在中观层面进行绿色空间的混合功能利用，同时满足生态功能及城市居民工作生活的社会经济需求，最大限度地提升人居环境的亲自然性。如在城市公园的草坪，增设具有雨洪调节功能的雨水花园，既能作为城市景观提供美学、休憩的功能，同时能够增加雨水渗透量（张泉 等，2020）。又如目前广泛推行的灰色基础设施绿色化，通过减少沥青及混凝土界面，增加地面、屋面等建成环境表面的渗透性，提升抵御雨洪风险的韧性，同时营造了亲自然的生态环境。对于尚未确定最终规划用途的存量土地，通过绿化及微更新改造供公众临时使用，发挥休闲游憩、商业服务等短期的社会经济服务功能，以提升社区活力和社会韧性。

5.2 融合居民需求的 GI 韧性提升实践案例

5.2.1 休斯敦市曼彻斯特社区概念性规划

1. 规划背景

美国得克萨斯州海岸是全球最容易遭受海岸风暴侵袭的区域之一，坐落在该平坦沿海平原的休斯敦市，大部分地区平均海拔仅 15 m，市区内河、湖数量极多，水面面积占到城市总面积的 3.7%。同时，快速城市化导致不透水地面蔓延，以及全球气候变化影响下热带风暴等极端天气事件增加，2017 年的哈维飓风，4 天降雨量超过 1000 mm，造成 107 人死亡，经济损失达到 1250 亿美元（图 5-2）。能够应对频发的洪水灾害，已经成为休斯敦市可持续发展的重要目标。

图 5-2　哈维飓风下的休斯敦市

（图片来源：上 http://m.news.cctv.com/2020/04/12/ARTIaNBdZAnsEjwuQmZBmrYL200412.shtml；
下 https://www.texastribune.org/2017/10/13/harveys-death-toll-reaches-93-people/）

曼彻斯特社区位于休斯敦市东南部，周边工业污染严重，是城市下水管道系统老化最严重、水质最差的区域之一，不透水硬化地面面积占比达64%，绿色空间极度缺乏，导致其成为全美国最易受到洪水侵袭的社区之一（Newman et al.，2017）。同时城市发展还面临极端高温天气、城市闲置土地碎片化、社会矛盾突出等诸多问题。社区内闲置土地面积占比达 16%，是休斯敦市平均值的 2 倍还多，并且该社区聚集大量的弱势群体，93% 的人口为西班牙裔，40% 的家庭年收入低于 25000 美元。基于此背景，曼彻斯特社区概念性规划旨在通过 GI 融入土地利用及雨洪管理，实现降低雨洪风险的目标，该规划是由美国得克萨斯农工大学等的科研人员主导，当地群众全程参与，设计师和非营利组织共同合作完成的自下而上的实践成果。

2. 需求目标及规划过程

面对长期困扰休斯敦市的洪水问题，该社区概念性规划将提升抵御及适应雨洪灾害的韧性作为首要目标，在此基础上考虑提升社区活力和促进经济发展。其中，提升韧性的重要途径是充分利用闲置土地吸纳雨水的潜力，同时识别洪水易发的脆弱区域，在社区尺度上将 GI 要素系统性融入原有社区空间，并相互连接起来，在新的绿色空间中植入城市农业等经济功能，期望能为社区贫困居民提供新鲜健康食品及一定的就业机会。

在规划过程中公众的深度参与，增加了该社区应对雨洪风险的社会韧性。通过教育、认知与反馈交流，提高居民对气候变化及雨洪韧性的理解。形式多样的公众参与途径及社区的多元信息，使得整个规划较为精确地反映了当地居民的需求，使得居民对于新增绿地、排水设施、休闲设施、教育中心及新型水景抱有更大的更新意愿。规划内容主要涉及以下几个方面。

（1）将闲置土地融入社区尺度 GI 系统。

规划团队将闲置土地与降低雨洪风险联系起来，方案展示了将闲置土地作为海绵城市中的“孔洞”对其进行利用和重建的愿景，大部分闲置土地仍保留了一定植被覆盖及透水地表，被规划为社区不同类型的 GI，包括健身花园、可食用花园、雨水花园、滞留池、可被淹的河滨公园等。同时也按照不同年龄层次居民的需求，植入社区中心、儿童教育中心、老年活动中心及健康服务设施等公共服务设施。最终规划方案中绿地面积增加至原来的 7 倍，而透水地表面积比例从 36% 增至 51%，社区滞留雨水能力大大增强。

（2）通过道路设施绿色化减少积水区面积。

街道及排水沟、下水道是雨水汇集的重要基础设施，因此规划重点考虑对街道及其周边空间进行绿化的低影响开发来减少雨洪影响。规划通过建立生态林荫大道、绿色次干道及居住区街道等多层次街道景观构建排蓄洪水的线性框架，识别出洪灾时的雨洪流线及积水区分布（图 5-3），在较宽的道路两侧设计线形的生态洼地，在居住区窄道旁分布种植池，在关键积水区布置兼具休闲娱乐与蓄留洪水功能的雨水花园，并串联融合至上一层级的 GI 要素中。

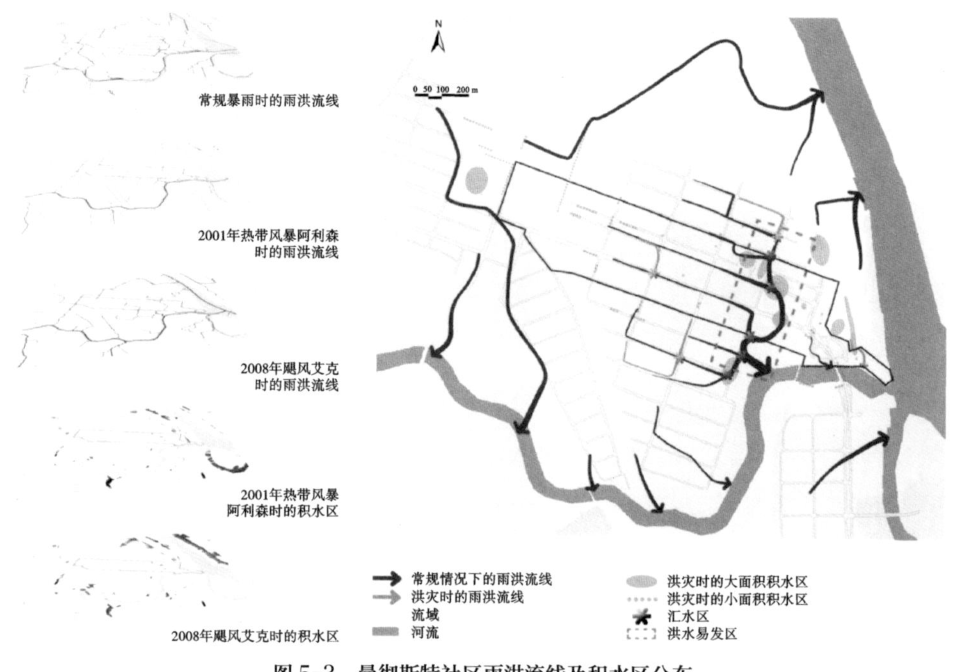

图 5-3　曼彻斯特社区雨洪流线及积水区分布

［图片来源：文献（Newman et al.，2017）］

（3）提供满足居民社会经济需求的 GI 融合功能。

该规划在增加 GI 空间以提升社区雨洪韧性、提供更多社区交往场所的同时，试图减少人口流失并创造更多的就业机会，将更多的盈利性功能植入 GI 空间，如可食用花园、食品配送中心、餐厅等（图 5-4）。一方面，可以促进居民之间的交流互动，增强社区居民的归属感；另一方面，规划提出新增就业岗位的阶段性计划，并通过设置图书馆、书店等教育设施增加居民的受教育机会，最终愿景是在规划第三阶段结束时，共提供 1000 ～ 2000 个就业岗位。

3. 实践启示

该概念性规划基于居民参与，为休斯敦市曼彻斯特社区提供了抵御洪水灾害、提高社区活力的理想化解决方案。虽然并没有考虑土地权属、土地获取等实施层面

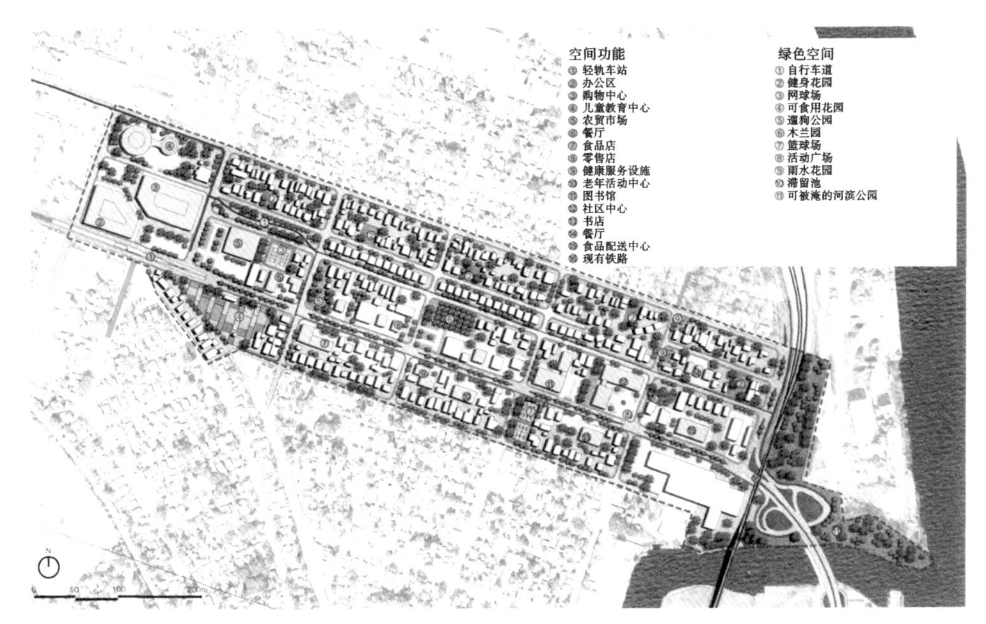

图 5-4　曼彻斯特社区概念性规划总平面图

［图片来源：文献（Newman et al.，2017）］

的因素，但该规划通过闲置土地更新将 GI 理念运用到社区规划与韧性提升中的思路是值得借鉴的。规划将大部分的闲置土地作为 GI，发挥社会交往及雨水滞纳的功能，同时提出为了适应未来建设需求，这些过渡性的 GI 空间仍可以转变为其他建设用地。最终规划方案的水文及经济绩效评估显示，与传统解决方案相比，该规划在减少水处理费用、降低能耗及地下水补给方面产生了可观的效益，同时在增加就业岗位、促进社区经济发展、提升公众健康水平方面起到了推动作用。尽管项目初期阶段的短期成本有所增加，但长期的投资回报非常可观。

5.2.2　芝加哥市 *ON TO 2050* 中的绿色基础设施规划战略

1. 规划背景

芝加哥市是美国经济实力和人口总量排名第三的城市，芝加哥大都市区位于伊利诺伊州的东北部，面积约 28120 km^2，2011 年人口约 973 万（王兰 等，2015）。经过 20 世纪 80 年代的经济结构调整，芝加哥市从传统重工业城市成功转型为以服务业为主导的多元化发展城市，然而城市仍然存在经济活力不足、服务设施老化、交通系统不完善、闲置土地多等问题。因此，2010 年芝加哥大都市区规划委员会（Chicago Metropolitan Agency for Planning, CMAP）颁布了《迈向 2040 综合区域规划》（*Go TO 2040 Comprehensive Regional Plan*，以下简称 *GO TO 2040*）。*GO TO 2040* 从不同尺度提出 GI 的规划目标：①在区域尺度，保护最重要的自然资源，至 2024 年核心生态保护区从 2010 年的 25 万 acre 增加到 40 万 acre；②在社区尺度，增加以休闲游憩及景观美学功能为主的小型公园或开放空间，以增加所有居民的绿地可达性，具体目标是至 2024 年所有居民可使用绿地面积为每千人不少于 4 acre，鼓励通过绿道和步行道连接已有开放空间，规划至 2040 年新增绿道 1384 mile；③在场地尺度上，强调将 GI 实践作为雨洪管理、混合土地利用及场地规划的重要组成部分，模拟植被、土壤、水文的自然生态过程以营造可提供多种生态服务的场地景观。

《2050 年大都市综合区域规划》（*ON TO 2050 Metropolitan Comprehensive Regional Planning*，以下简称 *ON TO 2050*）的 GI 规划战略框架是对 *GO TO 2040* 中 GI 规划目标的回顾、实施成果的总结和对未来的展望，特别强调社区尺度 GI 建设承上启下的重要作用。

2. 需求目标及规划过程

ON TO 2050 从公众健康、气候韧性及场地营造等方面，强调 GI 带来的多样化功能及效益，围绕 GI 网络中心 - 廊道模型提出政策优化框架。

（1）通过社区 GI 完善生态网络中心的缓冲区。

保护高质量核心生态区域，强调社区尺度 GI 作为核心缓冲区的重要作用。*ON TO 2050* 基于 *GO TO 2040* 中有关核心生态保护区的目标，提出系统识别优先保护生态区域的方法，涵盖已经存在的 GI 及具有生态恢复愿景和潜力的 GI 要素，特别强调社区及场地尺度 GI 的选址与规划设计在保护生态网络中心和廊道中的重要作用，通过在生态网络中心周边建立缓冲区增加 GI 韧性。同时社区尺度 GI 建设要在生态系统服务需求的指引下进行，比如位于敏感地下水补给区的社区，应该依据细分条例（subdivision ordinances），通过灵活的场地设计限制地块开发。场地尺度设计则需要通过减少不透水面积、增加雨水渗透来响应城市及社区尺度 GI 建设目标。

（2）鼓励社区尺度 GI 的多功能混合规划设计。

社区尺度 GI 更新与营造的最大困难是土地资源有限，因此规划战略试图引导在公园绿地以外的土地上建造 GI，并同时提供多类生态系统服务功能。一方面，拓展社区尺度的 GI 范畴，除了被规划为城市绿地用途的土地，也将校园、办公园区、高尔夫球场、私人庭院等其他具有绿地功效的土地，纳入建成区潜在的 GI 实践区域。另一方面，社区尺度 GI 更需要注重多种生态功能及社会效益的混合，比如建立可高效排水、降低雨洪风险的下沉式游憩场所。实现以上目标，需要相应的绿地建设激励机制及合作共赢关系的构建，提高私有土地拥有者开展 GI 实践的意识。

（3）推进社区尺度的灰色基础设施绿色化实践。

城市建成区内的道路、屋顶、停车场、硬质广场等不透水面占据了城市的主要空间，也是城市景观的重要组成部分，根据 2011 年的统计数据，规划范围内拥有 55.6 万 acre 的不透水面，且增长速度非常快（图 5-5）。大面积的硬质景观（hardscapes）对生态系统及生态完整性乃至人类健康都带来负面影响，加剧城市热岛效应并阻碍城市雨水排放，因此 *GO TO 2040* 提出至 2040 年不透水面面积不超过 64 万 acre 的目标。*ON TO 2050* 战略框架进一步提出从源头控制城市新建区域的不透水面面积，同时将道路绿化、停车场绿化、屋顶花园等灰色基础设施绿色化的措施植入建成区

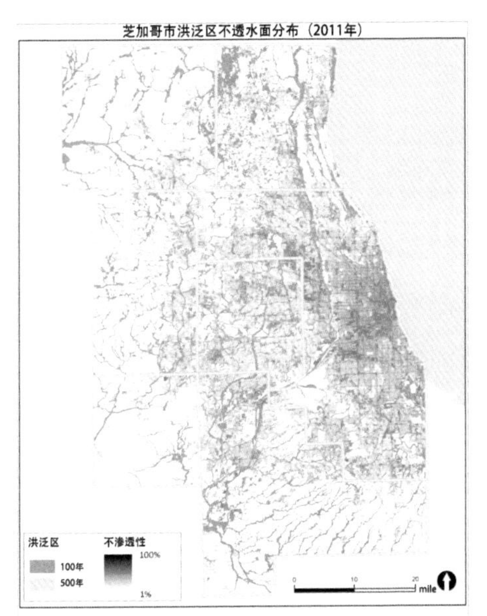

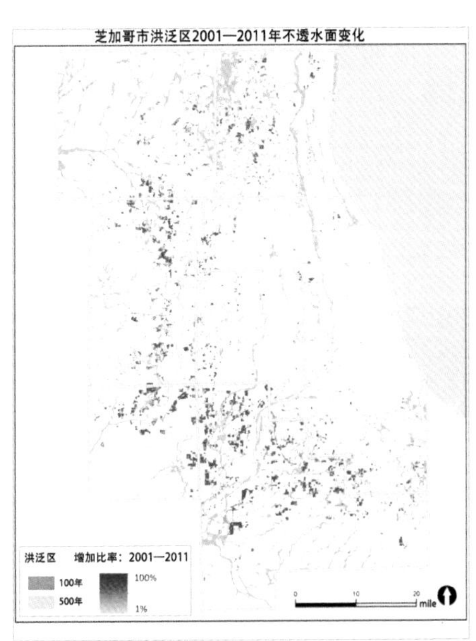

图 5-5　芝加哥市洪泛区不透水面分布及变化

（图片来源：https://www.cmap.illinois.gov/documents/10180/516072/Green+Infrastructure+Strategy+Paper.pdf）

的更新实践，并将资金优先投入抵御和适应雨洪风险韧性较弱的社区。如图 5-6 所示，雨洪风险较大的城市西南部社区也是弱势群体集中区域，对关键位置社区 GI 的完善及韧性的提升，能够保证城市整体韧性增强及社会公平发展。

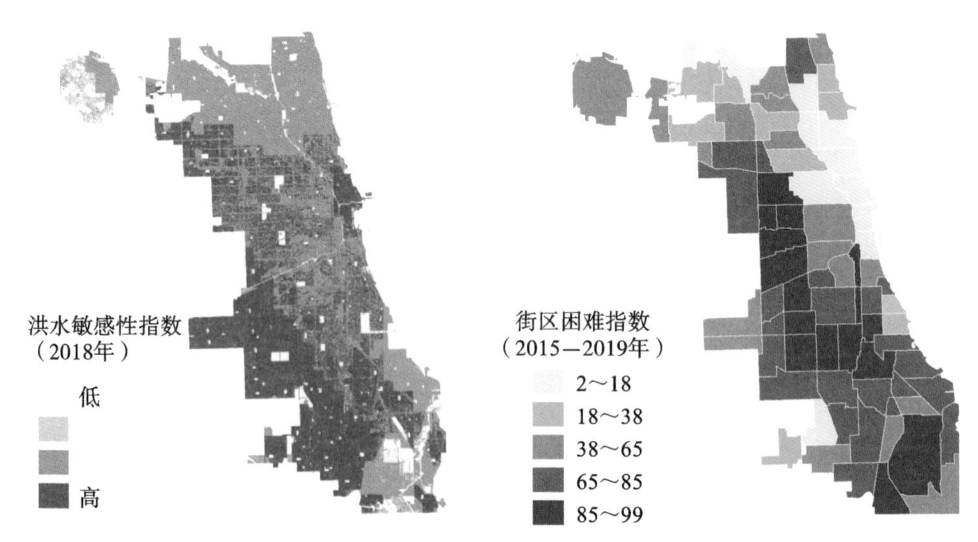

图 5-6　芝加哥市雨洪风险示意及其在社区尺度的分布差异

（图片来源：https://www.chicago.gov/content/dam/city/depts/dcd/we_will/we_will_documents/cpc/WWC_Final_CPC.pdf）

（4）将 GI 综合效益的核算融入规划决策。

GI 的建设往往因受到资金与资源的限制而让位于经济发展。因此为了展示 GI 改善城市环境、提高居民生活质量和健康水平的诸多优点，*ON TO 2050* 建议将 GI 战略融入土地利用开发过程，强调将自然资本与 GI 管理、规划实践紧密结合，突破传统的对离散的某几项生态系统服务的测度，同时解决对生活质量、景观美学、人类健康等社会效益难以进行货币化度量的难题，完善自然资本引领下的 GI 非货币化的社会 - 生态综合协同效益的评估框架，为甄别 GI 价值提供路径。将该结果作为项目可行性评估的重要依据，为交通设施等大型基础设施建设项目决策提供依据，如评估项目是否会增加不透水面面积或增加温室气体的排放。

3. 实践启示

ON TO 2050 战略框架在肯定 *GO TO 2040* 中不同尺度 GI 规划目标的基础上，

不仅关注绿色空间总量的增加，而且重视 GI 社会 - 生态功能供给，重点关注社区尺度 GI 规划，认为社区尺度 GI 规划为联系城市尺度和场地尺度 GI 建设做出重大贡献，是构建层级分明的 GI 韧性体系的重要组成部分。*ON TO 2050* 提出通过建立生态网络中心缓冲区、多功能混合设计、灰色基础设施绿色化等途径，为社区尺度 GI 建设提供清晰详细的实践导则，并强调将 GI 效益评估融入规划决策和项目评估。

5.2.3 重庆市小微公共空间绿化更新实践

1. 规划背景

自 2018 年习近平总书记提出公园城市建设目标及发展模式后，城市更新背景下 GI 的织补、增效成为实现公园城市目标、重新构建人与自然和谐关系的重要路径。小微公共空间作为与居民日常生活联系紧密的一种特殊公共空间类型，是社区尺度 GI 乃至整个城市重要的潜在资源。识别与更新城市小微公共空间是提升人们生活品质、促进居民健康生活的有效途径。重庆市规划和自然资源局为践行《重庆市城市更新提升“十四五”行动计划》，提升城市精细化治理水平，带动基层共建、共治、共享，于 2023 年编制发布了《重庆市城市小微公共空间更新指南（试行）》（以下简称《指南》），系统梳理了小微公共空间的类型、更新内容及方法，总结了已有公共空间更新的优秀案例及经验。

2. 需求目标及规划过程

《指南》给出了城市小微公共空间的定义，并对其类型、特征、存在的问题和价值进行了阐述。《指南》中的“小微公共空间”是指受地形限制、功能演变影响形成的小块低效利用或闲置的城市剩余空间，具有数量多、规模小、类型多样、边界模糊且依附性强等特点，是城市公共空间体系中的重要基底，也是社区尺度 GI 增绿、融绿的重要载体。小微公共空间的更新强调小修小补，聚焦社区发展的社会经济文化复合目标，鼓励公众全程参与，实现自下而上的多样化更新改造。根据《指南》内容，小微公共空间可以分为 4 种类型（表 5-1）[1]。

---

[1] 重庆市规划和自然资源局 . 重庆市规划和自然资源局关于印发《重庆市城市小微公共空间更新指南（试行）》的通知（渝规资发〔2023〕14 号）[EB/OL].（2023-03-22）[2023-05-01].http://ghzrzyj.cq.gov.cn/zwxx_186/tzgg/202303/t20230322_11797006_wap.html.

表 5-1　小微公共空间的类型

类型	所属区域	示例	面向人群	产权管理
社区生活型	多位于居住社区内，也包括街区道路、广场、游园等社区级公共空间	社区闲置土地、社区边角地、社区街巷空间、社区小微绿地、社区游园	各个年龄段的社区居民	多为集体产权，大多属业主集体所有，维护主体往往为业主、物业等
公众游览型	历史街区、商业区、公园广场等城市级公共空间节点	小型腾退地、老旧厂房、商业街节点、小型公共建筑及其入口广场	辐射范围较广，受众包括市民、游客、办公人群、商业消费人群等	多种产权并存，通常由所属企业或管理部门运营维护，更新须获其审批
基础设施型	交通用地、防护绿地、自然山体与水域中待更新小微空间	桥下空间、交通站点、防空洞、废弃铁路	以通勤人群、周边社区居民、游客为主，也可视情况辐射较大范围受众	多为公共产权，由政府相关部门维护管理，资金来自政府财政拨款
单位属地型	教育、医疗、行政、企业等单位内部的小微公共空间	校园、医院内部空地及边角空间	单位内部人员及其可提供服务的不同人群，并鼓励向公众开放	通常由所属社会单位进行空间的出资、建设、管理与维护

（表格来源：作者自绘）

其中，闲置土地等资源得到系统盘点，通过多元主体协作，实现闲置资源从“公有”到“共有”的转变。如重庆心湖北体育文化公园，实现了从城市闲置土地到社区体育公园的空间属性更新，带动激活周边社区居民各项活动，以最大限度实现全年龄、全民健身的目标（图 5-7）。又如重庆北大资源燕南大道改造设计中，消减机动车交通在街区规划中的主导地位，模糊实际道路与周围公园绿地、广场、口袋公园及休憩设施间的界限，将整条公路改造成适宜步行和游憩的空间（图 5-8）。

（1）基于居民支持的小微公共空间资产调查。

全面掌握城市空间使用信息，对小微公共空间展开系列资产调查。建设智慧平台，形成小微公共空间基础数据库，并将其纳入重庆市城市更新基础数据库、城市体检数据库。在资产调查中，城市规划师、政府相关部门、社区工作者、社会组织等专业团队可借助多种途径搜集问题与需求、挖掘空间资产与潜力，除了现场调研，还特别鼓励居民主动发现有更新价值的小微公共空间，反馈周边环境存在的问题及自

图 5-7　重庆心湖北体育文化公园

（图片来源：https://www.sohu.com/a/495879285_333962）

图 5-8　重庆北大资源燕南大道改造设计

（图片来源：http://www.landscape.cn/landscape/10366.html?from=timeline）

身需求。邀请所涉利益相关方一起对小微公共空间信息进行专家会诊，逐案分析问题，以尊重资源禀赋和发挥地方潜力为基础，拟定问题清单和更新意向。

（2）基于供需匹配评估小微公共空间整体价值。

全面评估小微公共空间的价值和优势潜力，进一步梳理小微公共空间的更新紧迫度、更新时序、更新成本等，是引导更新实践的前提。采取拍摄记录、线上（或线下）问卷调查，与相关代表、社区管理者座谈等方式，建立市民和专业工作者协商反馈的具体平台和渠道，构建覆盖与小微公共空间更新相关群体的实时讨论交流机制。重视居民对空间绿化的多元化需求，比如植入某类活动功能、增加树木遮阴面积、平整路面及梳理乱搭电线等。鼓励通过保留本土景观特色、修复受损生态空间、拓展多维立体绿化、倡导推广都市田园等构建社区尺度的韧性生态系统，同时在公共空间植入创新业态，开展复合化改造提升，探索低成本产业空间供给，激发社会创新创业活力，扶持市井小微经济，警惕背离居民需求、高成本的过度设计，切忌片面追求商业效益而损害当地居民利益。

（3）推动共建、共治、共享的可持续公共空间更新过程。

社区尺度 GI 韧性提升的重点之一是通过绿地规划、建设、使用及维护，重新连接人与人之间的关系，因此《指南》鼓励任何一个更新环节都设置公众参与的途径（图 5-9）。公开评选方案确保更新决策过程的透明化与民主化，保证规划设计符合居民的切实需求；广泛发动居民和社会力量参与简单安全的绿地施工环节，如花池砌筑、花卉种植、景观墙绘制等；通过开展如社区文艺晚会、跳蚤市场、露天电影、小小规划师、自然课堂等诸多活动，提升居民凝聚力；借助后续的物业管理、服务使用者付费、政府补贴、商业收费等多种渠道，将过去政府包揽的“输血模式”转变为可持续运营的“自我造血”模式，保障小微公共空间更新的可持续性。

3. 实践启示

微更新也可以产生大效益，《指南》试图将小微公共空间纳入重庆市城市更新行动框架，让相关部门和广大市民重视小微公共空间在提升城市韧性，促进城市高质量、高品质发展中的重要价值，并强调全面盘查存量资源，从点状分散改造向城市系统整合更新转变。《指南》还提出一套公开、透明的小微公共空间更新的管理制度，强调以居民需求为导向，社区规划师及设计师全员参与的工作方法。《指南》

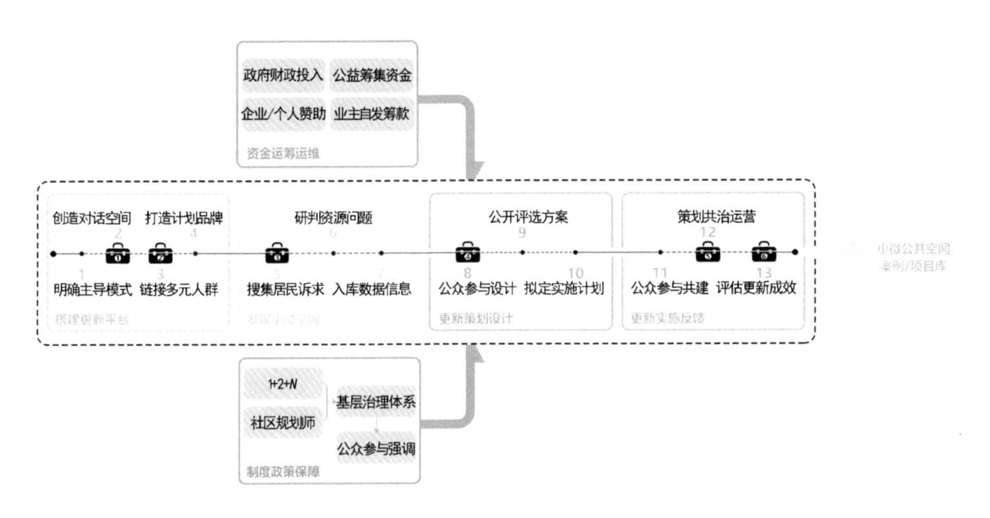

图 5-9　重庆市城市小微公共空间更新框架

［图片来源：《重庆市城市小微公共空间更新指南（试行）》］

对增加身边的绿色、促进土地集约化利用、提升城市精细化水平、带动基层治理建设创新等都具有重要意义。

5.3　实证研究：社区尺度基于城市绿地公平性提升的非正式绿地的 GI 转化路径

5.3.1　基本概念

1. 绿地可达性

“可达性”的概念最早由 Hansen 提出，表征节点之间相互作用机会的大小，常用于评估工作、购物、娱乐等活动的方便程度（1959）。俞孔坚等最早将“景观可达性”的概念注入城市绿地系统研究，认为景观的可达性是从空间中任意一点到该景观的难易程度，其相关指标有距离、时间、费用等（1999）。城市绿地的可达性是指城市居民面对阻力（时间、距离、费用、交通等），从城市空间内的任意一点到达城市绿地，并进行游憩或者其他活动的困难程度。它是一种可以量化的指标，主要反映了居民获取其居住区附近绿地资源的难易程度，是衡量绿地公平性的重要指标。

2. 绿地公平性

“绿地公平性”是由“绿地可达性”进一步延伸出的概念，起源于西方社会学，之后在城市规划学科中应用，反映不同区域或不同群体享用绿地服务的差异性。迄今为止，关于“公园绿地公平性”没有统一的概念界定（幸丽君，2019）。我国已有部分学者对公园绿地公平性的概念进行表述。陈雯等从地理学角度认为绿地公平性是公园在空间上被合理配置，从而增加居民获得公园服务的机会（2009）。而也有学者从更宽泛的视角认为绿地公平性是城市所有人都具有相等的机会获取公园绿地的供给服务，包括绿地空间布局及绿地使用过程中的公平和公正（周详 等，2013）。本研究中的绿地公平性侧重前者，主要指基于供需视角的绿地空间布局的公平，并依托绿地可达性进行测度和评价。

3. 城市绿地

国外绿地的含义通常指城市绿色开放空间（urban green open space），对城市绿地的定义侧重其功能。世界卫生组织认为城市绿地是被植被覆盖的空间，包括屋顶花园、私人绿地、公园、绿道、大型绿化带或城市林地。欧盟将城市绿地定义为绿色城市区域（green urban area），是被城市管理的公共开放区域，主要包括用于休闲的公共绿地或绿色区域（The WHO Regional Office for Europe，2009）。

国内不同机构（部门）对城市绿地的定义不同，与国外的定义相比，较侧重用地性质、权属及范围等要素。作者认为广义的城市绿地包括《城市绿地分类标准》（CJJ/T 85—2017）中的各类绿地，以及其他未在规划文件中界定的非正式绿地（图5-10）；狭义的城市绿地是指《城市绿地分类标准》（CJJ/T 85—2017）中明确界定的公园绿地、广场用地、防护绿地、附属绿地和区域绿地。本研究关注公园绿地公平性的提升，注重城市公园绿地为人所使用的社会功能，既要满足公共开放的要求，也要满足居民日常游憩的需求，因此选择公园绿地作为公平性测度的主体。按照《城市绿地分类标准》（CJJ/T 85—2017），公园绿地分为综合公园、社区公园、专类公园和游园 4 类。

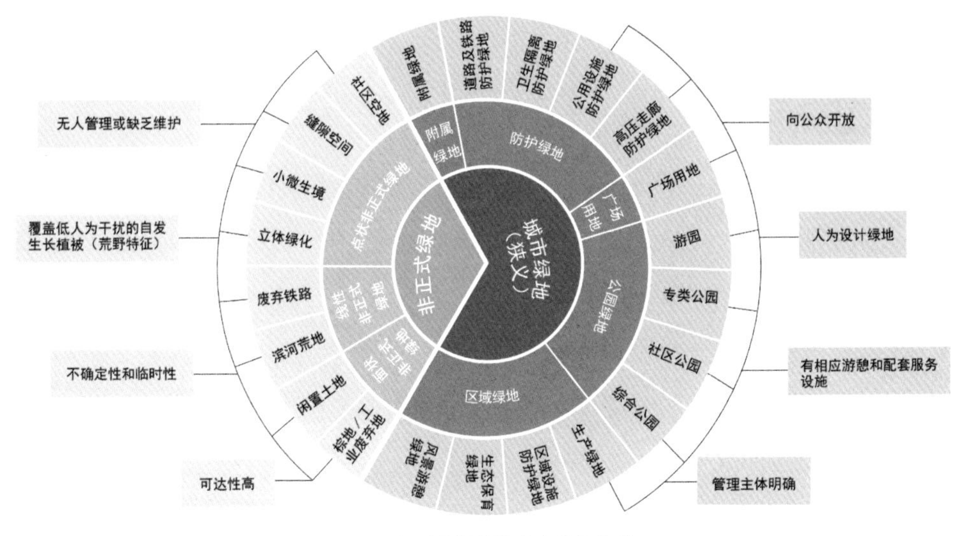

图 5-10　城市绿地（广义）分类

（图片来源：作者自绘）

4. 非正式绿地

目前对于非正式绿地缺乏较为统一的概念界定。2014 年 Rupprecht 首次提出 IGS 的概念，随后大部分学者都基于此概念进行了沿用和拓展（陈雯 等，2009；周详 等，2013）。该概念强调了 IGS 的几个关键特征：①覆盖低人为干扰的自发生长植被（荒野特征）；②无人管理或缺乏维护；③不确定性和临时性；④土地所有权属与管理权属不甚明确；⑤有明确的社会生态实体。

与 IGS 相关的一系列概念相继出现，包括荒野、第四自然、非正式景观、剩余空间等，不同概念侧重点不同。荒野及第四自然都强调植被自发生长特征。其中，荒野范畴更为广泛，包括远离城市的大型自然林地、湿地和城市建成区内的废弃地等。第四自然多指棕地等因人为因素或城市林地野化，未经过规划设计、自发演替形成新型城市自然系统。非正式景观和剩余空间并不强调是否覆盖植被。其中，非正式景观包含街道空间、桥下空间等在大众需求驱动下自发形成的，未被定义和规划的各类开放空间。剩余空间则强调城市空间及功能演替下的土地待激活的循环利用过程。综上所述，作者将城市 IGS 定义为：在城市建成区内，由于无人管理或缺乏维护形成的，覆盖自发生长植被的绿地，并根据调研将 IGS 分类为面状 IGS、线性 IGS 和点状 IGS（图 5-11、表 5-2）。

图 5-11　非正式绿地类型图示

（a）闲置土地；（b）棕地 / 工业废弃地；（c）滨河荒地；（d）社区空地；（e）废弃铁路；（f）缝隙空间；（g）立体绿化；（h）小微生境

（图片来源：作者自摄）

表 5-2　非正式绿地的分类列表

<table>
<tr><th>非正式绿地类型</th><th>描述</th><th>可进入性</th><th>规模 /m²</th></tr>
<tr><td>闲置土地（vacant lots）</td><td>未按期动工开发建设的土地，征而未用的土地，或由于城市规划调整而待更新的土地等。既包括《闲置土地处置办法》（中华人民共和国国土资源部令第 53 号）中所界定的闲置土地（如资金不到位及政策调整导致的荒废地），也包括更新过程中闲置的商业设施用地、公共管理与公共服务用地、废弃机场等道路交通用地</td><td rowspan="2">限制性进入</td><td>< 10000</td></tr>
<tr><td>棕地 / 工业废弃地（brownfield/industrial wasteland）</td><td>旧工业广场、垃圾填埋场、废料堆积场、闲置的工人社区等</td><td>> 10000</td></tr>
<tr><td>滨河荒地（riverside）</td><td>由于无人管理或缺少维护而自发生长植被的滨河地段</td><td>可进入</td><td>10 ～ 10000</td></tr>
<tr><td>废弃铁路（railway）</td><td>由于工业用地调整而废弃的铁路周边绿地，如矿区专用铁路线</td><td>限制性进入</td><td>> 10000</td></tr>
<tr><td>社区空地（residential vacant land）</td><td>社区内边角空间，包括由于低维护、低使用率产生的空地</td><td>较易进入</td><td rowspan="2">< 500</td></tr>
<tr><td>缝隙空间（gap）</td><td>建筑物或构筑物之间的狭小空间</td><td>不可进入</td></tr>
</table>

续表

非正式绿地类型	描述	可进入性	规模 /m²
立体绿化（vertical planting）	街面围墙绿化、建筑墙面及屋顶绿化、桥下绿化	可接近	＜500
小微生境（micro habitat）	墙体、地面裂缝或孔洞中的植被	可接近	＜1

（表格来源：作者自绘）

目前有关 IGS 的研究主要涉及 IGS 所发挥的社会功能、生态功能及人们对 IGS 的感知偏好三个方面（图 5-12）。作为存量空间的重要类型之一，IGS 分布广泛，类型多样，具有多重社会生态价值，如可达性较高的 IGS 具有极大的提升绿地公平性的潜力。在城市更新背景下有效利用 IGS，并将其纳入已有的城市 GI 系统，对于提升城市土地利用效率、增强居民幸福感具有重要意义。

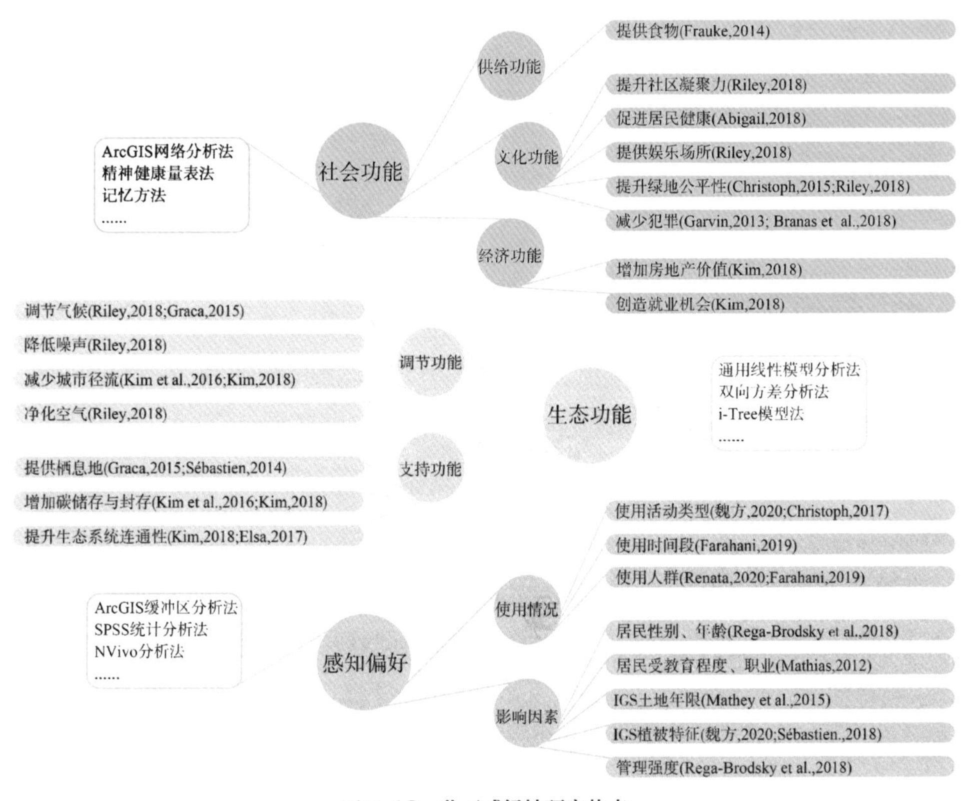

图 5-12　非正式绿地研究热点

［图片来源：文献（冯姗姗 等，2022）］

5.3.2 逻辑框架

公园绿地是城市 GI 的重要组成部分，是建成区内提供休闲游憩及景观美学功能的重要载体，也是保证市民日常交往及身心健康的主要场所。然而公园绿地在城市中的空间分布是不均衡的，让所有类型的人群都能公平公正地享受绿地带来的效益，在与自然接触中形成更加稳健的社会网络关系，是社区尺度 GI 韧性提升的重要维度。如前文所述，新增绿地是解决城市绿地资源分配不公平现象的有效途径，但在高密度中心城区有限的空间内寻找可绿化空间困难重重。因此，闲置土地、棕地、滨河荒地等非正式绿地，作为一类已经发挥一定生态功能，但尚处于低效或未利用状态而未再开发建设的存量空间，成为城市建成区绿地的可挖潜空间。

在基于绿地公平性的新增公园选址的决策方法上，大部分学者以公园绿地公平性评价为基础，基于可达性评价结果识别出绿地可达性较弱的街区，识别增绿、融绿的重点区域并提出相应策略，在空间上未涉及新增候选绿地的具体位置。也有学者利用粒子群优化算法进行最优求解，根据城市土地利用状况，以决策者意见与经验为基础，在低绿地可达性街区内选择防护绿地、生产绿地、小型水体、文物古迹用地、空闲地等作为新增公园的候选点（幸丽君，2019），但该方法在候选点确定方面存在一定的主观性。李鑫等在社区尺度上通过空间启发式算法，得到转换为绿地的低效工业用地总面积的边际值，在空间上选取总面积约 400 hm^2 的低效工业用地转换为绿地（2019），但在低效工业用地选择及转化的公园类型上需进一步研究。

本研究以江苏省徐州市鼓楼区为例，在识别城市多元化 IGS 数据基础上，基于高斯两步移动搜索法（Gaussian-based two-step floating catchment area，Ga2SFCA）测度每一块 IGS 对提升研究区内绿地公平性的潜力，为新增绿地精准决策提供了一种反向思维的解决方法。同时考虑到 IGS 的面积及形状属性，获得包括综合公园、社区公园、游园三个等级的绿地布局优化方案，为提升社区尺度绿地公平性研究提供新思路。具体研究内容如下（图 5-13）。

1. 公园绿地公平性评价

鉴于不同等级城市绿地的服务半径不同，将城市公园绿地划分为综合公园、社区公园及游园。同时以安居客网站为数据源，抓取居住社区的 POI 数据，获取社区户数及人口。在传统两步移动搜索法（two-step floating catchment area，2SFCA）的基础上引入高斯函数，即利用高斯两步移动搜索法测算不同社区的公园绿地供给水平，最后基于社区可达性值用洛伦兹曲线得出研究区公园绿地公平性指数，以描绘城市公园绿地的整体公平性。

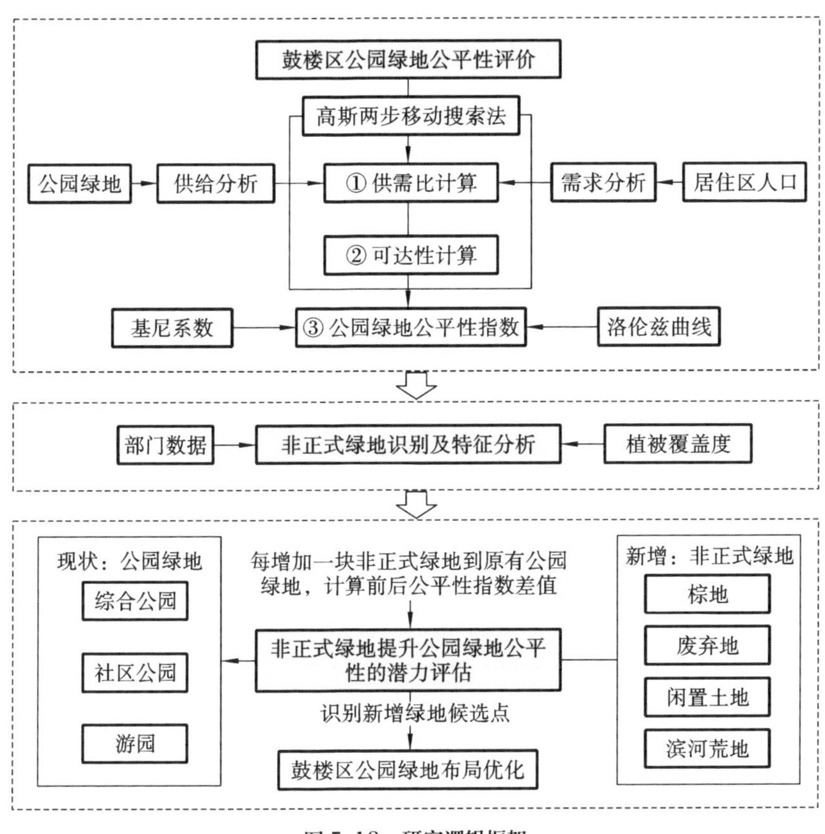

图 5-13　研究逻辑框架

（图片来源：作者自绘）

2.IGS 提升公园绿地公平性的潜力评估

利用 Ga2SFCA，每增加一块 IGS 到原有公园绿地布局中，便评价 IGS 纳入绿地系统后对整体绿地公平性指数的影响程度，据此确定 IGS 提升绿地公平性的潜力，从而筛选出对于提升绿地公平性潜力较大的 IGS 作为新增公园绿地候选点，最终得到鼓楼区 GI 空间优化布局方案。

3.IGS 的更新路径及机制

根据区位、规模、土地权属、场地状况等场地属性，提出 3 种更新为公园绿地的路径，即用地转变模式、临时使用模式、功能复合模式，并从规划融合、建立韧性更新机制、重视社区参与、资金多元筹措等方面研究 IGS 的实施保障机制。

5.3.3 研究区及数据处理

1. 研究区概况

研究区范围以鼓楼区为界。鼓楼区位于江苏省徐州市北部，始建于 1938 年，是市辖区中历史最为悠久的城区，也是主城区传统工业最密集的区域，行政区面积达 6623 hm^2。鼓楼区覆盖 7 个街道，分别是丰财街道、环城街道、黄楼街道、牌楼街道、琵琶街道、铜沛街道、九里街道（图 5-14）[1]。

（1）自然概况。

鼓楼区南邻徐州市区中心，北至京杭运河，东枕京沪铁路，西接泉山区。该地区属暖温带半湿润季风气候区，四季分明，雨量适中，气候宜人。年日照时数为 2284 ～ 2495 h，日照率 52%～ 57%，年均气温 14 ℃，年均无霜期 200 ～ 220 天，年均降水量 800 ～ 930 mm，雨季降水量占全年的 56%。鼓楼区境内地貌以平原、丘陵、残丘岗坡为主，多数为侵蚀平原，约占全区面积的 80%。鼓楼区内拥有九里山、霸王山、琵琶山等小型山体绵延相连，将鼓楼区分为南北两部分，京杭运河、黄河故道、丁万河、徐运新河等 5 条河流萦绕相伴，占比超过主城区地面水系的 80%。丁万河是全省唯一入选全国十大“最美家乡河”的河流，全区绿化覆盖率达 43.7%[2]。

（2）社会经济概况。

鼓楼区内交通便利，京沪、陇海两大铁路干线在境内交会，其中徐州北站是亚洲第二大编组站；孟家沟港、万寨港曾是全国知名的货运码头，承担着国

[1] 研究区基础数据基于《徐州统计年鉴—2021》整理。

[2] 资料来源：徐州市鼓楼区人民政府，http://www.xzgl.gov.cn/mlgl/010002/subPage_ml.html。

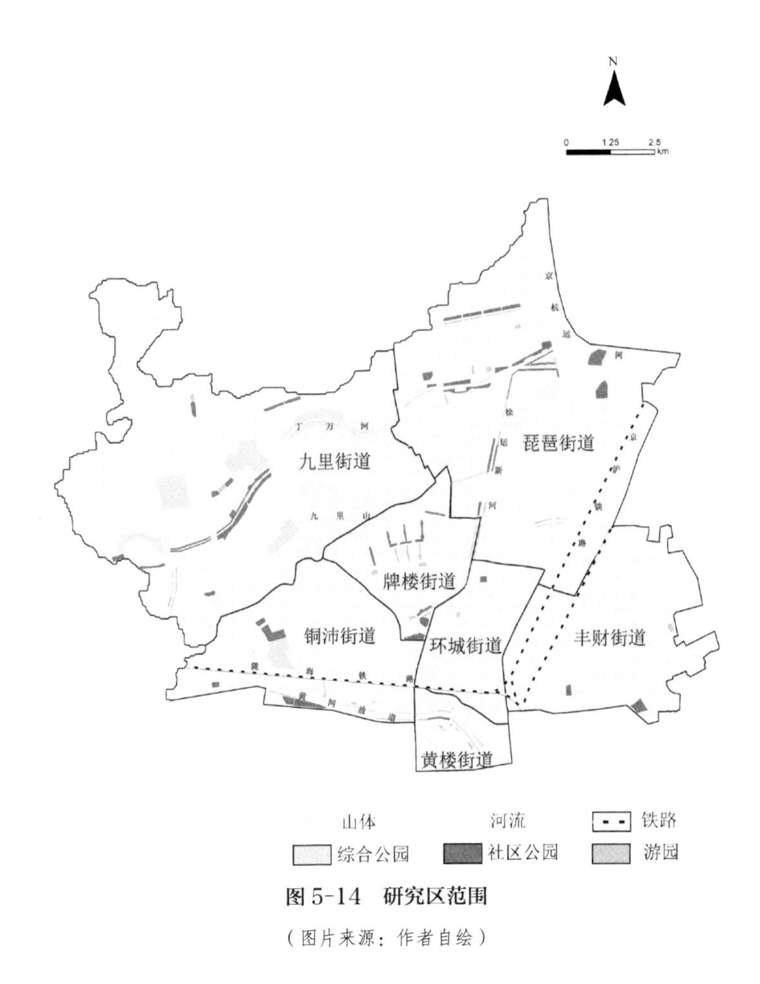

图 5-14 研究区范围

（图片来源：作者自绘）

家西煤东输、北煤南运的重任；中国黄金水道京杭运河穿境而过；城区至环城高速公路、徐州高铁站和徐州观音国际机场均在半小时车程之内。同时，鼓楼区历史文化悠久，有京杭运河、龟山西汉楚王墓、徐州汉城、黄河故道、九里山古战场、古彭城地下城、“五省通衢”牌楼、黄楼、镇河铁牛等众多历史遗迹和文化景点。

鼓楼区是徐州市历史悠久、工业集中的传统工业片区。计划经济时代，依托得天独厚的交通优势，鼓楼区内聚集了全市 80% 的工业企业，先后建成徐州橡胶厂、农药厂、化肥厂等国有大中型企业，为地方经济社会发展做出重大贡献。然而自 20 世纪 90 年代起，徐州市主城区生产力布局不合理的矛盾日益突出，区内大量国有企业长期亏损，企业设备老化、工艺落后，老工业区内废水、废气、烟粉尘等排放量占主城区总排放量的50%以上[1]，严重影响居民生活质量。2008年随着《中共江苏省委、江苏省人民政府关于加快振兴徐州老工业基地的意见》（苏发〔2008〕19号）的发布，鼓楼区踏上了工业企业搬迁、产业转型之路，成为最早一批纳入全国城区老工业区搬迁改造试点的城区之一，鼓楼区待更新的工业用地占徐州市低效工业用地总量的41.4%。

（3）人口分布概况。

人口分布的集中程度与地区经济发展水平密切相关，也在一定程度上决定了建成区下垫面的建设程度，不同人口密度对于公园绿地的需求具有差异。从表5-3来看，在徐州市区，鼓楼区面积最小，人口密度却位列第一，高达6390人/km^2。作为典型的高密度人口集聚区，土地资源紧张，绿地供给远远小于人口需求，绿地的非公平公正现象突出。

表5-3　2020年徐州市人口密度分布统计

区域	区域面积/km^2	户籍人口/万人	人口密度（常住）/（人/km^2）	自然增长率/（%）
铜山区	1871.19	132.75	661	－0.76
鼓楼区	66.23	63.80	6390	－0.30
云龙区	119.72	38.69	3971	2.16
泉山区	99.97	57.47	6175	－1.62
贾汪区	612.05	51.54	740	0.05

（表格来源：根据《徐州统计年鉴—2021》整理）

（4）城市绿地概况。

鼓楼区所在的徐州市是国家园林城市、国家森林城市，2017年被列为第三批“双修”试点城市，成为生态修复、城市修补试点城市，2018年荣获联合国人居

[1] 微递鼓楼.非凡十年，老工业区“脱胎换骨”展新颜|争创全国老工业区搬迁改造示范区[EB/OL].（2022-10-16）[2023-05-01].https://mp.weixin.qq.com/s?__biz=MzkzNDUwMzA5Mw==&mid=2247596531&idx=6&sn=d20a6ee3971b3fa7cd7d4044b9fdeec1&source=41#wechat_redirect.

奖，尤其在资源型城市转型及绿色空间营造方面取得诸多成绩。根据《江苏统计年鉴—2020》的统计数据，徐州市区园林绿地总面积 16793 hm^2，公园绿地总面积 3194 hm^2，建成区绿化覆盖率 43.7%，人均公园绿地面积 15.4 m^2。

根据 2019 年徐州市中心城区土地利用现状图，统计得到鼓楼区有包括综合公园、社区公园和游园在内的公园绿地共计 140 个，公园绿地面积为 264.93 hm^2，占全市公园绿地总面积的 8.29%。从图 5-14 中可以看出，九里山虽然面积较大，但属于非建设用地，并不在公园绿地范畴，因此，鼓楼区公园绿地空间分布存在明显的不均衡现象。公园绿地主要集中在研究区西部，规模较大的玉潭苑公园、辛山山体公园、龟山景区都位于研究区西北部丁万河以北人口密度相对较低的区域，其中丁万河经过整治，两岸绿化及步道设施逐渐完善，串联起两河口公园、楚园、徐州市劳武港防灾避险公园 3 个公园绿地，成为研究区内重要的线性景观绿地。与之形成鲜明对比的是，鼓楼区东南部公园绿地极其稀少，位于市中心的人口密集的牌楼街道、环城街道、黄楼街道内公园绿地稀少，公园绿地供需严重不匹配。

2. 数据来源与处理

本研究所需数据有公园绿地数据、人口分布数据和遥感影像数据等。对于各种来源的数据，统一使用 WGS 1984 地理坐标。其中遥感影像数据来自地理空间数据云，分辨率为 30 m×30 m，采用 Landsat 8-9 OLI/TIRS C2 L2 卫星数据，获取时间为 2020 年 8 月 28 日。

（1）公园绿地数据。

根据《城市绿地规划标准》（GB/T 51346—2019）4.4.7 中公园绿地分级设置要求，将鼓楼区公园绿地按照规模分为 3 类：①综合公园；②社区公园；③游园（表 5-4）。通过地图扫描—配准—裁剪—图像拼接—图形要素的跟踪—拓扑处理—采集、属性字段添加—数据录入 8 个步骤，将徐州市中心城区绿地系统规划图进行可视化处理，通过裁剪得到鼓楼区公园绿地分布图，然后通过属性计算得到公园面积。

表 5-4　公园绿地分类标准及服务半径

绿地类型	服务半径	面积标准	定义标准
综合公园	2000 m	>10 hm^2	规模相对较大，具备生态功能和社会功能的绿地，游玩设施齐全、多样，服务范围广的大中型绿地
社区公园	800 m	1 ～ 10 hm^2	用地独立，具有基本游憩及服务设施，为社区范围内居民就近开展日常休闲活动服务的绿地
游园	300 m	≤ 1 hm^2	用地独立，规模较小，形状多样，方便居民就近进入，具有一定游憩功能的绿地

[表格来源：据《城市绿地规划标准》（GB/T 51346—2019）及《城市绿地分类标准》（CJJ/T 85—2017）整理]

综合公园的主要功能是游憩，并具备生态、美化、科普教育和应急功能，表 5-4 中的综合公园是指面积大于 10 hm^2 的城市公园绿地，除了包括《城市绿地分类标准》（CJJ/T 85—2017）中的综合公园（G11），还包括符合面积标准的动物园、植物园、遗址公园、游乐公园等具有特定主题的专类公园（G13），其服务对象是全市范围的居民，根据《城市绿地规划标准》（GB/T 51346—2019），确定其日常的平均服务半径为 2000 m。

社区公园也具有游憩功能，配备座椅、健身器材等公共服务设施，公园规模为 1 ～ 10 hm^2。虽然面积小于综合公园，但也是一类具有完整的游憩和配套管理服务设施的绿地，设定其日常的平均服务半径为 800 m。

游园为规模较大的街旁绿地，其主要功能定位为安全、防护，但同样具备游憩功能。游园占地规模相对较小，但具有分布广泛、居民可达性高的优点，也是城市利用边角空间增加绿地最容易实现的尺度。其潜在的服务人群是游园所处街道、社区内的居民，其日常服务半径较小，一般在 300 m 左右。

通过对鼓楼区公园绿地的初步统计可知，鼓楼区游园数量最多，分布最广泛，其次是社区公园，综合公园虽然面积占比达到 44.53%，但其数量占比仅为 5%（表 5-5）。仅绿地数值并不能体现公园的供需关系，需要结合社区及人口分布数据进一步对绿地公平性进行测度。

表 5-5　鼓楼区公园绿地概况

绿地类型	总面积	面积百分比	总数量	数量百分比
综合公园	117.98 hm^2	44.53%	7 个	5%
社区公园	110.60 hm^2	41.75%	52 个	37.14%
游园	36.35 hm^2	13.72%	81 个	57.86%

（表格来源：作者自绘）

（2）居住人口数据。

本研究使用居住小区人口数量大小表示其对公园绿地的需求高低。通过程序编写方式，利用 Python 软件抓取安居客网站中的居住小区 POI 信息，共采集到 285 个居住小区的户数、位置等基础数据（图 5-15）。通过坐标转换对小区 POI 信息

小区	均价	物业类别	权属类别	竣工时间	产权年限	总数	所属商圈	物业费	停车费	车位管理费	物业公司	小区地址
苏宁悦城	11313元/㎡	公寓住宅	商品房	2021年	70年	3238	九里	2.50元/(㎡·月)	地面150.00元/月	地面150.00元/月	江苏银河物业管理有限公司	天齐北路，近北三环
风尚米兰	22327元/㎡	公寓住宅	商品房	2011年	70年	1910	彭城广场	1.80元/(㎡·月)	地面150.00元/月	0	江苏天创物业服务有限公司	中山北路254号
豪绅嘉苑	12834元/㎡	公寓住宅	商品房	2011年	70年	1574	植物园	1.00元/(㎡·月)	地面150.00元/月	0	江苏嘉福物业管理有限公司	观宇路2号
和风雅致小区	12430元/㎡	公寓住宅	商品房	2009年	70年	2435	和风雅致	0.45元/(㎡·月)	地面150.00元/月	0	徐州新东方物业管理有限公司	祥和路
滨湖城市花园	15850元/㎡	公寓住宅	商品房	2008年	70年	645	堤北	0.50元/(㎡·月)	地面150.00元/月	0	徐州市滨湖花园物业管理有限公司	煤港路18号
煌庭棕榈湾	12860元/㎡	公寓住宅	商品房	2016年	70年	2410	荆马河	1.20元/(㎡·月)	地面150.00元/月	0	常州江南中鑫物业服务有限公司	奔腾大道
华润绿地凯旋门一	23231元/㎡	公寓住宅	商品房	2016年	70年	1362	彭城广场	0.30元/(㎡·月)	地面150.00元/月	0	润嘉物业管理（北京）有限公司徐州分	中山北路
徐矿城金桂园	9514元/㎡	公寓住宅	商品房	2012年	70年	1682	鼓楼周边	0.60元/(㎡·月)	地面150.00元/月	0	单位自管	平山北路
华润绿地凯旋门三	23950元/㎡	公寓住宅	商品房	2004年	70年	1156	彭城广场	0.50元/(㎡·月)	地面200.00元/月	0	业主自管	中山北路
徐矿城紫薇园	9647元/㎡	公寓住宅	商品房	2013年	70年	2054	鼓楼周边	0.80元/(㎡·月)	地面150.00元/月	0	徐州华美物业管理有限公司	平山北路
书香华府	14028元/㎡	公寓住宅	商品房	2023年	70年	2873	九里	1.56元/(㎡·月)	地面150.00元/月	地面150.00元/月	上海永升物业管理有限公司	黄河北路
鼓楼晶典	18454元/㎡	公寓住宅	商品房	2014年	70年	1206	堤北	1.35元/(㎡·月)	地面150.00元/月	0	徐州银建物业管理有限责任公司	中山北路
万科北宸天地	18607元/㎡	公寓住宅	商品房	2019年	70年	854	祥和小区	2.50元/(㎡·月)	地面150.00元/月	0	南京万科物业管理有限公司徐州分公司	二环北路
华府天地家园	19716元/㎡	公寓住宅	商品房	2016年	70年	956	堤北	1.54元/(㎡·月)	地面150.00元/月	地面120.00元/月	绿城物业服务集团有限公司	煤港路，近二环北路
万科城A5区	16500元/㎡	公寓住宅	商品房	2000年	70年	1860	九里	2.50元/(㎡·月)	地面150.00元/月	0	南京万科物业管理有限公司徐州分公司	天齐南路
润和园	12053元/㎡	公寓住宅	商品房	2009年	70年	1053	堤北	0.50元/(㎡·月)	地面150.00元/月	0	单位自管	二环北路
泽惠家园	11449元/㎡	公寓住宅	商品房	2014年	70年	1358	祥和小区	0.30元/(㎡·月)	地面150.00元/月	0	单位自管	清水路
香槟城	11583元/㎡	公寓住宅	商品房	2011年	70年	980	下淀	1.35元/(㎡·月)	地面150.00元/月	0	单位自管	下淀路
恒邦锦都汇	14193元/㎡	公寓住宅	商品房	2013年	70年	1220	下淀	1.20元/(㎡·月)	地面150.00元/月	0	徐州恒康物业服务有限公司	三环东路
万科翟鄢	12925元/㎡	公寓住宅	商品房	2011年	70年	1700	九里	2.40元/(㎡·月)	地面150.00元/月	0	南京万科物业管理有限公司徐州分公司	平山路
醒狮小区(一期)	14992元/㎡	公寓住宅	商品房	2000年	70年	1186	香港名店	0.25元/(㎡·月)	地面150.00元/月	0	单位自管	富国街
华商清水湾	11817元/㎡	公寓住宅	商品房	2009年	70年	2358	祥和小区	0.48元/(㎡·月)	地面150.00元/月	0	徐州市雪里红物业管理有限公司	清水路
天骄世家	22176元/㎡	公寓住宅	商品房	2010年	70年	1250	堤北	1.50元/(㎡·月)	地面150.00元/月	0	南京紫竹物业管理股份有限公司	环城路173号
春华园	10869元/㎡	公寓住宅	商品房	2004年	70年	1099	堤北	0.40元/(㎡·月)	地面150.00元/月	0	徐州富安物业管理有限公司	中山北路
琵琶花园南区	10538元/㎡	公寓住宅	商品房	2009年	70年	3435	荆马河	0.20元/(㎡·月)	地面150.00元/月	0	单位自管	沈孟路
银郡花园	15117元/㎡	公寓住宅	商品房	2012年	70年	780	四道街	1.50元/(㎡·月)	地面150.00元/月	0	徐州新东方物业管理有限公司	煤港路51号
祥和小区(鼓楼)	9921元/㎡	公寓住宅	商品房	1999年	70年	2221	祥和小区	0.30元/(㎡·月)	地面150.00元/月	0	单位自管	祥和东街3号
九里峰景(A区)	13477元/㎡	公寓住宅	商品房	2013年	70年	900	植物园	1.00元/(㎡·月)	地面150.00元/月	0	廊坊荣盛物业服务有限公司徐州分公司	二环北路
宜居嘉园	12431元/㎡	公寓住宅	商品房	2011年	70年	1956	祥和小区	0.50元/(㎡·月)	地面150.00元/月	0	徐州市滨园物业服务有限公司	沈孟路，近徐运新河
兴隆花园(二期)	9857元/㎡	公寓住宅	商品房	2001年	70年	564	煤港路	0.50元/(㎡·月)	地面150.00元/月	0	云南城建物业集团有限公司	煤港路
鼓楼花园园中苑一	9972元/㎡	公寓住宅	商品房	2003年	70年	2338	荆马河	0.30元/(㎡·月)	地面150.00元/月	0	单位自管	中山北路281号
水岸春天	10521元/㎡	公寓住宅	商品房	2009年	70年	1484	清水湾	0.35元/(㎡·月)	地面150.00元/月	0	江苏新苑众邦物业管理有限公司	奔腾大道
徐州人家白云南区	12312元/㎡	公寓住宅	商品房	2006年	70年	818	杨庄	0.40元/(㎡·月)	地面150.00元/月	0	单位自管	白云路
港北小区	11206元/㎡	公寓住宅	商品房	2000年	70年	442	九龙湖	0.80元/(㎡·月)	地面150.00元/月	0	单位自管	中山北路286号
天润花园	12839元/㎡	公寓住宅	商品房	2008年	70年	477	九龙湖	0.60元/(㎡·月)	地面150.00元/月	0	徐州市华泰物业管理有限责任公司	二环北路10号
华润绿地凯旋门二	26910元/㎡	公寓住宅	商品房	2017年	70年	402	彭城广场	0.50元/(㎡·月)	地面260.00元/月	0	华润置地（北京）物业管理有限责任公	中山北路
九里岭秀	10810元/㎡	公寓住宅	商品房	2011年	70年	568	九里	0.50元/(㎡·月)	地面150.00元/月	0	南京金陵饭店物业管理有限责任公司	汉城东路
恒昌花园	12876元/㎡	公寓住宅	商品房	2001年	70年	580	堤北	0.40元/(㎡·月)	地面150.00元/月	0	徐州美地恒昌物业管理有限公司	华祖庙路
鼓楼花园园中苑二	12782元/㎡	公寓住宅	商品房	2003年	70年	492	荆马河	0.30元/(㎡·月)	地面150.00元/月	地面50.00元/月	单位自管	金马路
福源国际馥园	19231元/㎡	公寓住宅	商品房	2011年	70年	812	堤北	1.20元/(㎡·月)	地面150.00元/月	0	徐州智业物业管理有限公司	坝子街
风尚自由城	15674元/㎡	公寓住宅	商品房	2011年	70年	966	九龙湖	1.20元/(㎡·月)	地面150.00元/月	0	江苏天创物业服务有限公司	中山北路225号
王场新村(22-81幢)	8276元/㎡	公寓住宅	商品房	1997年	70年	3575	祥和小区	0.30元/(㎡·月)	地面150.00元/月	0	单位自管	煤港路86号
怡康花园	14639元/㎡	公寓住宅	商品房	2009年	70年	1040	九龙湖	1.00元/(㎡·月)	地面150.00元/月	0	江苏巨易物业管理有限公司	二环北路
汉襄佳苑	10447元/㎡	公寓住宅	商品房	2009年	70年	834	九里	0.50元/(㎡·月)	地面150.00元/月	0	业主自管	平山北路
万科城B区	17000元/㎡	公寓住宅	商品房	2015年	70年	8589	九里	2.40元/(㎡·月)	地面150.00元/月	0	南京万科物业管理有限公司徐州分公司	天齐路6号
宏宇金色里程	16517元/㎡	公寓住宅	商品房	2007年	70年	763	彭城广场	0.90元/(㎡·月)	地面150.00元/月	0	江苏同力恒通物业管理有限公司	铜沛路127号
万科城A4区	16500元/㎡	公寓住宅	商品房	2000年	70年	1272	九里	2.40元/(㎡·月)	地面150.00元/月	0	南京万科物业管理有限公司徐州分公司	天齐南路
永康小区(鼓楼)	27157元/㎡	公寓住宅	商品房	2001年	70年	771	彭城广场	0.50元/(㎡·月)	地面150.00元/月	0	单位自管	洪学巷
惠工小区	10848元/㎡	公寓住宅	商品房	1996年	70年	1608	鼓楼广场	0.35元/(㎡·月)	地面150.00元/月	0	单位自管	风尚路

图 5-15　鼓楼区居住小区属性数据

（数据来源：安居客网站）

数据进行处理，在 ArcGIS 10.2 中得到各居住小区空间分布图，可见九里山以南的小区数量远远大于九里山以北，其中以环城街道、黄楼街道、黄河故道两岸小区数量最多。根据《徐州统计年鉴—2021》，徐州市区户均人口为 3.39 人，计算得到各小区与街道人口，依据小区人口数量，采用自然断点法将 285 个小区划分为 5 个等级（图 5-16）。

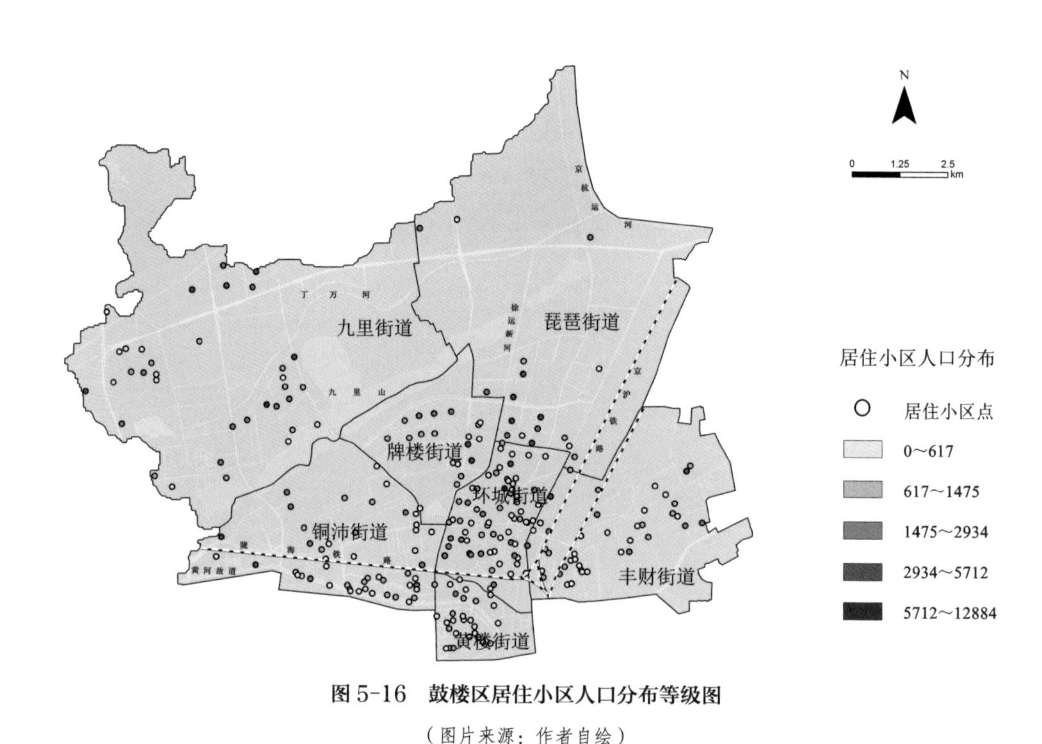

图 5-16　鼓楼区居住小区人口分布等级图

（图片来源：作者自绘）

（3）非正式绿地数据。

根据上文所述，IGS 既包括各类棕地、闲置土地及废弃地等长期无人干扰的土地，也包括建筑缝隙、建（构）筑物墙面及屋顶、小微生境等微观层面的绿色空间。在本研究中，以社区尺度 GI 公平性增加为目标，仅选择中观尺度的边界清晰的闲置型 IGS 作为研究对象，暂时未考虑社区空地、小微边角空间等小尺度 IGS。研究数据主要来源于《国土空间规划背景下徐州中心城区低效用地存量挖潜研究》，结合徐州市土地利用图及遥感影像，增加未纳入公园建设的滨河荒地，最终获得 IGS 备选地块共 77 块。

鉴于 IGS 最为核心的特征是覆盖低人为干扰的自发生长植被，因此有必要对 77 块 IGS 备选地块的植被覆盖情况进行计算，进一步筛选出植被覆盖情况较好的 IGS 作为研究对象。植被覆盖度一般基于归一化植被指数计算（图 5-17）。NDVI 基于植被对不同光谱的反射差异，是显示植物健康状况及植被量的指标，计算过程较简单且准确性较高（胡曾庆，2022）。NDVI 为－1～1，数值越高代表地表植被越丰富。NDVI ≤ 0 对应云、水、雪及岩石与裸土；0 < NDVI < 0.2 被认为场地植被较为贫瘠。因此选择 NDVI ≥ 0.2 作为筛选 IGS 的标准（谢花林 等，2011）。计算低效用地内平均植被覆盖度的公式见式（4-3）。

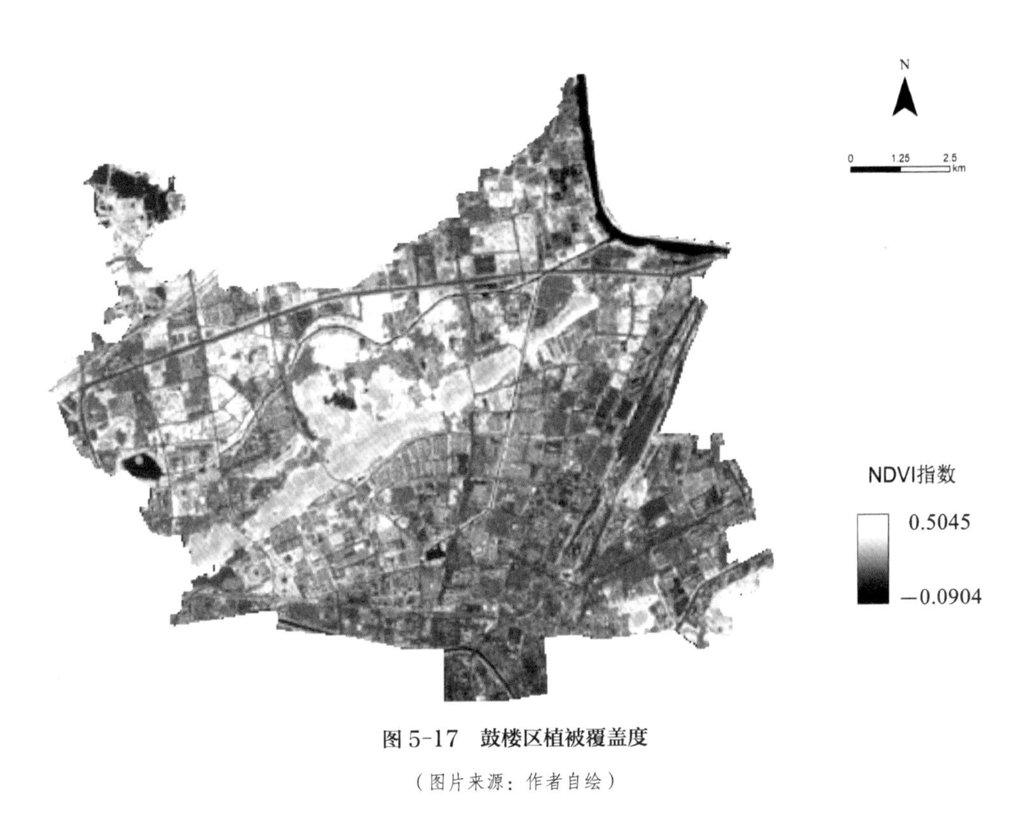

图 5-17　鼓楼区植被覆盖度

（图片来源：作者自绘）

经过筛选，确定 VFC_{avg} ≥ 0.2 的 IGS 作为本次研究对象，共 65 块（图 5-18）。

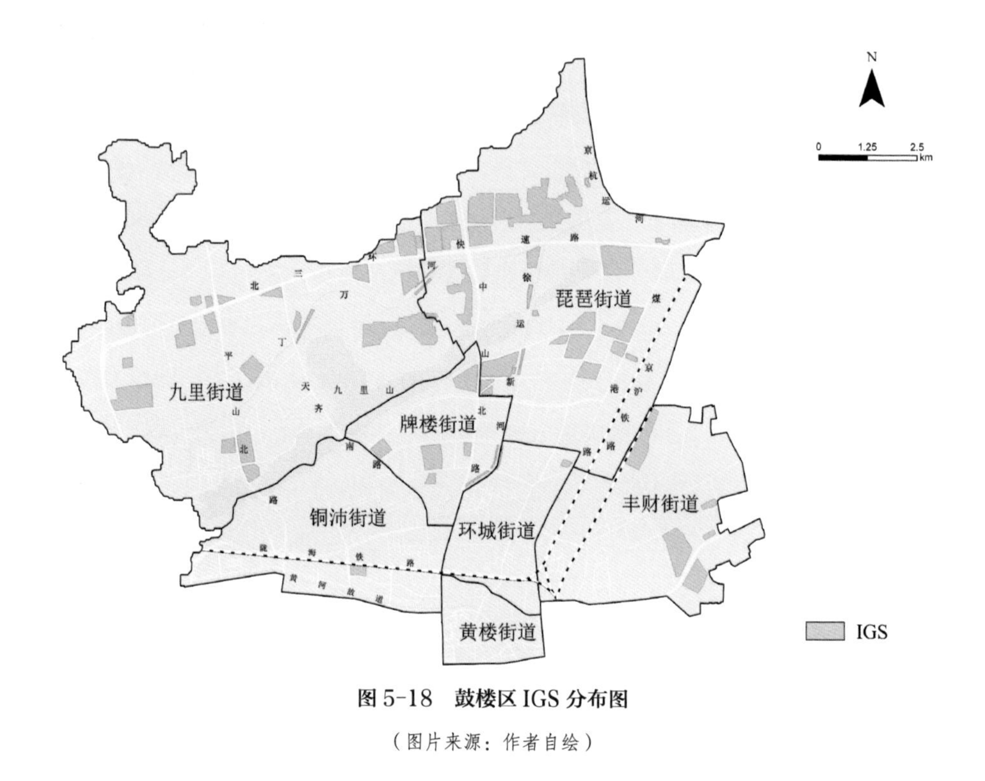

图 5-18 鼓楼区 IGS 分布图

（图片来源：作者自绘）

5.3.4 研究方法

城市公园绿地公平性的评价方法主要分为两大类：空间上的可达性评价和基于洛伦兹曲线的基尼系数量化方法。前者注重空间分析与计算，通过绿地可达性探讨绿地分布是否公平，该过程可以采用最小邻近距离法、费用加权距离法、网络分析法、两步移动搜索法等多种评价方法。其中两步移动搜索法同时考虑供需双方因素，操作较为简单，被广泛应用。与之相对应，国内金远（2006）、唐子来等（2015）学者将基尼系数引入绿地公平性评价，用于量化整体的公平性状态。本研究借鉴薛小同等（2019）的绿地空间公平性评价方法，耦合空间可达性分析与洛伦兹曲线进行绿地公平性评价：首先运用高斯两步移动搜索法，基于可达性计算不同小区获得的绿地供给量，即可达性值，然后利用基尼系数公式测算公园绿地公平性指数。本研究中人口数据以小区为单位进行统计，比以往街区尺度人口统计更加精细。详细研究方法如下。

1. 公园绿地可达性评价

近年来，随着地理信息技术的发展，城市公园绿地可达性的评价已经不局限于简单的数量指标，而将人口密度等居民因素纳入评价体系，因此，绿地可达性的评价方法变得更加全面，评价结果更加精准。总体来说，可达性评价方法主要包括表 5-6 中的几种类型。

表 5-6 可达性评价方法

可达性评价方法	计算过程	特点
缓冲区分析法	以某一点（如居住区）为起点计算一定半径范围内绿地的数量等，以测算直线距离为主	计算简单，易于操作，但此方法未考虑实际路网和交通情况，所以其计算结果有一定误差（高骆秋，2010）
最小邻近距离法	测算居民到达公园的直线距离	考虑到了人口分布因素（Talen，1998），目前较为常用，但是未考虑去往目的地途中的阻挡物，测算结果与实际情况存在偏差
费用加权距离法	通过最短路径搜索法计算距离、时间等到达公园的阻力，从而评价城市公园的可达性	虽然具有一定的创新性，但是由于一些参数（如阻力）没有统一标准，所以也会产生误差（俞孔坚 等，1999）
网络分析法	主要用于分配资源，寻找最短路径	可以直观测算公共服务设施的服务范围，评价结果更为真实可靠，但计算相对较为复杂，技术要求较高（Oh et al.，2007）
引力模型	在评价过程中考虑距离及公园绿地的因素，如大小、面积、质量等	此方法的核心是城市公园的吸引力，但是吸引力并不是公园绿地的公平性，同时此方法没有考虑居民因素（Chang et al.，2011）
两步移动搜索法	首先搜索每个供给点在距离阈值范围内的需求点，求得供需比，从而获得区域内的供给可达性；然后再搜索每个需求点距离阈值范围内的供给点，累加所有的供给可达性，即为最终可达性结果	该方法考虑了供需双方因素，操作相对简便。但该方法没有考虑实际的交通路径和时间（Radke et al.，2000）
高斯两步移动搜索法	该方法是对两步移动搜索法的完善，是应用比较广泛的一种方法。与两步移动搜索法的主要区别在于该方法在计算的第一步和第二步引入高斯函数，对计算结果进行衰减	采用高斯函数刻画距离衰减时能够有效地体现出服务范围内的可达性差异，也避免了采用其他类型的距离衰减函数时衰减速率随距离的增加单调递增或者单调递减的情况，提升了结果的准确性（周兆森 等，2018）

（表格来源：作者自绘）

本研究采用高斯两步移动搜索法评价研究区的公园绿地可达性。该方法是对两步移动搜索法的进一步完善。两步移动搜索法最早由 Radke 等（2000）提出并由 Luo 等进行改进，是一种基于空间相互作用的可达性计算方法，简单、可操作性强，且能反映供需关系，故广泛用于各种公共服务设施可达性的评价（邱天，2021）。传统的两步移动搜索法认为在服务半径内，资源能够得到平均地分配，这与现实情况显然不符。实际情况是需求点距离供给点越近，获得的服务越好，而随着供需点之间距离逐渐变大，需求点能获得的服务也随之衰减，并且这种衰减趋势是非线性的。因此，有学者通过引入数学函数的方式模拟这种衰减趋势，例如引入幂指对函数、核密度函数和高斯函数（邱天，2021；陶卓霖 等，2016）。高斯两步移动搜索法由 Dai 在 2010 年提出，是两步移动搜索法的一种改进形式，应用较为广泛。其计算过程如下。

（1）计算公园绿地的供需比。

将居住小区的质心作为公园绿地服务的需求点，用人口数量作为需求规模。提取公园绿地的质心作为公园绿地服务的供给点，以绿地面积作为供给能力。以公园绿地 j 为搜索中心，寻找在 j 的服务半径 d_0 范围内的所有需求 k，计算公园绿地 j 的供需比 R_j。

$$R_j = \frac{S_j}{\sum\left[G\left(d_{kj}, d_0\right)P_k\right]}, k \in \left\{d_{kj} \leqslant d_0\right\} \tag{5-1}$$

式中：R_j为公园绿地 j 的供需比，代表了公园绿地j的服务能力；S_j为公园绿地 j 的规模；P_k为居住小区k的人口数量，代表公园绿地服务范围内居住小区k的绿地需求水平；d_{kj}为公园绿地 j 与居住小区k之间的距离；d_0为公园绿地 j 的服务半径；G为基于高斯函数的时间衰减系数，其计算公式如下。

$$G\left(d_{kj}, d_0\right) = \begin{cases} \dfrac{e^{-\frac{1}{2}\times\left(\frac{d_{kj}}{d_0}\right)^2} - e^{-\frac{1}{2}}}{1 - e^{-\frac{1}{2}}}, & d_{kj} \leqslant d_0 \\ 0, & d_{kj} > d_0 \end{cases} \tag{5-2}$$

式中：e为数学常数，其值约为2.72。

（2）计算居住小区的公园绿地可达性。

以居住小区 k 为搜索中心，寻找在某一类公园绿地（综合公园、社区公园或游园）的服务半径 d_0 范围内所有该类公园绿地 j，汇总居住小区到达以上公园绿地的供需比之和，即居住小区 k 的这一类公园绿地的可达性 A_k。

$$A_k = \sum R_j, j \in \{d_{kj} \leq d_0\} \tag{5-3}$$

式中：A_k为居住小区k对于某一规模公园绿地的可达性，其数值越大，表示该居住小区的居民越能够便利地享受到这一类公园绿地提供的服务。

2. 公园绿地公平性指数计算

为评价鼓楼区的公园绿地公平性，基于基尼系数对其进行评价，并将其可视化，最终得到鼓楼区公园绿地基尼系数值，即公园绿地公平性指数。基尼系数的计算公式如下。

$$\mathrm{GE}_u = \left| \left[\sum_{k=1}^{n} \left(P_{k-1} + P_k \right) C_k \right] - 1 \right| \tag{5-4}$$

式中：GE_u为研究区u的公园绿地公平性指数，即基尼系数；n为研究区u内的社区总数；将上一步的可达性值A_k由小到大排序，k=1，2，…，n，P_k为前k个居住小区的累计可达性值占所有居住小区可达性值总和的比重，其中P_0=0，P_n=1；C_k为第k个小区的人口占研究区总人口的比重。

3.IGS 提升公园绿地公平性潜力评价

假设每增加一块 IGS 都会提升鼓楼区的整体公园绿地公平性指数，但不同位置的 IGS 融入原有公园绿地后，公园绿地公平性指数增长幅度并不同。因此重复运用高斯两步移动搜索法和基尼系数法，依次将 65 块 IGS 分别纳入原有公园绿地体系，进行可达性值和公平性指数的计算，最终将对应得到 65 个新的公平性指数，计算公式如下。

$$P_{\mathrm{IGS}} = \mathrm{GE}_u - \mathrm{GE}_{u\mathrm{IGS}} \tag{5-5}$$

式中：P_{IGS}为IGS提升公平性潜力值；GE_u为鼓楼区整体的绿地公平性指数，即基尼系数；$\mathrm{GE}_{u\mathrm{IGS}}$为加入某一块IGS后鼓楼区整体基尼系数。

根据加入 IGS 后公平性指数变化方向及幅度，对 IGS 提升城市公园绿地公平性的潜力进行排序，若 P_{IGS} 为正值，说明加入 IGS 后基尼系数降低，整体的绿地分配更加公平。其中基尼系数降低的幅度越大，将相应的 IGS 作为新增绿地或进行临时更新绿化后，越能够提升绿地公平性，使得更多居民享受到绿地服务。若 P_{IGS} 为负值，说明加入 IGS 后基尼系数反而升高，公园绿地不公平现象进一步加剧。根据 IGS 提升公园绿地公平性的潜力，识别新增绿地或更新绿地的候选点，分阶段实现鼓楼区 GI 空间布局的优化。

5.3.5 结果与讨论

1. 公园绿地可达性值空间分布

城市公园绿地可达性是用来度量居民获得公园绿地资源难易程度、判断公园绿地公平性的一项重要指标。本研究采取高斯两步移动搜索法对鼓楼区公园绿地进行可达性评价。可达性值表示一个公园绿地对周边居住区的可达性程度。

（1）不同规模类型的公园绿地可达性值对比。

鼓楼区内公园绿地共计 140 个，其中综合公园 7 个、社区公园 52 个、游园 81 个。研究区整体绿化率达到 4.00%，公园绿地总面积约 264.93 hm^2，人均公园绿地面积 4.15 m^2（图 5-19）。通过对比 3 类不同规模类型的公园绿地的可达性值，能够更直

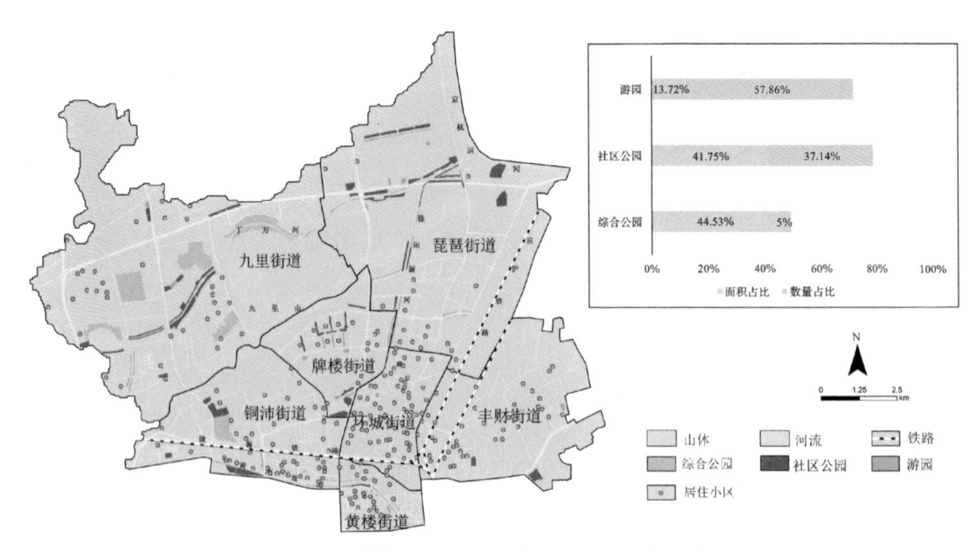

图 5-19 鼓楼区各类公园绿地布局及面积数量占比

（图片来源：作者自绘）

观有效地反映鼓楼区居民到达公园绿地的整体状况。选取可达率和可达性平均值两个指标对 3 类公园绿地可达性的计算结果进行进一步统计，得到研究区内不同类型的公园绿地可达性的基本情况如表 5-7 所示。其中可达性平均值代表在该类公园绿地服务半径内的居住小区的公园绿地可达性值总和与该类公园绿地服务半径内的居住小区数量的比值，反映了该类公园绿地服务半径内的居民到达该类公园绿地容易程度的平均水平。可达性平均值越大，代表该类公园绿地服务半径内的居民越容易到达该类公园绿地。可达率描述该类公园绿地服务半径内能够享受到绿地服务的居住小区占比，即 $A_k > 0$ 的居住小区占所有居住小区的比例，可达率数值越大，说明在该类公园绿地服务半径内的居住小区数量越多。

表 5-7　各类公园绿地可达性表征

公园类别	可达性平均值	可达率
综合公园	8.89	36.84%
社区公园	4.45	83.86%
游园	3.88	50.88%

（表格来源：作者自绘）

从可达性平均值上看，各类型公园的可达性平均值由大到小依次为综合公园、社区公园、游园，表明综合公园服务半径内的居民更容易获取该类公园提供的功能；从可达率上看，各类型公园的可达率相差较大，综合公园、社区公园、游园分别能覆盖服务半径内居住小区总量的 36.84%、83.86% 和 50.88%（表 5-7）。通过对比，发现不同类别的公园的可达性平均值与可达率并不同步。虽然综合公园的可达性平均值较大，但其可达率较低，而社区公园和游园的可达率却由于覆盖居住小区数量较多而呈现较高值。整体来看，鼓楼区规模超过 10 hm^2 的综合公园在供需层面存在一定的不匹配现象，城市密集建成区内居住小区对于社区公园与游园的可达性较高，但对于综合公园的可达性并不高，如环城街道、黄楼街道等靠近城市中心的街道。

不同类型公园绿地可达性的基本情况分析如下。

①综合公园数量虽然仅占全部公园绿地数量的 5%，但面积占比达到 44.53%，

综合公园平均斑块面积约为 16.85 hm^2，远大于社区公园（2.13 hm^2）和游园（0.45 hm^2）。综合公园拥有最大的可达性值，但可达率却是三类公园中最低的，主要原因在于综合公园主要分布在人口密度较低的九里街道丁万河以北，以及铜沛街道西北部，服务半径内的居住小区数量有限，紧邻城市中心、人口稠密的环城街道与黄楼街道均没有大型综合公园。

②社区公园面积占比和数量占比均较高，分别达到 41.75% 和 37.14%，在鼓楼区各个街道均有分布，且多分布于人口密集靠近城区的位置，服务半径覆盖较多居住小区，因此具有较高的可达率，高达 83.86%。社区公园在城市公园绿地中具有极其重要的作用，犹如海绵孔洞填充于城市，在降低雨洪风险、缓解热岛效应、增加居民休闲游憩场所及健康身心机会等方面发挥巨大功能，也是城市更新背景下提质、增绿的重要载体。

③相较于综合公园和社区公园，游园平均斑块面积不到 1 hm^2，部分分布于道路或河流两侧，以街旁绿地的形式出现，数量是 3 类公园中最多的，占公园绿地总量的 57.86%，在研究区内广泛分布，由于服务半径小，其可达性平均值并不高，但其可达率超过了 50%，即一半以上居住小区的居民可以较为便捷地进入游园。这对于公园绿地资源非常匮乏的环城、丰财及黄楼等街道起到非常重要的补充作用，为居民提供了大量身边的绿色空间，因此，边角空地、街道等小微空间的绿色营造，是城市更新背景下密集建成区增加游憩空间的重要方向。

（2）居住小区公园绿地可达性的空间分布。

为了更直观、有效地对徐州市鼓楼区居民到达公园绿地的可达性进行整体和局部的对比分析，本书利用 ArcGIS 10.2 中的自然断点法，将居住小区对应不同规模公园绿地的可达性 A_k 值分为 5 个等级（表 5-8）。

表 5-8　居住小区对于 3 类公园绿地可达性的等级划分标准

公园类别	可达性等级				
	非常低	低	中等	高	非常高
综合公园	0 ～ 1.80	1.80 ～ 4.29	4.29 ～ 7.94	7.94 ～ 13.38	13.38 ～ 20.95

续表

公园类别	可达性等级				
	非常低	低	中等	高	非常高
社区公园	0 ～ 1.64	1.64 ～ 4.93	4.93 ～ 16.88	16.88 ～ 131.05	131.05 ～ 332.70
游园	0.02 ～ 1.92	1.92 ～ 4.04	4.04 ～ 12.42	12.42 ～ 26.65	26.65 ～ 95.77

（表格来源：作者自绘）

①居住小区的综合公园可达性等级空间分布特征。

以居住小区为观测单元，综合公园服务半径所覆盖的居住小区共 105 个，占研究区居住小区总数的 36.84%，即约 1/3 的居住小区能较为方便地享受综合公园的各项功能。按照前文中的可达性等级划分标准，对居住小区的综合公园可达性进行分级，结果如表 5-9 所示。综合公园可达性等级分布较为均匀，非常高、高、中等、低、非常低的小区分别占到综合公园服务半径内居住小区总数的 16.19%、14.29%、23.81%、21.90% 和 23.81%。但由于综合公园在各个街道分布极其不均匀，因此各街道内居住小区的综合公园可达性等级的空间分异较为明显（图 5-20）。在综合公园分布较多的九里街道，大部分居住小区的综合公园可达性等级为非常高或高，尤其是九里山、丁万河、玉潭苑公园及龟山景区等大型绿地周边居住小区的综合公园可达性非常高。而环城、黄楼、铜沛等街道内居住小区距离综合公园较远，居住小区的综合公园可达性等级以中等及中等以下为主。

表 5-9　不同街道居住小区的综合公园可达性等级

等级	九里街道	琵琶街道	铜沛街道	牌楼街道	环城街道	丰财街道	黄楼街道	总计
非常高	13	0	1	1	0	1	1	17
高	7	0	3	2	1	1	1	15
中等	3	2	9	3	4	4	0	25
低	2	2	14	0	1	2	2	23
非常低	0	1	11	1	4	6	2	25
总计	25	5	38	7	10	14	6	105

（表格来源：作者自绘）

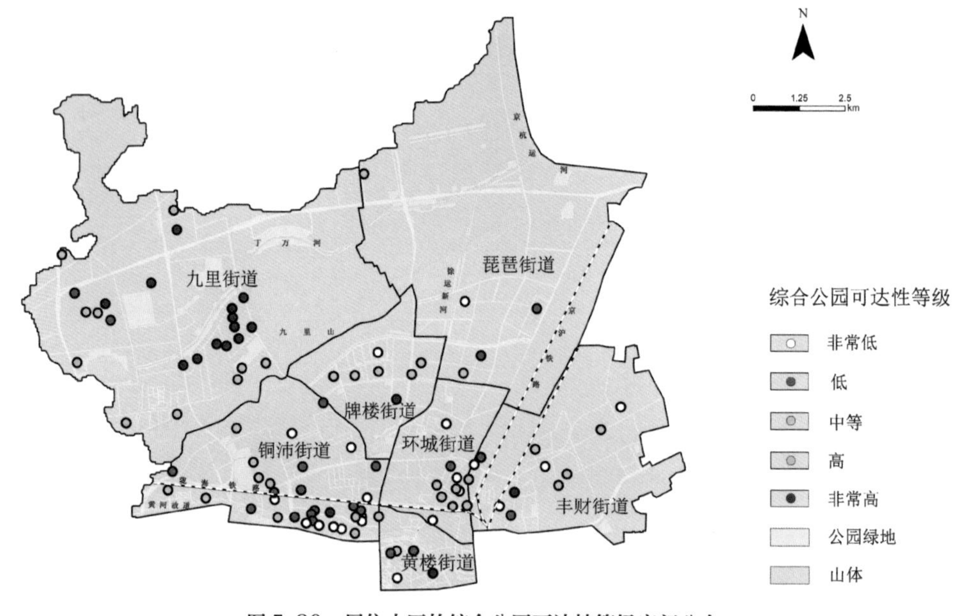

图 5-20　居住小区的综合公园可达性等级空间分布

（图片来源：作者自绘）

②居住小区的社区公园可达性等级空间分布特征。

以居住小区为观测单元，社区公园服务半径所覆盖的居住小区共 239 个，占研究区居住小区总数的 83.86%，远远大于其他类型公园服务半径所覆盖的居住小区数量，说明大部分的居住小区可以就近到达周边社区公园。但根据表 5-10 中不同街道居住小区的社区公园可达性等级可知，社区公园可达性等级整体偏低，在社区公园服务半径所覆盖的居住小区中，约 98.74% 的居住小区的社区公园可达性等级在中等及中等以下。可达性等级为低和非常低的居住小区分别为 63 个和 137 个，占比高达 26.36% 和 57.32%。说明虽然居住小区到社区公园较为便捷，但较低的可达性值，意味着社区公园绿地供给较为有限，而居民对绿地的需求却很高。因此，从图 5-21 可以看出，越是人口密集的街道，或建筑层高越高、人口密度越大的居住小区的社区公园可达性越低。同时对比综合公园可达性与社区公园可达性结果发现，二者出现可达性高值的区域具有一定相似性。

表 5-10　不同街道居住小区的社区公园可达性等级

等级	九里街道	琵琶街道	铜沛街道	牌楼街道	环城街道	丰财街道	黄楼街道	总计
非常高	0	0	1	0	0	0	0	1
高	0	0	1	0	0	1	0	2
中等	12	2	8	2	5	6	1	36
低	8	4	19	5	14	10	3	63
非常低	11	10	22	9	45	19	21	137
总计	31	16	51	16	64	36	25	239

（表格来源：作者自绘）

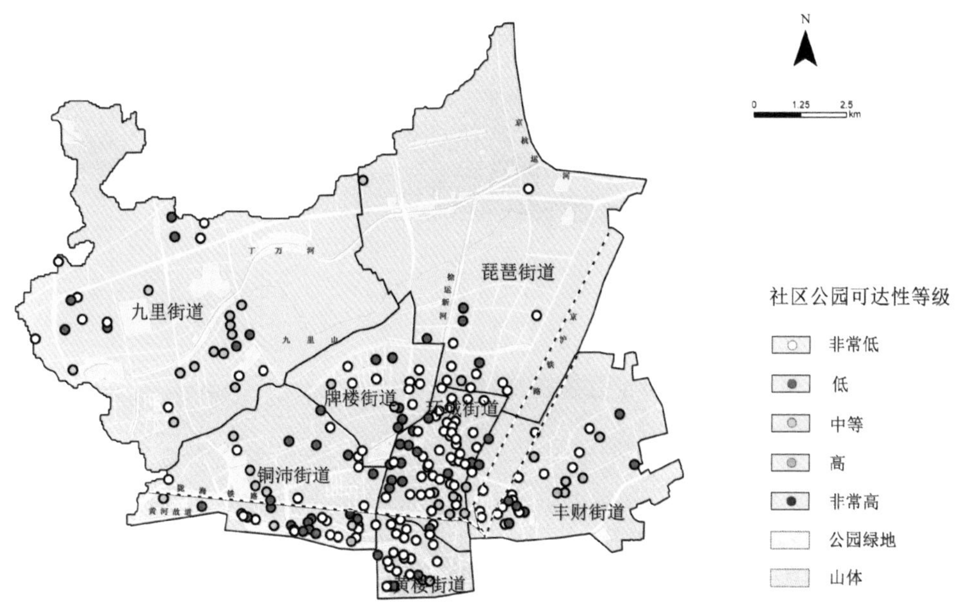

图 5-21　居住小区的社区公园可达性等级空间分布

（图片来源：作者自绘）

③居住小区的游园可达性等级空间分布特征。

以居住小区为观测单元，鼓楼区内 50.88% 的居住小区在游园的服务半径范围之内，比社区公园所覆盖的居住小区减少较多。但同社区公园一样，其可达性等级偏低，主要集中在中等、低、非常低 3 个等级，分别占到其服务半径所覆盖小区总数的 14.48%、35.86% 和 47.59%，可达性等级非常高及高的居住小区仅有 3 个（表 5-11）。从图 5-22 可以看出，相比居住小区的社区公园可达性，居住小区的游园可达性中非常低等级相对减少，靠近城市中心的环城、黄楼街道，以及铜沛街道南侧的居住小区的游园可达性等级大多为低。由于游园中多街道及滨河小微绿地，因此尽管整体可达性等级偏低，但部分主干道两侧、古黄河两岸的居住小区的游园可达性等级还是较平均水平高。也可以看出，目前仅能覆盖约一半居住小区的游园系统存在较大的空缺，存在低供给、高需求的现象，挖潜游园规模的存量空间进行增绿建设显得至关重要。

表 5-11　不同街道居住小区的游园可达性等级

等级	九里街道	琵琶街道	铜沛街道	牌楼街道	环城街道	丰财街道	黄楼街道	总计
非常高	0	0	0	0	1	1	0	2
高	0	0	1	0	0	0	0	1
中等	6	2	7	1	3	2	0	21
低	1	6	17	3	10	9	6	52
非常低	7	7	12	10	19	7	7	69
总计	14	15	37	14	33	19	13	145

（表格来源：作者自绘）

（3）鼓楼区公园绿地公平性指数。

基于基尼系数表达的洛伦兹曲线是探讨分配公平性的一种经济学方法，逐渐被引入对其他社会资源分配公平性的评价。本研究为了反映鼓楼区公园绿地整体布局的公平性，采取该方法构建公园绿地公平性评价模型，在获取居住小区的可达性评价结果的基础上，对 3 类公园绿地的可达性值进行求和，得到 285 个居住小区的综合可达性值（图 5-23）。首先以鼓楼区为单元，将综合可达性值代入式（5-4）测算鼓楼区公园绿地分布的整体基尼系数；其次以 7 个街道为单元测算各个街道的基尼系数，以考察绿地公平性的空间差异。

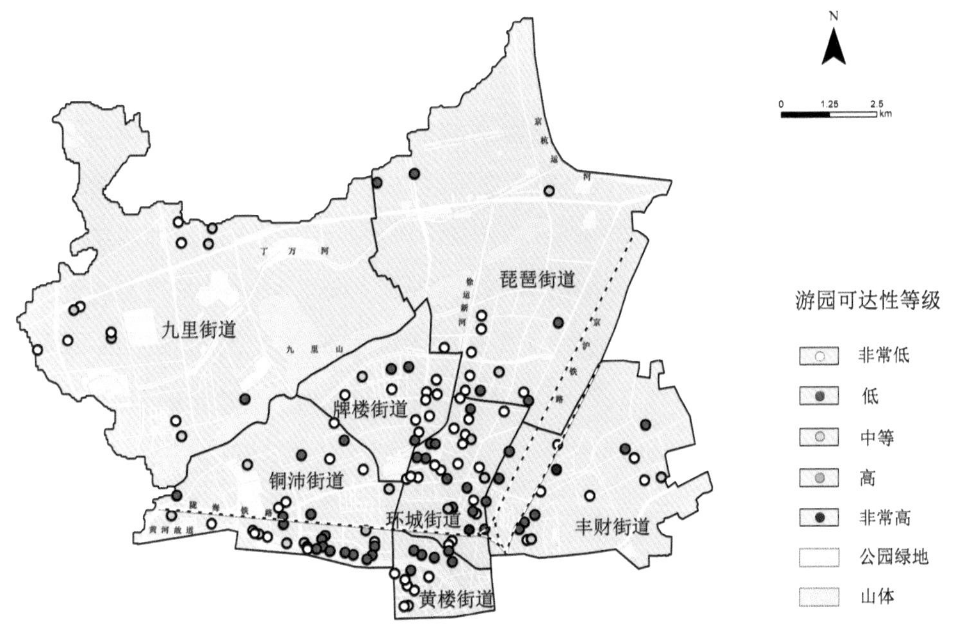

图 5-22　居住小区的游园可达性等级空间分布

（图片来源：作者自绘）

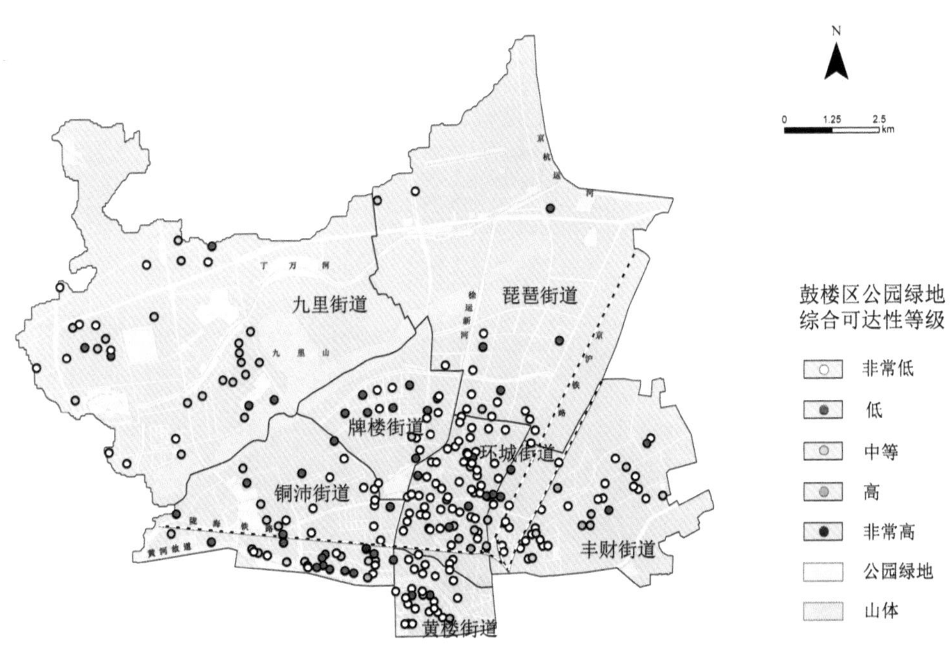

图 5-23　居住小区的综合可达性等级空间分布

（图片来源：作者自绘）

基尼系数反映鼓楼区及其各街道整体公园绿地布局公平性。结果显示，鼓楼区的公园绿地整体基尼系数为 0.79，处于严重不公平状态。联合国规定基尼系数的警戒线为 0.4，超过 0.4 就可能引发一系列社会问题（薛小同 等，2019）。将其运用到绿地空间公平性评价时，一般也将 0.4 作为衡量绿地公平性的临界值。若基尼系数小于 0.2，表明绿地资源分布较为平均，若基尼系数为 0.2 ～ 0.3，表明绿地资源分布相对平均；若基尼系数为 0.3 ～ 0.4，表明绿地资源分布比较合理；若基尼系数为 0.4 ～ 0.5，表明绿地资源分布差距较大；若基尼系数大于 0.5，表明绿地资源分布差距非常大，呈现出严重的分布不公平状态。鼓楼区整体的公园绿地基尼系数达到 0.79，说明该区域公园绿地布局处于严重的非公平公正状态。

通过对比 7 个街道的基尼系数（图 5-24），并绘制鼓楼区及各街道的公园绿地资源分配洛伦兹曲线（图 5-25），发现鼓楼区各街道的公园绿地基尼系数具有显著差异。鼓楼区各街道基尼系数分布于 0.58 ～ 0.89，均大于 0.4，说明公园绿地资源的空间分配差距比较大，存在严重不公平，各街道公园绿地不公平的程度差距较大。一般来说，洛伦兹曲线距离绝对平均线越远，说明公园绿地空间分配越不公平，可

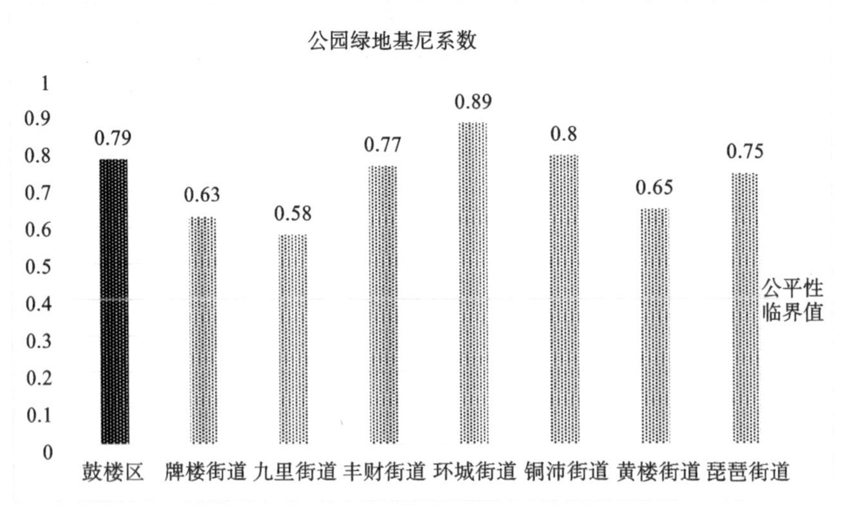

图 5-24　鼓楼区及各街道公园绿地公平性指数

（图片来源：作者自绘）

以看出九里街道的公平性指数最低(0.58),其次为牌楼街道(0.63)及黄楼街道(0.65),而环城街道公平性指数最高,高达 0.89,意味着该街道存在最为严重的公园绿地布局不公平现象。

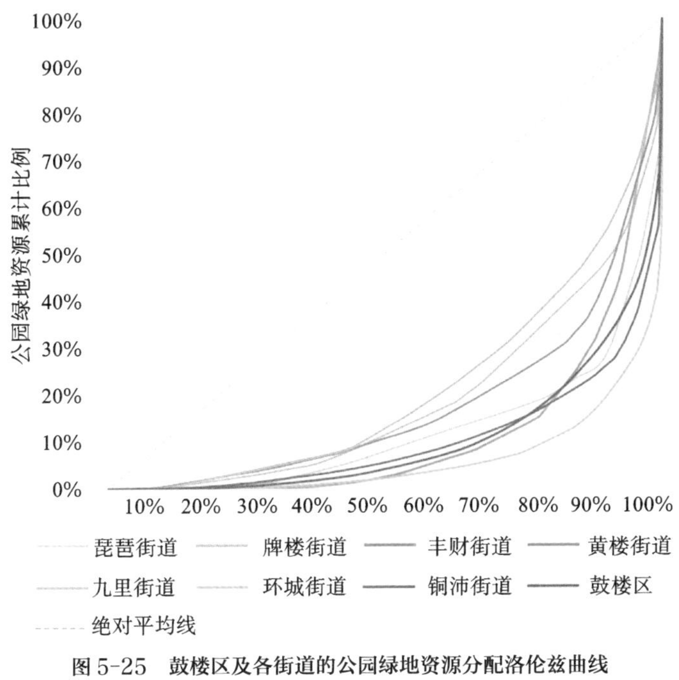

图 5-25 鼓楼区及各街道的公园绿地资源分配洛伦兹曲线

(图片来源:作者自绘)

2. 非正式绿地的类型及特征

(1)非正式绿地的类型划分及布局特征。

将 65 块 IGS 按照规模及形态分为 3 类,即面状 IGS、线性 IGS 及点状 IGS(表 5-12)。据统计,鼓楼区 IGS 总面积为 559.65 hm^2,其中面状 IGS 数量最多,共计 52 块,占所有 IGS 数量的 80%,面积共计 542.32 hm^2,占鼓楼区 IGS 总面积的 96.91%;由于数据来源限制,研究识别的线性 IGS 及点状 IGS 的整体数量较少,分别为 9 块(13.67 hm^2)和 4 块(3.66 hm^2),占 IGS 总量的 13.85% 和 6.15%(图 5-26)。

表 5-12　鼓楼区 IGS 的分类列表

IGS 类型		描述	可进入性	规模
面状 IGS	棕地、工业废弃地、低效工业用地	可能具有一定污染的旧工业广场、垃圾填埋场等	大部分限制进入	大于 1 hm^2
线性 IGS	滨河荒地	由于无人管理或较少维护而自发生长植被的滨河地段	可进入	大于 1 hm^2，通常小于 10 hm^2
点状 IGS	小型闲置土地	规模较小、更新过程中难以利用的边角地块，或小块闲置商业、公共服务用地	可进入	小于 1 hm^2

（表格来源：作者自绘）

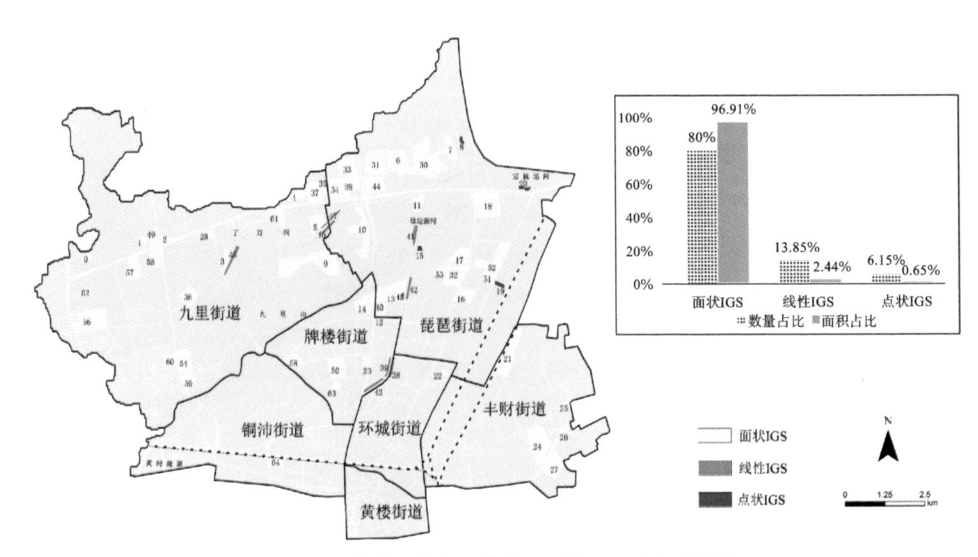

图 5-26　鼓楼区点状、线性、面状 IGS 分布及比例

（图片来源：作者自绘）

从 IGS 的空间分布看，鼓楼区的 IGS 整体聚集程度较高，在传统工业区连片集中出现，因此 IGS 分布呈现大集聚、小分散、北多南少的特征。如图 5-26 所示，目前识别的 IGS 集中在鼓楼区丁万河北岸形成的狭长形的亟待更新的工业地带，以及徐州市自 20 世纪 70 年代就已形成的位于京沪铁路东西两侧的下淀工业园区和孟家沟工业区。依据街道来统计，IGS 分布最多的是靠近京沪铁路和京杭运河的琵琶街道，共 27 块，占比 41.54%，面积达 269.59 hm^2，占鼓楼区 IGS 总面积的 48.17%。南部的铜沛、环城及黄楼街道因靠近中心城区，几乎没有大块的 IGS。线性 IGS 主要由滨河荒地和废弃铁路沿线空地组成。虽然鼓楼区内拥有陇海铁路与京沪铁路，但并没有废弃的专用铁路线，因此其线性 IGS 以滨河荒地为主。丁万河作为水利风景区建成多年，河岸两侧已经过整治并建成多个公园绿地，线性 IGS 大多分布在徐运新河东西两侧，少量分布在丁万河两侧。

（2）IGS 的场地属性特征。

选择鼓楼区面状 IGS、线性 IGS 及点状 IGS 样本进行调研，从不同侧面证实 IGS 在植被覆盖、非正式使用、场地封闭管理等方面的基本特性。

①地表覆被状态。大部分低效工业用地、闲置土地等类型的面状 IGS 已被列入城市储备用地，因此调研样本中部分 IGS 仍保留有原有厂房（图 5-27 中的 11 号地块），大多数 IGS 上的旧建（构）筑物已被拆除，原有内部道路体系及场地肌理已消失。在 IGS 调研样本中，80% 以上为非硬化地面，具体有以下几种地表覆被类型：自发生长的植被、网格状自发种植菜地、覆盖防尘网的裸地及少量残留的水泥硬化地面（图 5-27）。

②植被生长状况。大部分 IGS 有丰富的自发生长的植被，具有城市荒野的典型特征，部分 IGS 中还保留有小片水体，形成了吸引水鸟驻足的小微生境（图 5-27 中的 14 号地块）。由于场地闲置时间长短不一，植被生长状态及演替阶段不同，部分场地中茂密而无序的植被使得人无法进入。植被以灌木及杂草为主，兼有小部分片状林地。

③临时的使用状态。虽然多数 IGS 已经不存在实际使用功能，但由于土地权属不明确或存在污染等安全隐患，部分 IGS 调研样本地块通过建立围墙限制普通公众进入。部分可以进入的 IGS 多被周边居民分割为小块土地作为菜园（图 5-27 中的 54 号地块），或者成为临时倾倒城市垃圾的场所及临时货物储存空间（图 5-27 中的 13 号地块）。调研样本地块中的滨河荒地类 IGS 存在居民垂钓等活动，但由于没有较完善的步道设施，其他休闲游憩活动较少（图 5-27 中的 39 号地块）。

比较 3 种不同形式及规模的 IGS，大部分面状 IGS 是下淀工业园区、孟家沟工业区等传统工业区更新过程中产生的棕地或低效工业用地，具有边界清晰、形态规整、

图 5-27　IGS 调研样本景观状况

（a）11 号地块；（b）13 号地块；（c）14 号地块；（d）15 号地块；（e）39 号地块；（f）54 号地块

（图片来源：作者自摄）

面积较大、限制进入的特征。而线性 IGS 沿河道与部分已建成的滨河公园绿地交错，其闲置时间及使用状态与周边居民小区分布有关。点状 IGS 属于城市边角空间，形状不规则，无围墙限制（图 5-27 中的 15 号地块），存在蔬菜种植等居民自发性的社会经济活动。

3. 非正式绿地提升城市公园绿地公平性潜力等级

将 65 块 IGS 分别纳入原有公园绿地体系进行基尼系数计算，重新得到相应的基尼系数，将其与鼓楼区的公园绿地整体基尼系数 0.79 进行差值计算，将计算结果代入 IGS 属性表中进行排序。共有 14 块 IGS 的潜力值为负值，占 IGS 总量的 21.54%，意味着改造这 14 块中的任何一块绿地后基尼系数反而升高，鼓楼区整体公园绿地分配会愈发不公平。比如 64 号地块虽接近城市中心，但其潜力值为－ 0.08，可能是由于该地块附近存在徐州植物园等大型绿地，并拥有 2 个社区公园及黄河故道两侧的数个游园，且周边居住小区为多层社区，人口密度不高，新增绿地将进一步加剧绿地享用的差异性和非公平性。

因此，研究认为以上 14 块 IGS 并不具有提升城市公园绿地公平性的潜力，故将其排除评价范围，仅对差值为正值的 51 块 IGS 进行提升绿地公平性潜力评价，以确定 IGS 纳入 GI 系统的优先等级。通过 ArcGIS 10.2 工具，运用自然断点法，将剩余的 51 块 IGS 提升公园绿地公平性的潜力划分为 5 个等级，从 1 到 5 表示 IGS 潜力非常低、低、中等、高、非常高（图 5-28）。IGS 提升公园绿地公平性潜力越高，说明将 IGS 用地性质转变为城市绿地，或作为临时用地提供简单的休闲游憩功能，能够较大程度缓解目前绿地使用过程中的非公正问题，将使高绿地需求地块的居民更便捷地享受绿地带来的服务。

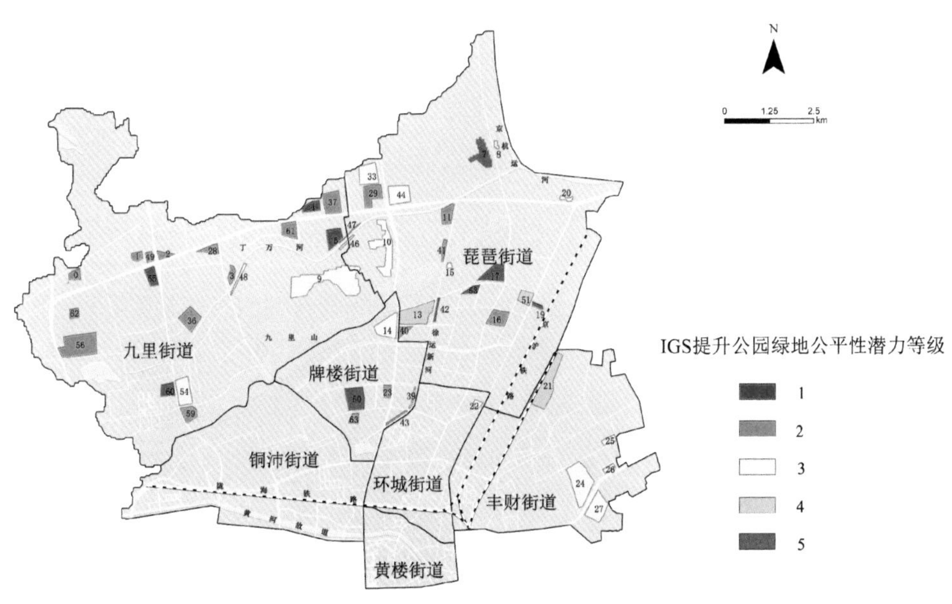

图 5-28　IGS 提升公园绿地公平性潜力等级

（图片来源：作者自绘）

从不同等级 IGS 的数量占比看（表 5-13），潜力高和非常高的 IGS 分别仅有 3 块和 1 块。潜力等级主要集中在 1 ～ 3 级，共占总量的 92.16%。其中潜力低（等级 2）的 IGS 数量最多，为 21 块，占总量的 41.18%；潜力中等（等级 3）和非常低（等级 1）的 IGS 分别占到总量的 33.33% 和 17.65%。从图 5-28 可以看出，鼓楼区的 IGS 提升公园绿地公平性潜力等级在空间分布上并无规律。潜力非常高的 IGS 为位于万寨港南侧的 7 号地块，潜力高的 IGS 为位于琵琶街道九里山与徐运新河之间的 13 号地块、煤港路西侧的 51 号地块和位于丰财街道的 21 号地块。其中 21 号地块为原徐州钢铁厂，场地内保留有炼钢炉等部分工业遗存。环城街道、黄楼街道及铜沛街道人口比较密集，但 IGS 挖潜有限，仅 22 号地块的潜力等级为 3 级，丰财街道东三环两侧高层住宅集中，人口密度较高，因此 24 ～ 27 号地块均具有一定转型为 GI 以提升公园绿地公平性的潜力（等级 3）。

表 5-13　鼓楼区 IGS 提升公园绿地公平性潜力

潜力等级	数量 / 块	数量百分比 /（%）	面积 /hm^2	面积百分比 /（%）
1 级	9	17.65	54.27	13.94
2 级	21	41.18	120.90	31.05
3 级	17	33.33	157.61	40.48
4 级	3	5.88	46.08	11.83
5 级	1	1.96	10.54	2.70

（表格来源：作者自绘）

同时对点状、线性、面状 IGS 提升绿地公平性潜力等级进行统计（图 5-29）。40 块面状 IGS 中 37.50% 的 IGS 的潜力在等级 3 及以上，其中 10% 的面状 IGS 具有高和非常高的提升公平性潜力。线性 IGS 在等级 3 及以上的占比达 42.86%。点状 IGS 虽然位于远离中心城区的位置，但其潜力值均为正值，潜力值在等级 3 的 IGS 占到点状 IGS 总量的 75%。说明线性及点状 IGS 对提升公园绿地公平性具有同样重要的作用。这也说明，研究中绿地的规模与提升公平性的潜力并不存在正相关关系，而和 IGS 与周边绿地、居住小区的分布及居民数量有关。

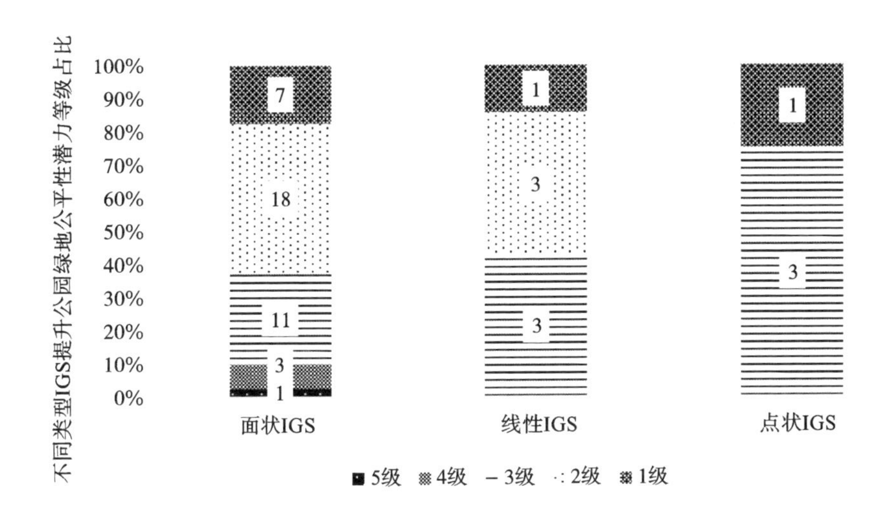

图 5-29　点状、线性、面状 IGS 提升公园绿地公平性潜力等级

注：柱状图上的数字表示相应等级地块的数量。

（图片来源：作者自绘）

4. 公平性提升目标下鼓楼区公园绿地空间布局优化及策略

以提升鼓楼区公园绿地公平性为目标，根据筛选出的 IGS 的潜力等级评价结果，将 IGS 作为城市新增绿色空间进行绿化更新或临时使用，缩小鼓楼区居民小区的公园绿地可达性差距，提高绿色空间服务半径覆盖的居民数量。具体建议规划方案为：将提升公园绿地公平性潜力等级为 3、4、5 级的 IGS 作为新增公园绿地的选址点，根据 IGS 规模，将 IGS 规划更新为综合公园、社区公园、游园（图 5-30）。其中，更新目标为综合公园的选址点共有 10 处，更新目标为社区公园的选址点共有 8 处，更新目标为游园的选址点共有 3 处。

鼓楼区 GI 布局不公平的原因在于，公园绿地供给主要依赖开发自然地物形成的公园，在传统发展思路中，绿地作为公共服务设施用地，在规划时往往让位于经济效益较高的工商业用地及住宅用地。在已经形成的土地利用格局中，IGS 作为城市更新过程中出现的必然产物，是调整 GI 结构的重要空间。然而图 5-30 中新增公园绿地选址规划是绝对理想化的产物，实际城市更新过程中将 IGS 更新为城市公园存在非常大的阻力，需要有效的市场激励制度、强有力的政府引导及深度的公众参与。

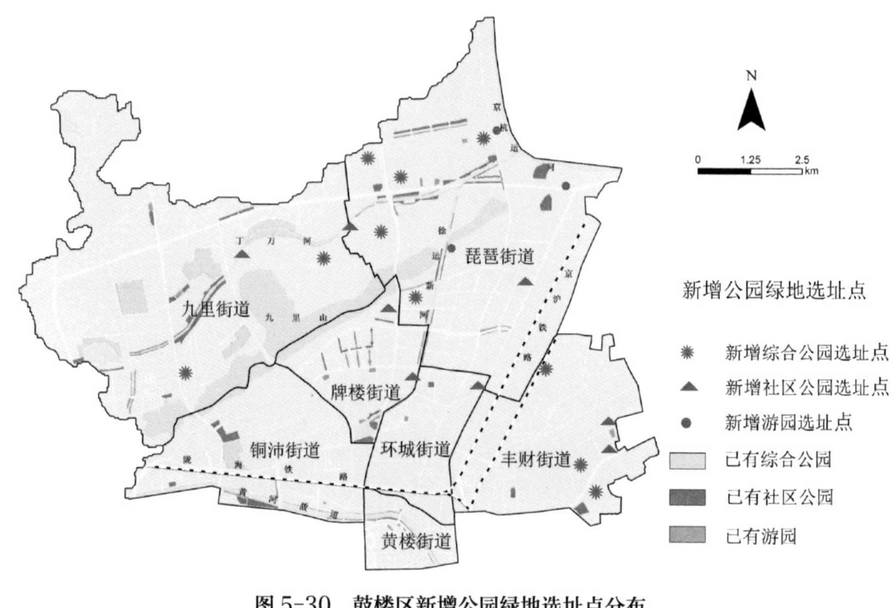

图 5-30　鼓楼区新增公园绿地选址点分布

（图片来源：作者自绘）

结合以上新增公园绿地选址方案，提出提升鼓楼区 GI 公平性的策略，以建立具有韧性特征的 GI 结构。

（1）基于最低成本 - 最大效用原则系统增加绿色空间。

目前鼓楼区整体公园绿地公平性处于较低水平，因此在鼓楼区 GI 建设时应将提升居住小区的绿地可达性作为重要目标。根据 IGS 提升公园绿地公平性潜力，确定 IGS 更新为 GI 的重要性和优先级，选择最能匹配居民需求、最能增加绿地公平性的 IGS 进行优先更新。比如鼓楼区新增公园绿地选址方案中潜力非常高和高的 7 号、13 号、21 号、51 号地块，这些地块面积较大，应对其土地权属、场地污染、更新成本、更新意愿等进行进一步调研，综合评估转型为 GI 的可能性，以及实现部分 GI 功能的替代方案。政府可以通过减少税收、多渠道融资来解决 GI 这类公共建设项目投资大的问题。比如 21 号地块的徐州钢铁厂规划在保留部分工业遗址的基础上进行混合功能的开发。

（2）鼓励基于微更新的 IGS 的对外开放及临时使用。

将大量 IGS 的用地性质彻底转变为公园绿地是不现实的，因此政府可以建立一种良性的储备土地临时使用机制。临时使用的特点是成本低和时间短，根据居民需求将其更新为临时使用的场所，并不需要真正转变土地利用性质（Németh et al., 2014）。如针对作为新增公园绿地选址点的 IGS，可以在最终确定使用功能前，鼓励将其作为城市开放空间进行简单的更新并对公众开放，增加简单的路径、座椅、卫生间等基础设施，消除 IGS 荒野景观中的危险因素，为老年人、孩子提供低成本的游憩设施，增加公平性较低居住区的绿地可达性。另外，在调研过程中发现大部分 IGS 存在蔬菜种植状况，可以参照德国社区菜园的经验，在其基础上进一步规范菜园管理机制，重新划分菜园并进行基础设施的微更新，营造城市农业新景观，政府委托非营利机构采取出租的方式管理，并建立严格的菜园使用规范，将其作为周边居民获取健康食品、增加锻炼劳作的机会、促进身心健康、定期交流园艺经验、建立稳定健康的社会关系的重要空间载体。

（3）公众需求及使用偏好引导下的小微 IGS 识别及更新。

在以上研究中发现，环城、铜沛等距离市中心较近的街道是公园绿地公平性较低的绿地匮乏区域，人口密度较大，但方案中该街道内能够增补绿色空间的 IGS 极少。原因在于作为 IGS 的大量低效工业用地位于城市中心外围，而本研究中未能识别社区空地等面积较小的 IGS，导致以上街道的公平性不能得到较好的提升。因此针对环城、铜沛及黄楼等街道，需要借助精度更高的遥感影像数据，重视实地调研和居民社会调查，建立社区参与、合作规划的社区尺度 GI 更新机制。从居民日常生活路径出发，识别身边的小型空地、闲置土地等 IGS，根据 IGS 周边社区居民的年龄结构及对应的使用需求和习惯，制订低成本、可行、易实施的 IGS 更新方案。从 GI 决策、更新及使用全过程中增加当地居民的话语权。居民最了解其所生活的社区自然环境的不足，这些可为设计师及规划者提供重要的决策依据。因此，激发社区居民的主动性和鼓励社区居民参与是更新 IGS 的重要手段。

5.3.6 结论

社区尺度 GI 韧性更多体现在居民能够公平公正地享用公园绿地提供的各项服务。本研究在城市更新背景下关注非正式绿地对城市公园绿地公平性提升的作用。采用高斯两步移动搜索法结合基尼系数测度鼓楼区的绿地公平性。基于对研究区内

IGS 分布及特征的分析，依次将每一块 IGS 纳入原有公园绿地体系内，然后重新计算表征鼓楼区绿地公平性的基尼系数。对比加入 IGS 前后基尼系数的变化方向和程度，去除使得基尼系数升高的 IGS，将剩余 IGS 按照基尼系数降低的幅度进行排序，得到 IGS 提升鼓楼区公园绿地公平性的潜力，并按照潜力大小选择不同规模的 IGS 纳入公园绿地系统，形成基于绿地公平性提升的鼓楼区新增公园绿地选址点方案。提出最低成本 - 最大效用系统增绿、微更新下的 IGS 临时使用、居民需求导向的小微 IGS 识别及更新等公平增绿、享绿策略。得到的主要结论如下。

1. 社区公园及游园对高密度建成区绿地公平性维持及提升具有重要作用

各类型公园绿地的可达性平均值和可达率不同步，可达性平均值从大到小排列依次为综合公园、社区公园及游园。综合公园虽然可达性平均值最高，其周边居民能够较容易获取公园绿地资源，但由于位于鼓楼区北部的城市边缘区，综合公园服务半径内的居住小区有限，其可达率最低，为 36.84%。社区公园和游园的可达率分别高达 83.86% 和 50.88%。可见，社区公园与游园是平衡绿地供需的重要载体。其面积小、分布广泛，是城市更新背景下非常具有潜力且易实现增绿的空间。

2. 徐州市鼓楼区整体公园绿地公平性较低，公园供给与居民需求存在空间错位

鼓楼区整体的公园绿地存在严重的非公平公正状况，反映公园绿地布局公平性的基尼系数高达 0.79，呈现公园绿地集中于北部、居住小区集中于南部的空间错位关系。具体到各个街道，公园绿地供给水平较高的街道为九里街道和琵琶街道，但其位于城市边缘居住小区相对稀疏的公园绿地低需求区，基尼系数低于鼓楼区平均值。位于接近城市中心区的环城街道、铜沛街道和黄楼街道拥有研究区内半数以上的居住小区，但仅存在徐州植物园和黄河故道沿岸的部分游园，因此以上街道公园绿地基尼系数非常高，最高的环城街道达到 0.89，意味该地块存在严重的绿地供给短缺。但由于这些街道毗邻中心城区，闲置土地、废弃地等 IGS 几乎不存在，绿色空间的挖潜存在巨大困难。

3.IGS 的分布特征决定其具有一定提升公园绿地公平性的能力，但作用并不显著

鼓楼区的 IGS 主要来源于覆盖一定植被的低效工业用地，具有边界清晰、连片分布的特征，具有典型城市荒野景观特征，且存在储存、蔬菜种植、垂钓等临时使用功能。整体布局呈现大集聚、小分散、北多南少的特征。大部分 IGS 分布在偏离城市中心的九里街道、琵琶街道丁万河两侧及京沪铁路两侧，因此大部分 IGS 提升公园绿地公平性的潜力等级并不高，主要分布在中等、低、非常低等级，分别占总量的 33.33%、41.18% 和 17.65%。潜力非常高的 IGS 仅有 1 块，潜力高的 IGS 有 3 块。总之，IGS 与绿地高需求区的错位布局，使得 IGS 对于提升鼓楼区公园绿地公平性的潜力有限，但研究也发现 IGS 规模与绿地资源分配的公平程度并不存在正相关关系，线性及点状 IGS 对提高公园绿地公平性具有同样重要的作用。

本研究提出通过植入 IGS 对鼓楼区公园绿地布局进行优化的方法，对社区尺度的公园绿地供给水平及可达性进行了测度，并尝试计算 IGS 提升公园绿地公平性的潜力，得到布局优化方案，可以为政府新增绿地及低效用地更新规划提供科学借鉴，但依然存在可以进一步提升之处。①提升公园绿地公平性评价方法的精确性。本研究选取的高斯两步移动搜索法，虽然对公园绿地与居住小区的距离按照时间衰减进行了修正，但未考虑自然地物、交通路线对可达性的阻隔，以及公园绿地、IGS 的具体出入口，仅用质心距离表达，导致公平性评价结果可能存在一定偏差。②基于居民多样化绿地需求研究 GI 公平公正问题。未来可以考虑不同居民群体的绿地需求差异性，尤其关注老年人、低收入者等弱势群体聚集的老旧小区或社会住区等，通过增加绿色空间增强其应对城市各类风险的韧性。③增加 IGS 识别的尺度和精度。本研究中 IGS 的识别忽略了面积较小的社区空地、闲置土地，而这类 IGS 对于环城、黄楼等高密度人口聚集街道 GI 公平性的提升具有重大意义。在大面积增绿存在困难的前提下，如何发掘居民身边潜在的绿色空间，以何种方式筹集资金、满足居民实际需求，实现低成本、居民全程参与的 IGS 小微更新，是需要进一步关注的问题。

6

建筑尺度：建筑与绿化复合的 GI 韧性提升

6.1 建筑与绿化复合的需求及发展

6.1.1 建筑与绿化复合的迫切需求

城市更新背景下，在高密度建成区完全依靠城市尺度及社区尺度增加边界明确的绿色空间来提升 GI 韧性是不现实的。一方面，面对大面积的已建设空间，土地权属不明确及利益关系复杂，导致通过收购土地来新增绿地的成本巨大，规划往往难于实施（董菁 等，2018）。另一方面，GI 建设的高成本 - 低回报困境使得绿地投资者缺乏积极性，绿地建设驱动力不足。即通常 GI 建设费用与用地“机会成本”要以经营性用地的增值进行覆盖，孤立考虑 GI 规划实施会面临“只投入、无产出”的财务悖论（苏平，2013）。

面对以上困境，需要在尽可能不转变城市土地利用性质的前提下，以较低成本广泛地增加 GI 空间，以提升城市 GI 抵御风险的韧性。这就要求我们打破单纯以城市绿地率为指标的传统绿地建设范式，而将城市 GI 建设从水平转向立体，从正式公园建设模式转向各类非正式绿地及建（构）筑物融绿的多元发展模式，需要基于微观的建筑尺度，探讨建筑与绿化、灰色基础设施与绿化之间的复合关系，将大面积的不透水地面及钢筋水泥等硬质界面软化和绿化。

目前以立体绿化为主的 GI 存量空间挖潜与增绿，不改变原有的用地性质，没有高昂的拆迁费用、复杂的利益关系，成为改善城市生态环境、补充城市 GI 功能的重要途径。仅从屋顶绿化来看，一般中心城区屋顶面积占到建成区总面积的 15% ～ 30%（骆天庆 等，2019），若广泛推行屋顶绿化，则可以显著增加城市不透水面的面积，有利于缓解城市雨洪灾害、极端高温等气候变化引发的诸多问题。因此，灰色的建（构）筑物与绿化并不是此消彼长的对立关系，无论是新建建筑从方案构思开始就强调建筑与绿化融合设计，还是目前大量既有建筑屋顶绿化、垂直绿化实践，或是基于全民参与的阳台及露台种植绿化，如果设计合理，不仅可以改善局部小气候、降低雨洪风险，还具有供给健康食品、促进居民身心健康的作用，同时也可以减轻建筑的能耗负荷，是城市土地综合利用的可持续方式。

本章将总结国内外建筑与绿化复合发展状况及相关政策，阐述建筑与绿化复合的发展趋势；梳理建筑与绿化复合的GI存量空间类型，并针对建（构）筑物表层增绿、建筑内部空间增绿、建筑外部空间增绿及置换地上空间增绿等模式进行案例分析和经验借鉴；最终提出城市更新背景下建筑与绿化复合的技术要点及规划设计策略。

6.1.2 建筑与绿化复合的全球实践

1. 国外发展状况

随着全球对气候变化的关注和日益增长的环境保护需求，从20世纪后期开始世界各国积极关注建筑与绿化复合的研究与实践。德国是全球认可的最早广泛开展立体绿化的国家。德国于20世纪60年代全面推广屋顶绿化和墙面绿化，1975年成立的德国景观发展与研究协会（Forschungsgesellschaft Landschaftsentwicklung Landschaftsbau，FLL）一直致力于研究、推广屋顶绿化并编撰相关指南和规范。德国在立体绿化新技术研究中始终保持领先地位。德国1982年10月出台的《屋顶绿化规范》，以及1990年推出的《绿色屋顶的设计、安装以及后期养护指南》，使得德国的立体绿化经验迅速被全球发达国家关注和引用。进入20世纪90年代，德国联邦政府和各州政府将立体绿化纳入包括联邦建设法、联邦自然保护法、环境影响评价法在内的法律法规，明确了屋顶绿化可作为生态补偿措施和源头控制手段，建立起有关立体绿化的完善的技术和政策规范体系（董楠楠 等，2018）。

在德国屋顶绿化技术的推动下，欧洲各国、美国、加拿大及日本也走在建筑与绿化复合实践的前沿，绿色屋顶及绿色墙面等技术成果和应用数量都在迅速增加。2015年全球城市屋顶绿化面积统计数据表明，具有较高人均屋顶绿化面积的城市集中在欧洲的德国、瑞士和奥地利等发达国家，其中巴塞尔市、斯图加特市、伦敦市等被认为在立体绿化中表现较为突出。比如，截至2015年的统计数据显示，巴塞尔市人口17.5万，屋顶绿化面积100万 m^2，人均高达5.71 m^2（董菁 等，2023），而这些成效得益于系统的立体绿化政策工具和先进的技术支撑。

在实践中，公共政策主要分为激励政策和强制政策两种类型（表6-1），两类政策各有优势、互相补充。根据Liberalesso等（2020）的研究，激励政策具有多样化的形式，补贴类型的直接激励政策是全球立体绿化政策中最为常见的，占比超过总量的 50%，一般按照每平方米一定金额或按项目总费用的一定比例予以补贴。如新加坡的“空中绿化”（skyrise greenery）计划中，新加坡国家公园局资助既有建筑建设立体绿化费用的 50%。除此之外，减免财产税、雨水费等各类税收是常见的间接激励政策。如欧洲各国将立体绿化作为雨水管理的重要工具，雨水费减免政策在德国被认为是一项公平而有效的政策，有效保护了水资源，减轻了城市废水处理系统的压力。强制政策主要通过法律法规或规划许可管理制度实现，强调立体绿化政策的刚性约束力，能较为有效地推动建筑绿化的实施，如早在 1998 年德国就将屋顶绿化认定为土地利用规划中的基本要求，将屋顶绿化强制性纳入城市发展规划（董楠楠 等，2018）。日本的《东京自然保护条例》中规定建筑的面积超过 1000 m^2，其中公共设施面积在 250 m^2 以上的新建、增建、改建的建筑项目，其屋顶面积的 1/5 必须实施屋顶绿化。

表 6-1　全球建筑与绿化复合公共政策类别

公共政策			描述说明
激励政策	减税	财产税	财产税是土地所有者每年向地方政府支付的用于支持公共服务维护的税款
		雨水费	雨水费是根据不透水面面积征收的税款
		其他税收	这一类别包括不太常用的减税类型，如污水、公共照明、清扫和清洁费用
	融资	补贴或政府激励	补贴或政府激励是一种向个人或公司提供的财政援助或支持，通常用现金支付
		利率下调	利率下调是向业主提供的一种利率较低的金融贷款
	管理	灵活的管理流程	包含立体绿化的项目能够在许可证发放过程中获得优先权
		容积率奖励	建造许可证是对在城市地块上实施立体绿化的土地所有者的建筑密度奖励。业主可以通过种植一定面积的植被，获得建造额外区域的许可
强制政策	可持续性认证		可持续性认证是评估建筑环境可持续性的系统
	法律义务		法律义务是一种法律要求，要求在某些新建筑或改建建筑中安装绿色屋顶和绿色墙壁等绿色基础设施

［表格来源：文献（Liberalesso et al., 2020）］

在科学研究中，建筑与绿化复合的理念和技术不断创新。一方面，屋顶绿化或墙面绿化发挥的效能通过系统化设计得到最大化地强调，如构建生物多样性绿色屋顶（biodiverse green roofs）、降低雨洪风险的蓝绿屋顶（blue green roofs）、提供绿色食品的菜园屋顶等（董菁 等，2023）（图 6-1）。生物多样性绿色屋顶将绿化与生物多样性结合，瑞士的巴塞尔市就要求利用本地植物和土壤建造绿色屋顶，为无脊椎动物提供适应本地环境的土堆地形（Williams et al., 2015）。蓝绿屋顶为了使得屋顶绿化滞纳雨水的能力最大化，在屋顶设计了雨水回收及储存的功能。另一方面，鼓励立体绿化与太阳能等新能源复合，如构建生物太阳能屋顶（biosolar roofs）（图 6-1），温度超过 25 ℃时太阳能电池板的效率会降低，屋顶绿化可以通过降低表面温度使得太阳能光伏系统的效率更高。

(a) (b) (c) (d)

图 6-1　屋顶绿化技术的创新发展

（a）生物多样性绿色屋顶；（b）蓝绿屋顶；（c）菜园屋顶；（d）生物太阳能屋顶

[图片来源：（a）https://www.baulinks.de/webplugin/2017/0164.php4；（b）https://livingroofs.org/blue-infrastructure-new-green/；（c）https://zinco-greenroof.co.uk/press-releases；（d）https://www.fca-magazine.com/product-news/roofing-cladding-insulation/1550-bauder-to-showcase-multiple-sustainability-solutions-at-futurebuild]

综合来看，世界各国不仅将立体绿化作为一种可持续绿色建筑技术，制定不同的绿色建筑或可持续建筑评价标准体系〔如美国的 LEED（Leadership in Energy and Environmental Design，绿色建筑认证），德国的 DGNB（Deutsche Gesellschaft für Nachhaltiges Bauen，可持续建筑评估体系），中国的 GBEL（the Green Building Evaluation Label，绿色建筑评价标识）〕，而且将建筑与绿化复合的各类绿化作为城市 GI 的重要组成部分。利用面积、类型等属性特征将其折算至城市的绿地指标中，与城市公园、街道绿地、社区花园一起构成层级分明的 GI 韧性体系，并纳入城市 GI 整体规划。通过分析多源数据和评估绿化效益，实现立体绿化在大尺度空间规划目标下的精细化设计和管控，促进多方协作、公众参与的建筑绿化共建共享。

2. 国内发展状况

建筑与绿化的复合，是在高密度城市建设背景下对城市空间资源的集约利用。在我国从增量到存量转型的城市发展模式下，有限的土地与资金使人们开始关注屋顶绿化、墙面绿化、庭院绿化及覆土建筑等建筑与绿色空间的复合设计模式，并将其作为 GI 的重要增量空间。建筑复合型 GI 在我国公园城市建设、人居环境营造中越来越受重视。

相比国外建筑与绿化复合的发展历程，我国的相关实践起步较晚。20 世纪 70 年代，我国出现了第一个真正意义上的大型屋顶绿化工程——广州东方宾馆 10 层的屋顶花园。20 世纪 80 年代建成的北京长城饭店屋顶花园面积近 3000 m^2，成为我国北方首个大型屋顶花园（曾春霞，2014）。直至 21 世纪我国才开始从国家层面颁布政策法规来鼓励立体绿化的推广。

如表 6-2 所示，2005 年发布的《国家园林城市标准》首次将包含建筑物、屋顶、墙面、立交桥等在内的立体绿化与公园绿地、居住区绿地等并列，作为考察城市绿化建设的一部分，第一次提出可以将立体绿化按一定比例折算为城市绿化面积的激励机制。同时，2006 年颁布的《绿色建筑评价标准》（GB/T 50378—2006）中也将屋顶绿化作为绿色建筑标准的重要选项，为屋顶绿化在建筑中的广泛应用指明了方向。2010 年，《城市园林绿化评价标准》（GB/T 50563—2010）将立体绿化列入了每个城市推广发展的必要项目，并要求各个城市编写政策及技术标准。2014 年我国开展海绵城市建设实践的同时，也将屋顶绿化作为增加应对洪涝灾害韧性的重要载体予以强调。2019 年的《城市绿地规划标准》（GB/T 51346—2019）中首次提出立体绿化规划的编制，从城市整体系统评估规划立体绿化的重点布设空间。2022 年的《“十四五”全国城市基础设施建设规划》强调科学复绿、补绿、增绿，通过建筑物立体绿化提高城市绿化水平，减少建筑能耗。

表 6-2　我国建筑与绿化复合相关政策发展

年份	颁布政策	颁布单位	核心内容
2001	《国务院关于加强城市绿化建设的通知》（国发〔2001〕20 号）	国务院	要求充分利用屋顶等绿化条件，大力发展立体绿化
2004	《建设部关于贯彻〈国务院关于深化改革严格土地管理的决定〉的通知》（建规〔2004〕185 号）	建设部	鼓励和推广屋顶绿化及立体绿化
2005	《国家园林城市标准》	建设部	立体绿化可按一定比例折算成城市绿化面积
2006	《绿色建筑评价标准》（GB/T 50378—2006）	建设部	将实施屋顶绿化作为优选项
2007	《建设部关于建设节约型城市园林绿化的意见》（建城〔2007〕215 号）	建设部	要求推广立体绿化，在一切可以利用的地方进行垂直绿化，有条件的地区要推广屋顶绿化
2010	《城市园林绿化评价标准》（GB/T 50563—2010）	住房城乡建设部	立体绿化作为建设管控评价内容，要求各城市制定立体绿化推广鼓励政策和技术措施，制定推广实施方案
2014	《海绵城市建设技术指南——低影响开发雨水系统构建（试行）》	住房城乡建设部	提出屋顶绿化是海绵城市建设实践的重要组成部分
2016	新版《国家园林城市系列标准》	住房城乡建设部	要求国家园林城市制定立体绿化推广的鼓励政策、技术措施和实施方案
2019	《城市绿地规划标准》（GB/T 51346—2019）	住房城乡建设部	提出城市绿地系统专业规划根据城市建设需要可以增加生物多样性保护规划、立体绿化规划等专业规划，并建议了城市立体绿化重点布局区域（董菁，2021）
2022	《“十四五”全国城市基础设施建设规划》	住房城乡建设部、国家发展改革委	要求提高建筑物立体绿化水平，建设生态屋顶、立体花园、绿化墙体等，减少建筑能耗，提高城市绿化覆盖率，改善城市小气候

（表格来源：作者自绘）

国家层面政策的落实需要地方政策的响应和细化，21 世纪初举办的北京奥运会、广州亚运会、上海世博会等大型世界性活动催化了立体绿化在一线城市的迅速发展（曾春霞，2014）。2010 年以后，屋顶绿化、立体绿化等建筑与绿化复合的相关政策及技术指南，首先在北京市、上海市、杭州市、深圳市、重庆市等城市出现。其中上海市是首个将屋顶绿化政策写入法规的城市，并于 2016 年推出包括屋顶绿化的《上海市立体绿化专项规划》，将立体绿化率纳入了规划执行的标准（黄琰麟，2021）。梳理我国各大城市相关政策，可以看出我国建筑与绿化复合的发展趋势如下。

（1）从激励政策拓展到强制性规划指标要求。

各个城市尝试通过激励政策推广立体绿化实践。上海市在 2002 年静安区屋顶绿化试点工作中，首次提出了具体的补贴激励标准，每完成 1 m^2 屋顶绿化奖励 10 元。2011 年北京市在《北京市人民政府关于推进城市空间立体绿化建设工作的意见》（京政发〔2011〕29 号）中提出有关屋顶绿化的较为详细的激励政策，以绿化补助方式为主，结合绿地率折算、防洪费减免优惠、义务植树考核折算等政策实施。2019 年制定的《深圳市立体绿化实施办法》明确了不同覆土厚度的立体绿化（包括屋顶绿化、垂直绿化）折算不同比率的配套绿化用地面积标准。以上激励政策非常多元。

随着立体绿化需求的增加，各地政府尝试制定强制性的立体绿化政策及规划设计指标，深入推进建筑与绿化的复合。2016 年颁布实施的《深圳经济特区绿化条例》对特定的几类建（构）筑物强制实施立体绿化，其中第二十八条指出："新建公共建筑及新建高架桥、人行天桥、大型环卫设施等市政公用设施，应当按照相关标准和技术规范实施立体绿化。"2019 年发布的《深圳市立体绿化实施办法》中进一步对新建公共建（构）筑物立体绿化的占比给出较为明确的建议："新建公共建（构）筑物实施屋顶绿化或架空层绿化的指标，实际绿化面积不宜少于屋顶或架空层可绿化面积的 60%。新建公共建（构）筑物以及市政设施实施墙（面）体绿化、桥体绿化、棚架绿化、窗阳台绿化、硬质边坡绿化的指标，实际绿化面积不宜少于载体外立面可绿化面积的 20%。"我国有关立体绿化的公共政策体系逐步完善，财政补贴和法律义务成为推广建筑复合型 GI 相辅相成的两种必要方式，但目前强制性的政策仅在少数城市得到尝试。

（2）从屋顶绿化到多维度立体绿化的实践转变。

屋顶绿化是建筑复合型 GI 的常见类型，也是国际上较早关注的立体绿化形式。随着对建筑与绿化复合的认知逐步深入，多维度立体绿化的实践指南及相关技术指南纷纷出台。首先是以建筑为核心继续挖潜可绿化的空间，2005 年在《上海市城市容貌标准规定》中，政府拓展了原有屋顶绿化的单一发展形式，将立体绿化分为屋顶绿化、垂直绿化、庭院绿化及阳台绿化等特色绿化，并发布《屋顶绿化技术规范》、《绿墙技术指导手册》、《立体绿化技术规程》（DG/TJ 08—75—2014）等一系列技术规范，为立体绿化在上海市的推广提供技术支撑。2013 年出台的《深圳市落实新一轮绿化广东大行动的十项措施》第六条明确指出需要“拓展绿化发展空间，构建立体化的城市绿化格局”，其中立体化的绿化格局进一步强调将建筑绿化与城市 GI 作为一个完整的系统看待，从而实现“推进城市更新单元、城市中心区和居住密集区域的屋顶绿化、垂直面绿化、悬挂绿化建设及改造。利用地下空间建设市政公用设施时，其上盖尽可能恢复绿化或建设公园绿地”。

地方政府也对灰色基础设施（构筑物）及空间绿化予以关注，主要包括桥下空间绿化、停车场绿化等。早在 2006 年出台的《北京地区停车场绿化指导书》就对停车场绿化的树种、设计原则和关键技术提出了规划建议。上海市也出台了《桥柱绿化养护指南》、《高架桥绿化技术规程》（DB31/T 1151—2019）等技术文件（陆轩，2018）。自 2020 年以来，上海市针对包括桥下地面、引桥墙面、立柱、中央隔离带等的桥下灰色空间开展专项整治和创新试点工作，覆绿、增绿的同时也为居民提供高品质的活动空间。桥下空间绿化也在昆山市、东莞市等二、三线城市形成相应政策，得到推广实践。

（3）从新建建筑立体绿化到既有建筑增绿更新的广泛实践。

随着中国的城市建设进入存量发展阶段，有关建筑与绿化复合的政策制定与实践推广也将既有建筑的增绿、覆绿工作提到了与新建建筑立体绿化同样的高度。2019 年深圳市施行的《深圳市立体绿化实施办法》中第一章第四条指出：“鼓励对新建非属公共建（构）筑物以及适宜实施立体绿化的既有建（构）筑物、公共空间及边坡实施立体绿化。”第三章第十一条也提出：“在本实施办法施行之前已经建成而没有进行立体绿化的各类公共建筑物和构筑物，在保障安全，规划可行的基础上，逐步推行立体绿化。”

针对特殊的建筑类型，北京市和上海市均在2023年出台了老旧小区既有建筑绿化改造的政策及工作指引文件。《北京市老旧小区绿化改造提升工作指引》中指出，针对条件限制而绿地不足的建成小区，鼓励在不影响建筑物和构筑物安全及使用功能的前提下采用棚架绿化、栽植攀缘植物等立体绿化形式。经过修订的《上海市居住区绿化调整实施办法》同样提出了具体的老旧小区增绿模式及绿地面积折算标准。通过增加屋顶绿化、棚架绿化（建成绿地上所建的棚架绿化不纳入折算）、垂直绿化等平衡绿化总量，并采取折算上述绿化面积的35%为地面绿地面积的激励措施[1]。

（4）从自上而下的引导到融合公众参与的综合激励机制构建。

既有建筑与绿化复合的实践，往往涉及较为复杂的利益关系，建筑的所有者和使用者在既有建筑绿化的过程中起到决定性的作用。因此，各地政府也在自上而下的政策引导的基础上，联合设计师团队、新闻媒体、人民群众，多方协同举办与立体绿化相关的各类活动，提高市民对建筑立体绿化的自主意识和参与其中的意愿。较早的公众激励政策可以追溯到2004年发布的《北京市城市环境建设规划（2004年—2008年）》中提出的鼓励居民自愿绿化非公共空间的阳台及露台。进入21世纪后，部分一线城市的相关活动不断增多，公众参与立体绿化的机会越来越多。从2014年开始，由深圳市各区城管局主办的“最美阳台”“公园之友”等各项活动正式推广至城市居民之中。又如上海市举办的“行走上海——社区空间微更新计划”设计竞赛、广州市举办的“桥下空间、你我共建”桥下空间综合利用方案征集等（曾逸思，2020），这些活动旨在提升城市居民的绿化意识，以居民需求和偏好为导向进行绿化景观设计，并通过增绿过程增加居民交往机会，形成健康的社交网络。

---

[1] 上海市绿化管理局.上海市居住区绿化调整实施办法[EB/OL].（2017-06-12）[2023-05-01].https://lhsr.sh.gov.cn/lh2/20170612/0039-0AFFF39A-E248-4430-9D2E-9EF77A901B28.html.

6.2 建筑与绿化复合的潜在存量空间类型

城市更新背景下建筑与绿化复合的 GI 存量空间需要关注建成环境中的可绿化空间，围绕既有建（构）筑物及周边空间进行挖潜。如图 6-2 所示，这些潜在的绿化空间主要包括建筑屋顶，建筑立面，建筑中庭，建筑庭院、平台，高架桥、停车场。以上绿化空间紧密附着或毗邻建筑本体，是市民容易接触到的绿色空间，也是增加城市绿视率、提升市民日常生活品质的重要载体。

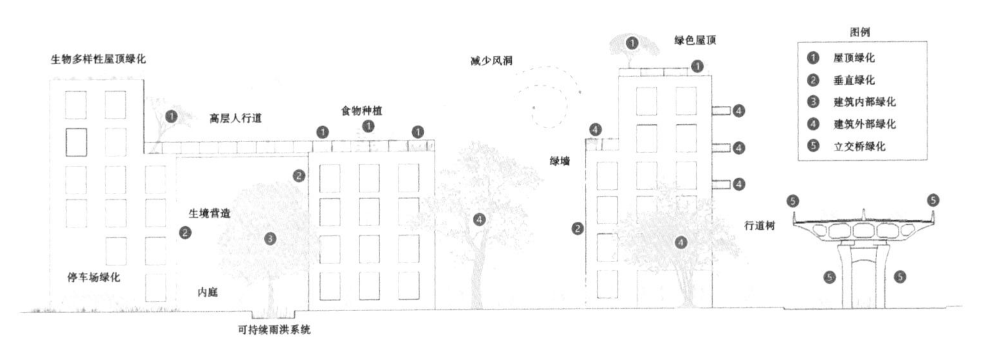

图 6-2　建筑与绿化复合的潜在存量空间类型

（图片来源：根据网站图片改绘，https://www.kardham.com/en/News/The_obstacles_to_the_circular_economy_in_real_estate__lessons_learned-00330）

6.2.1 建筑屋顶

屋顶绿化是指以建筑物顶部平台为依托，进行蓄水、覆土并营造园林景观的一种空间绿化美化形式。既有建筑屋顶绿化是城市高密度区域增加绿色空间的有效手段，是推进城市生态修复的重要内容。由于公共建筑屋顶面积较大、建筑权属清晰、城市标识度高、绿化后受益人群较为广泛，既有建筑中最先受到关注的是酒店、博物馆、商场、办公楼等大型公共建筑的屋顶绿化。《上海市绿化条例》（2015 年）、《重庆市城市立体绿化鼓励办法》都明确提出对新建、改建及扩建公共建筑的平屋顶进行屋顶绿化的要求。随后，在上海市、北京市、深圳市等城市也出现社区居住建筑、校园建筑等规模略小的屋顶绿化实践案例。

除了建筑功能，既有建筑屋顶绿化的适建性还与建筑年代、建筑结构、建筑高度、屋顶坡度、屋顶材料有关。建筑年代和建筑结构直接影响到屋顶绿化的安全性，如砖混结构的老旧建筑承载力有限，无法承受绿化增加的荷载。建筑高度也是影响屋顶绿化适建性的重要因素。一般来说，建筑高度的增加会导致风力加大、温度增加、水分保持难度加大等，对屋顶绿化植被生长影响较大，其产生的生态效益也较低（董菁，2021）。一般 50 m 以下的建筑适宜进行屋顶绿化。除此之外，既有建筑屋顶绿化更倾向选择建筑设备占用面积较小的混凝土或彩钢板平屋顶，排除以瓦片、玻璃为主要材料的屋顶。

屋顶绿化分为拓展型屋顶绿化（extensive green roof）和密集型屋顶绿化（intensive green roof）（图 6-3）。前者也称为简单开敞型屋顶绿化或广泛型屋顶绿化，其土壤深度为 75 ～ 100 mm，植被以矮生、耐旱、浅根系及抗风的低矮灌木、草本植物为主，完成后通常不需要灌溉，属于低成本、低维护类型。密集型屋顶绿化的土壤深度通常大于 150 mm（图 6-4），需要定期灌溉和维护，较前者能发挥更大的景观效益，观赏游憩功能更强，但成本更高，对屋面承载力的要求也较高（董菁 等，2023）。由于更新屋顶绿化涉及荷载、防水等诸多限制，既有老旧建筑屋顶绿化常以拓展型屋顶绿化为主（骆天庆 等，2019）。

(a)

(b)

图 6-3　拓展型屋顶绿化与密集型屋顶绿化

（a）拓展型屋顶绿化；（b）密集型屋顶绿化

[图片来源：（a）https://livingroofs.org/extensive-green-roofs/；（b）https://www.bentarchitecture.com.au/articles/2018/benefits-of-a-green-roof]

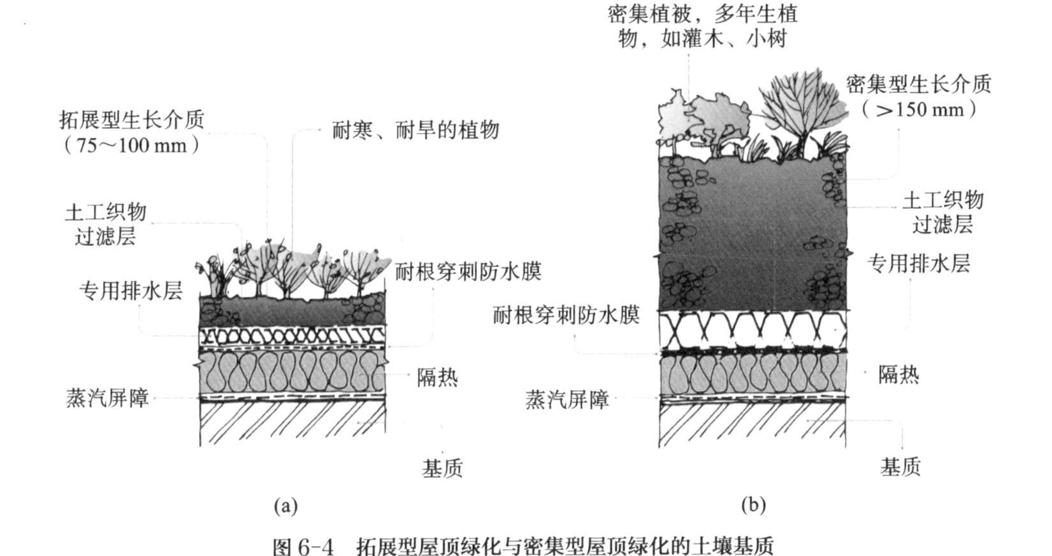

图 6-4　拓展型屋顶绿化与密集型屋顶绿化的土壤基质

（a）拓展型屋顶绿化的土壤基质；（b）密集型屋顶绿化的土壤基质

（图片来源：https://www.buildmagazine.org.nz/index.php/articles/show/the-gen-on-green-roofs）

6.2.2　建筑立面

既有建（构）筑物立面的绿化即垂直绿化，指在与地面垂直的建筑物或构筑物外表面进行绿化，是建筑表面与绿化复合的重要形式之一，能够显著增加人们接触自然的机会及视觉上的绿色植物占比。早年国内各城市更注重屋顶绿化，如很长时期内屋顶绿化在上海市立体绿化总量中所占比重很大，最高时约占 70%，而随着近年来垂直绿化技术的不断进步，上海市 2022 年的垂直绿化在立体绿化中所占比重已上升至 50%。垂直绿化增绿在已建成的公共建筑、校园建筑、老旧社区、单位围墙等不同类型的建（构）筑物中均有大量应用。

既有建（构）筑物垂直绿化立面位置的选择是首先需要确定的。包括立面朝向、是否影响开窗及采光、与建筑立面的协调关系，以及与周边景观的视觉联系等多种因素都会影响垂直绿化最终的效果。一般而言，既有建筑立面绿化应遵循以下基本原则。①功能性原则：考虑新增立面绿化提升室内热工性能及调节室外微气候的可能性，同时考虑新增立面绿化是否会影响建筑使用和室内空间的采光与通风。②美观性原则：新增垂直绿化应考虑到其与原有立面及整体建筑的协调关系，需要对立面进行整合再设计，同一面墙也可以设计大小不同的垂直绿化，与原有墙面形成协调的比例关系。③阻隔性原则：选择在需要阻隔噪声、滞纳尘埃、阻挡视线等外界干扰的立面进行绿化，如面对城市交通干道的立面。④旗舰性原则：选择在道路交叉口、尽端或城市广场周边的视觉焦点上设计精美的立面绿化，该类绿化较易成为一个地块或城市的标志性建筑景观，起到地标作用。⑤协调性原则：尽量协调新增立面绿化与周边已有 GI 的关系，使立面绿化能更好地融入 GI 系统，形成连续、流动的绿色景观网络（鲁航，2020）。

而既有建筑的立面绿化技术也与原有墙面属性和更新成本息息相关。依据施工技术，垂直绿化目前大概可以分为以地面为基质的单层及双层攀附型垂直绿化，附着墙面基质的铺贴型垂直绿化、模块型垂直绿化、容器型垂直绿化几种形式（黄骏 等，2020）（图 6-5）。以上的技术在既有建筑立面更新中都可以实现，但施工的难易程度、更新成本及后期维护需求等具有差异。

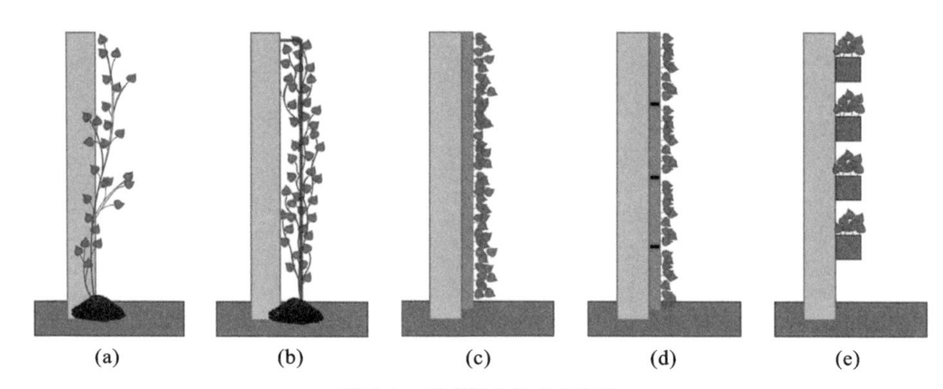

图 6-5　垂直绿化的主要类型

（a）单层攀附型垂直绿化；（b）双层攀附型垂直绿化；（c）铺贴型垂直绿化；（d）模块型垂直绿化；（e）容器型垂直绿化

［图片来源：文献（Medl et al.，2017）］

攀附型垂直绿化是较为简单的垂直绿化形式，其特点是依靠攀缘植物攀缘生长的自然属性进行绿化营造。根据植物是否需要构筑附属设施，攀附型垂直绿化又分为自然攀附型绿墙和需要增加金属构架、木架支撑的辅助攀附型绿墙。该方法成本和维护费用较低，但也存在植物类型单一、生长周期长等问题。模块型垂直绿化对技术要求最高，需要进行系统的设计和养护管理，成本也较高，主要由植物模块、结构系统和浇灌系统三个部分构成(吴玉琼, 2012)。由于既有建筑更新的资金限制，在日常的新增垂直绿化实践中，低成本的攀附型垂直绿化模式较为常见，如同济大学校园内的建筑在立面增加金属框架形成了辅助攀附型绿墙［（图 6-6（a）］。除此之外，还有一些应用较新技术的旧建筑墙面绿化实践，如上海市思南公馆历史建筑，不仅根据建筑立面选择了配合旧建筑砖石风格的爬山虎绿墙，同时也实践了先进的布袋渗灌式的模块型垂直绿化［图 6-6（b）（c）］。

(a) (b) (c)

图 6-6　垂直绿化在既有建筑立面的应用

（a）辅助攀附型绿墙；（b）模块型垂直绿化；（c）自然攀附型绿墙

［图片来源：（a）作者自摄；（b）https://www.shgbc.org/lsjz/n4/n22/u1ai5203.html；（c）https://baijiahao.baidu.com/s?id=1637914066164490249&wfr=spider&for=pc］

6.2.3　建筑中庭

中庭空间是既有建筑内部增绿的重要部分，是指建筑内部具有大面积的对外透明界面，是能给整个建筑带来自然采光和热交换的共享空间（侯寰宇 等, 2016）。既有建筑中庭新增绿化一般存在于较大规模的公共建筑中，而既有建筑往往在设计之初就已经确定了中庭的空间尺度和组织形式，因此在空间限定的前提下，往往会根据空间的特征选择水平向或垂直向增绿模式对建筑中庭进行绿化。如图 6-7 所示，高层建筑中庭空间的高宽比较大，呈现明显的竖向特征，可以采用局部贯通的垂直绿墙［（图 6-7（a）］，或采用将绿化条带垂挂于中庭玻璃构架之上的方式［（图 6-7（b）］，加强空间的纵深感，在空间上形成视觉焦点。高宽比较小的水平向建筑中庭，则针对中庭地面进行园林景观的再设计，可以增加覆土、水体及植被灌溉系统，综合设计空间变化较为丰富的花园式室内景观［（图 6-7（c）］，也可以通过摆放盆栽、移动式种植箱，增加座椅等简单的低成本方式进行改造［（图 6-7（d）］。

(a) (b) (c) (d)

图 6-7 不同类型中庭空间绿化

（a）剑桥市市政中心；（b）马尔默市 Emporia 购物中心；（c）瓦赫宁根林业与自然研究所；（d）哥本哈根市 VAT83 大厦

［图片来源：（a）https://www.mortarr.com/project/city-of-cambridge-civic-center/；（b）https://www.sydsverige.dk/?pageID=892；（c）https://behnisch.com/work/projects/0022；（d）https://land8.com/stunning-green-atrium-brings-it-all-together/］

需要注意的是，中庭玻璃的热阻较小，容易形成酷暑高温、严寒低温的热环境，对植物的生长并不利，营造温度、湿度适宜的环境，以促进植被健康生长是室内绿化应考虑的重点。另外，中庭绿化更新的受益者主要是建筑使用者，景观设计中不仅需要考虑造型的美观，而且应根据使用者的需求进行更新。如对需要广泛交流的办公楼或设计公司的中庭空间，绿化更新应注重提供更多用于临时会议、激发创作灵感的非正式空间和设施，并通过植被阻隔保证一定的私密性。

6.2.4 建筑庭院、平台

建筑庭院是指由建筑组群围绕形成的封闭或半封闭空间，通常包括“口”字形、

“L”形、“井”字形及并排建筑形成的狭长空间。建筑平台包括位于建筑不同标高层楼地面的露台、架空层、阳台、窗台及入口广场等。建筑庭院与平台均属于建筑外部空间或建筑灰空间，是建筑本体与外界环境联系的过渡空间，也是加强屋顶绿化、垂直绿化等立体绿化与城市 GI 连接的重要存量空间。

建筑庭院、建筑入口平台（包括下沉广场）、架空层等类型的潜在绿化空间面积较大，多存在于商业建筑、图书馆、办公建筑等公共建筑之中，由于设计方案的限制或使用过程中疏于管理，城市中部分该类空间以大面积硬质铺地为主，缺乏景观设计和植被绿化，通常以人流集散、停车、晾晒、物品堆放为主要功能，处于“有空间、无绿色”或“有绿色、无设施”的闲置状态（图 6-8）。由于这类空间大都散布在建筑不同位置，识别可绿化的潜在空间需要通过深入调研，从城市设计角度，确定重点更新的地段和建筑位置。通常会结合建筑局部更新对该类型的存量空间进行景观再设计。结合建筑出入口位置明确人流方向和路径，在保证其交通及疏散功能的前提下，尽可能增加立体化绿色空间。对硬质界面进行软化和绿化，实现吸纳雨水、调节局部小气候的功能。同时提供座椅等设施，吸引人们驻足，增加景观美学及休闲游憩服务功能。

(a)

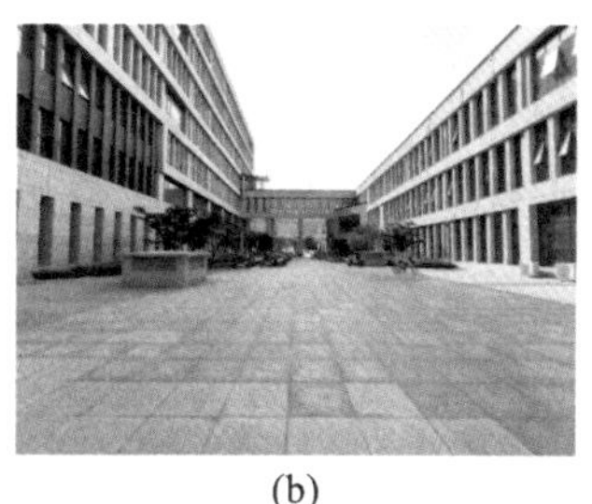
(b)

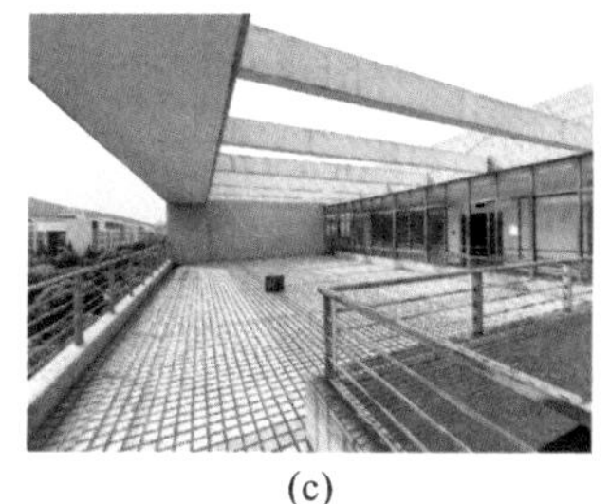
(c)

图 6-8　具有绿化潜力的建筑外部空间

（a）架空层；（b）庭院；（c）大型露台

（图片来源：作者自摄）

露台、阳台及窗台等面积较小的潜在绿化空间，一般既存在于公共建筑，也存在于居住建筑，而且居住建筑中一户多阳台的格局使得阳台绿化具有很大潜力。因此，深圳市、成都市、重庆市、杭州市等城市均开展了“最美阳台”的评比活动，鼓励市民参与城市 GI 建设和维护。部分实践案例对既有建筑的阳台、露台及相连的公共空间进行了整体更新，如成都市驷马桥街道公园留声机项目（图 6-9）。大部分阳台更新以家庭为单位，每家每户的“自助绿化”景观类型多样、风格迥异，且可以利用家庭用废水浇灌，有益于居民身心健康和儿童教育。其中，露台和阳台分为开放型和封闭型。开放型阳台及露台通风极好、光照充足、视野开阔，更加适合植被的生长，但国内尤其是北方因气候及空气污染而以封闭阳台居多。此外，私人庭院空间也是城市 GI 的重要组成部分，可食性植被种植使其成为城市农业的组成部分之一。私人庭院空间对保持居民身心健康产生了积极影响。

图 6-9　成都市公园留声机项目

（图片来源：https://cbgc.scol.com.cn/news/3800294）

6.2.5　高架桥、停车场

高架桥、立交桥、跨线桥、BRT 通行桥等城市重要的交通基础设施给人们的出行带来便利的同时，也由于其尺度大、色彩灰暗、割裂城市景观等负面影响受到非议（图 6-10）。桥体绿化是指在条件允许且保证安全及桥梁管理工作正常开展的前提下，进行桥梁荷载验算后，采用适当的立体绿化形式和植物种类进行立体绿化。

进入 21 世纪以后，我国的高架桥和停车场等灰色基础设施绿化逐渐受到重视，尤其是桥下空间绿化相较于道路绿化而言，可种植面积更大，生态效益更加明显（金

图 6-10　潜在的灰色基础设施绿化空间

（图片来源：根据网络资料整理）

垠秀，2023），可以线性景观带的形式融入城市 GI 体系，成为潜在的绿道空间。目前我国存在数量巨大的桥下潜在绿化空间，其中一、二线城市此类空间较多。截至 2021 年，上海市内环高架道路约 58 km，跨黄浦江、苏州河等江河的桥梁 37 座；广州市可利用的桥下空间面积约 146 万 m^2，桥下空间总面积超 1000 万 m^2；北京市、深圳市等城市也出台了桥体绿化相关的技术规定和养护指南，结合城市微更新、高品质街区建设等工作不断推进城市桥下空间的整体规划和绿化更新利用[1]。

桥下空间的绿化及更新实践，已从单一的停车功能，发展到连接城市绿地的绿色廊道。在邻近居民点的关键位置增设各类球场、咖啡厅、游乐场、展墙等参与性设施，使得桥下空间成为促进居民交往、满足日常游憩锻炼需求的城市绿色空间（图 6-11）。具体而言，高架桥的形式及其与周边道路的关系（图 6-12），决定绿化的规模及主要景观服务功能。从增绿的位置看，高架桥绿化主要包括桥体墙面绿化、桥体墙下绿化、桥柱绿化和桥体隔离带绿化等。垂直绿化在立交桥绿化中发挥重要作用，桥体墙面及桥柱通常采用爬山虎、五叶地锦等攀缘植物进行垂直绿化。乔木主要种植在桥体墙下空间，与灌木和草坪一起形成水平向的绿化空间。此外，桥体与周边道路的关系及桥体周边土地利用性质、居民区聚集程度等决定了其是否适宜配置座椅及休闲娱乐设施。如图 6-11 所示，越是接近中心城区、毗邻非机动车道的桥下空间，居民的可达性越高，使用过程中越安全，越适宜进行吸引居民活动的景观设计。

(a)

(b)

(c)

图 6-11　高架桥丰富的绿化形式

（a）不可进入式桥下空间绿化；（b）卡尔弗城的桥下空间；（c）多伦多市 Bentway 线性公园

[图片来源：（a）http://i.farmzn.com/m/gcal/dllh/；（b）https://www.gooood.cn/gooood-archive-spaces-under-the-bridge.htm；（c）https://www.archdaily.cn/cn/913389/the-bentway-public-work]

---

[1] 澎湃新闻．上海中环桥下设新公园，大城市如何利用“桥下空间”？ [EB/OL].（2023-04-13）[2023-05-01].https://k.sina.com.cn/article_5044281310_12ca99fde02001zcmg.html.

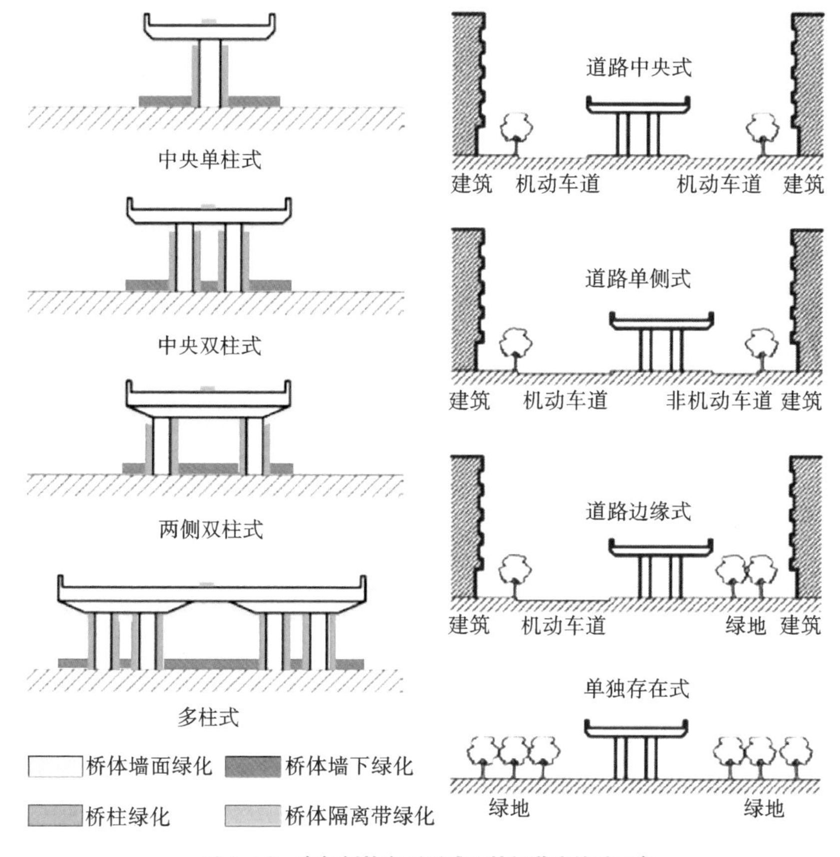

图 6-12　高架桥的主要形式及其与道路关系示意

［图片来源：根据文献（汪辉 等，2014）改绘］

目前国内大部分的城市露天停车场都以硬质界面为主，鲜有绿化种植。大面积的停车场导致城市雨水无法回渗、热岛效应加剧，是提升城市 GI 韧性的重要灰色基础设施之一，可通过软化地面、增加绿植来改造。停车场的绿化分为两种类型，一类鼓励修建立体停车场，留出面积进行绿化；另一类在保持原有停车场规模的基础上，采取地面铺装绿化、场内隔离带绿化和场边绿化等方式建立生态停车场。但在停车场绿化中需要注意汽车油污对地下水的污染，应设置带有滤油层的排水系统（罗华，2008）。

6.3　建筑与绿化复合提升 GI 韧性的表现

在全球范围内快速城市化、气候变化的多重影响下，极端高温、极端降雨等风险不断威胁着城市居民的安全。连绵的建筑群、大型基础设施、大面积的不透水地表，与高频率、密集的人类活动一起，减弱了城市应对以上极端灾害的韧性。将建筑与绿化复合，对以上灰色基础设施表面进行绿化和软化，已经被认为是提升城市 GI 韧性的有效措施并被广泛应用。

前文提到，GI 韧性六大关键特征是多样性、冗余度、模块化、连通性、再生性和公平性。相比新增城市绿地，建筑与绿化复合具有可绿化空间占比大、范围广、亲自然、可再生、易实施等优点，且同样能显著提升 GI 韧性。量大面广的建筑绿地复合型 GI 将显著增加 GI 的多样性与冗余度，并能够在原有斑块 - 廊道网络中发挥垫脚石的功能，优化 GI 网络格局；分布广泛的特征也使人们在生活工作中可以更加便捷地接触自然要素，提升 GI 的公平性；建筑作为城市 GI 模块化的基本单元，也发挥着重要的支撑作用。总之，建筑与绿化复合不仅具有提高建筑热工性能的潜力，而且在以下四个方面具有突出表现：软化 GI 生态基底、增加 GI 连通性，增加 GI 抵御雨洪及高温风险的韧性，增加城市生物多样性，增加居民健康福祉及社会网络韧性。

6.3.1　软化 GI 生态基底、增加 GI 连通性

虽然建筑与绿化复合并不能提供大面积的城市绿色空间，但对建筑外表面的绿化，能够提供更加柔软的绿色界面，软化 GI 生态基底，显著提升雨水滞纳能力及降温能力，能够在一定程度上减少快速城市化带来的不透水面面积，对于提升 GI 韧性具有重要的作用。立体绿化等建筑与绿化复合方式是否能增加 GI 结构的连通性也引起各国学者的广泛关注。有研究认为，绿色屋顶及绿色墙面可能是城市野生动物走廊及迁徙活动的重要元素（Haaland et al.，2015），但由于斑块面积限制、栖息地质量差异等，并不是所有的立体绿化空间都可以增加 GI 的连通性（Mayrand et al.，2018）。

在研究中，能否提升 GI 连通性水平取决于建筑与绿化复合形成的绿色空间斑块的特殊属性（大小、质量、基质中的冗余、周围环境的特征和物种要求），对绿色屋顶和绿色墙面与周边地面绿色空间的连接有一定的要求，同时受到不同物种特殊行为的影响。需要多大面积的绿色屋顶、墙面或庭院才能够支持生物栖息并促进其可能的迁徙和扩散？有学者研究得出，4.4 hm^2 的斑块面积是减少城市适应物种（urban-adapter species）损失的最小阈值（Mayrand et al.，2018），立体绿化较难达到该面积阈值。但也有研究表明尽管立体绿化与周围绿色空间的连通性仍未得到充分评估，毋庸置疑的是，在一定条件下绿色屋顶和绿色墙面可以减少斑块之间的距离和城市基质的屏障效应，提供物种扩散的可能性（图 6-13）。

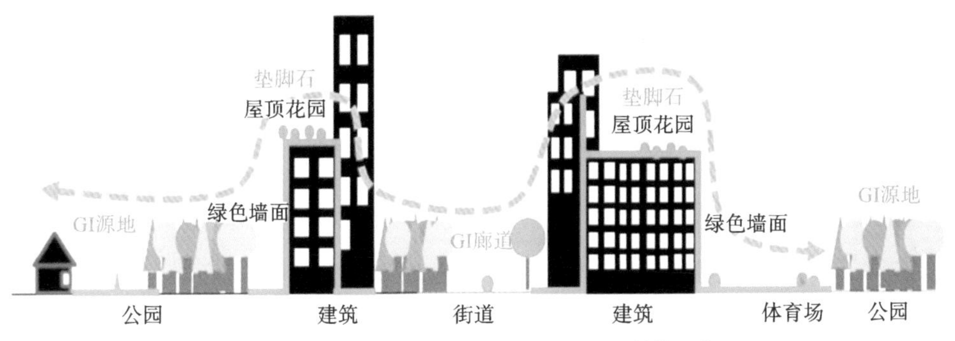

图 6-13　理想状态下立体绿化提升景观连通性的示意图

［图片来源：文献（Mayrand et al.，2018）］

除此之外，立体绿化所处的高度、营造的景观丰富度及与周边环境的关系都将影响到其提升 GI 连通性的效果。屋顶绿化的高度强烈影响着低流动性物种（步甲虫、蜘蛛等）的多样性（Kyrö et al.，2018）。当建筑层高大于 5 层时，高流动性物种（蜜蜂、象鼻虫等）的丰富度也受到影响（MacIvor，2016）。此外，拓展型或半密集绿色屋顶通常仅能够提供较为极端的景观条件，坚硬和单薄的基质所支撑的自然栖息地中物种多样性受到限制。绿色墙面可以作为垂直绿廊，减小绿色屋顶的隔离，促进流动性较低的物种从地面扩散到屋顶，联系绿色屋顶与周边的自然环境。研究表明，连续的且周边具有一些自发生长植被的生境的立体绿化，相较于孤立的墙面，拥有更加健康的生境。

6.3.2 增加 GI 抵御雨洪及高温风险的韧性

立体绿化在全球广泛推广的原因在于其能够显著降低建筑物的能耗，同时提供缓解热岛效应、抵御雨洪灾害、降低噪声、净化空气等生态系统服务功能。具体而言，立体绿化可以增加屋顶的传热阻力来降低建筑能耗，通过周边微气候的调节来缓解城市热岛效应，并提高人体热舒适度，同时通过基质层及排水设施保留和储存雨水以缓解洪水压力。

建筑与绿化复合型 GI 中的屋顶绿化、庭院绿化及停车场等硬质铺地绿化，在城市雨洪调节方面做出巨大贡献。大多数城市屋顶面积占到城市总不透水面面积的 40% ～ 50%，大规模推广屋顶绿化能显著改善城市雨水管理效果。近几十年来，欧洲一直尝试将屋顶绿化用作雨水管理工具，并于 20 世纪 60 年代后期在德国广泛实施。英国的苏格兰环境保护部将绿色屋顶与地面渗水道、洼地和池塘等一起构成重要的可持续排水系统（sustainable urban drainage system）（Stovin，2010）。植物地毯式的绿色屋顶通过其植物层拦截降雨，基质的保水能力可减少雨水径流量，并延迟径流峰值，从而减轻基础排水设施的压力。与传统屋顶相比较，绿色屋顶的峰值径流量和总径流量可以被削减到 1/3 以下（图 6-14）。绿色屋顶通过渗透、衰减、输送、储存和生物处理等类似自然集水的过程，形成可持续的雨水管理方法（图 6-15）。绿色屋顶基质层和排水材料等技术已经得到广泛研究与实践。除此之外，有学者发现绿色屋顶具有净化雨水、中和酸雨的较大潜力（Berghage et al.，2007），经过净

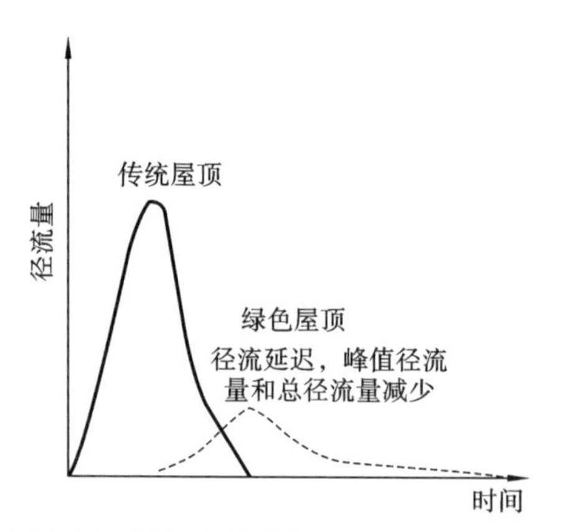

图 6-14 绿色屋顶与传统屋顶降雨径流的对比

［图片来源：文献（Stovin，2010）］

化的雨水被纳入建筑的雨水回收系统，将雨水用于冲厕、灌溉等非饮用水用途，在建筑及周边场地进行循环再利用。

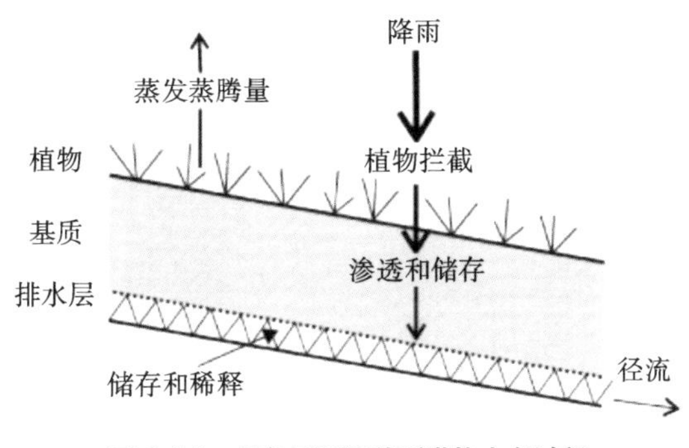

图 6-15　绿色屋顶调节雨洪的水文过程

［图片来源：文献（Stovin，2010）］

除了雨洪调节功能，建筑与绿化复合型 GI 的降温作用也受到广泛关注。通常认为屋顶花园对小气候的温度调节作用比绿色墙面更加明显，绿墙是否具有降温作用及其发挥作用的条件也是学者们研究的热点。如表 6-3 所示，众多学者通过对全球范围内不同城市、不同形式绿色墙面的降温效果进行实测或模拟计算，发现绿色墙面是缓解城市热岛效应的重要技术手段，降温量从 3℃到十几摄氏度不等，夏季降温效果更加明显。但也有学者研究表明立体绿化对于室外温度的影响有限，主要降温过程发生在高日照强度时段（Katsoulas et al.，2017），且仅限于靠近墙壁的空间（Wong et al.，2010）。尽管如此，大部分学者认为，在密集的城市建成环境中，选择易受热暴露影响的弱势群体集中的地区或建筑进行立体绿化，对降温和缓解人类不舒适感具有重要作用（Norton et al.，2015）。总之，绿色屋顶与绿色墙面作为 GI 的重要组成部分，与其他绿色空间共同作用，是缓解城市热岛效应的重要技术手段（Ode Sang et al.，2022）。此外，立体绿化通过植被和基质吸收、散射及反射声音，能显著改善周围声环境，降低噪声干扰，也可以通过吸收空气污染物来改善周边的空气质量（Abdo et al.，2019）。

表 6-3　绿色墙面降温效果的研究结果

文献	国家	时间	植物	降温量	测度方法
Köhler, 2008	德国	冬季	波士顿常春藤	3℃	实测
Sternberg et al., 2011	英国	全年	常春藤	夏季 1.7 ～ 9.5 ℃	
Perini et al., 2011	荷兰	秋季	常春藤、葡萄、铁线莲、茉莉和火棘	2.7 ℃	
Wong et al., 2010	新加坡	夏季	—	6 ～ 10 ℃	
Yin et al., 2017	中国	夏季	地锦（爬山虎）	2.57 ～ 4.67 ℃	
Koyama et al., 2013	日本	夏季	苦瓜、牵牛花、剑豆、野葛	3.7 ～ 11.3 ℃	
Šuklje et al., 2013	斯洛文尼亚	夏季	菜豆	4 ℃	
Pérez et al., 2017	西班牙	夏季	地锦（爬山虎）	15 ～ 16.4 ℃	
Pérez et al., 2011	西班牙	全年	紫藤	5.5 ～ 17.62 ℃	
Susorova et al., 2013	美国	夏季	地锦（爬山虎）	7.9 ℃	模拟
Olivieri et al., 2014	西班牙	夏季	—	4.5 ～ 8.2 ℃	实测 + 模拟

[表格来源：根据文献（Wang P Y et al., 2022）改绘]

6.3.3　增加城市生物多样性

通常人们更加关注立体绿化的水文效益和降温作用，当人们将绿色屋顶或绿色墙面作为一种新型的独立生态系统来看待时，其所发挥的增加城市生物多样性的作用逐渐被关注，相关研究大量出现。根据研究可知，绿色屋顶可以作为许多植被的生长地及动物的栖息地（Köhler et al., 2018）。如表 6-4 所示，所研究绿色屋顶上存在以节肢动物、鸟类、蝙蝠等为主的动物物种，部分绿色屋顶甚至可以支持与地面相似的生物多样性。对屋顶绿化率较高的瑞士的 6 个城市过去 20 年的数据进行统计，发现在瑞士国土出现的 532 个物种中，有 91 个物种（17.11%）都出现在绿色屋顶上（Pétremand et al., 2017），这说明绿色屋顶对城市生物多样性有巨大贡献。

表 6-4　绿色屋顶的生物多样性研究结果

文献	国家	目标生物	比较	衡量标准	结果
Williams et al.，2014	澳大利亚	—	绿色屋顶和地面绿色空间	假设检验	屋顶可以支持与地面栖息地相似的生物多样性
MacIvor et al.，2011	加拿大	蜜蜂	不同的绿色屋顶高度	筑巢是否成功	绿色屋顶高度越大，筑巢越困难
	英国	蝙蝠	屋顶类型	蝙蝠叫声	存在蝙蝠栖息
	瑞士	鸟	—	存在或不存在	生物体存在
Grant，2006	英国	鸟	—	存在或不存在	生物体存在
Berthon et al.，2015	澳大利亚	节肢动物	屋顶类型	多样性	绿色屋顶的无脊椎动物种类是非绿色屋顶的 3 倍
Dromgold et al.，2020	澳大利亚	节肢动物	绿色屋顶和地面绿色空间	多样性	地面栖息地的物种丰富度更高
Wang et al.，2017	新加坡	鸟、蝴蝶	屋顶类型	存在或不存在	存在生物体
Pétremand et al.，2018	瑞士	甲壳虫	—	存在或不存在	存在生物体

[表格来源：根据文献（Wooster et al.，2022）改绘]

同样，绿色墙面也被证明具有支持生物多样性的功能，石墙或砖墙上的菌群是常见的生物类型。有学者在热带挡土墙的垂直表面发现了属于 77 科的 159 种物种。在欧洲学者的研究中，农村石墙（Duchoslav, 2002）、历史建筑（Lisci et al., 2003）, 以及外墙和挡土墙（Láníková et al., 2009）都显示出极高的生物多样性。甚至有研究人员公布了一份历史建筑墙壁上常见的物种清单，其中螨虫、蜈蚣、甲虫、木虱、蜘蛛等最为常见，据统计一半的英国本土木虱物种出现在绿色墙面中。

虽然绿色屋顶或绿色墙面对城市生物多样性产生积极影响，但其产生的效益与面积、高度、基质厚度、维护程度等特征息息相关（Wang L W et al., 2022）。岛屿生物地理学理论和相关实证研究表明，绿色屋顶面积与生物多样性及丰富度之间存在一定的正相关关系（Madre et al.，2013）。基于最优觅食理论，物种丰富度会随着屋顶高度的增加而降低，较高的屋顶气流较强且垂直距离较远，需要动物付出更多努力才能到达（Belcher et al.，2019）。屋顶的年限也会影响物种丰富度，随着时间推移，植被群落演替，竞争加剧，最初大量出现的先锋动植物逐渐减少（Kyrö et al.，2018）。基质厚度是影响植物多样性的另一个主要因素。基质厚度与持水能力直接相关（Van Mechelen et al.，2015），深厚基质可以在极端温度下为植被提供缓冲空间（Vandegrift et al.，2019），有利于植物物种多样性和功能丰富性（Aloisio et al.，2020），可以种植体型更大的植物，从而创造更大的栖息地。同时，具有一定复杂性的植被混合配置比单一类型的植物种植更具有优势。除此之外，一些外界因素，如屋顶上的太阳能光伏板、屋顶周边的绿地比例等都会影响生物多样性。

6.3.4 增加居民健康福祉及社会网络韧性

建筑与绿化复合空间往往存在于人类高频活动区域，可以增加人们接触自然的机会，除了可以增加连通性、调节雨洪、缓解热岛效应、增加城市生物多样性等，还能够提供以人为核心的休闲游憩、景观美学等文化生态系统服务功能，从而促进居民身心健康，提升城市公共性和社会活力，达到增加社会网络韧性的目的。立体绿化促进居民健康及增加社会网络韧性的机制体现在两方面（Ode Sang et al.，2022）：一方面，立体绿化局部降温、改善空气质量和减少噪声的作用，可为居民群体提供更为舒适健康的生活工作环境，间接降低居民患哮喘等呼吸系统疾病的概率及心脑血管疾病患者的死亡率，并能够疏解居民压力，缓解紧张情绪；另一方面，从个人对自然的需求和感知角度看，与自然的视觉接触可以改善健康状况，置身于自然或近距离观看自然要素能激发正向的能量，从而促进身心健康，同时，融入立体绿化空间，一定程度上可以促进人与人之间的社会交往，从而建立积极的社会关系（图 6-16）。

此外，立体绿化发挥的文化服务功能与其位置相关。建筑与绿化复合的位置越靠近人们工作及生活的空间，其所提供的健康效益越显著。如将立体绿化设置在较为低矮的靠近地面的位置，或人们经常穿越及停留的公共空间，将对人类健康产生更大影响。立体绿化越靠近污染源或噪声源，其吸纳噪声或净化空气的效率越高，为人们屏蔽各类干扰的作用越大（Medl et al.，2017）。道路两侧的绿墙可以减少行人高度的空气污染，同时使得行人在行走过程中的绿视率得到大幅提升。

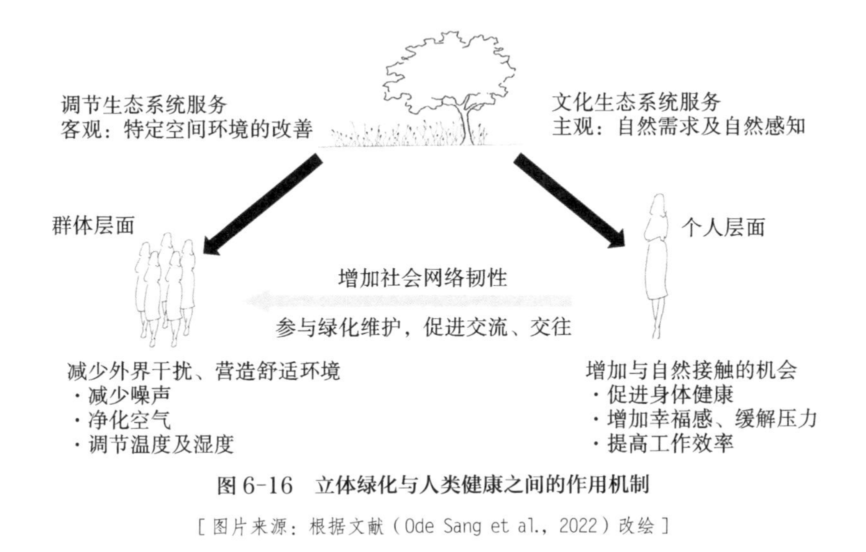

图 6-16　立体绿化与人类健康之间的作用机制

[图片来源：根据文献（Ode Sang et al.，2022）改绘]

6.4　城市更新背景下建筑与绿化复合的实践案例

6.4.1　建（构）筑物表层增绿

建（构）筑物表层增绿是较为常见的、对原建（构）筑物改动程度较小的一种既有建（构）筑物与绿化复合的方式，是指在既有建筑屋顶、墙面、阳台等外表面进行绿化的过程。这种方式在不占用额外土地资源的同时，降低了建筑能耗，同时提供了绿色空间的视觉体验。该方法既可以进行单一表面的改造，在屋顶和墙面增加辅助植物生长的构架设施，搭配容器式、种植槽式、棚架式绿化形式，丰富屋顶及墙面功能与空间效果，如下文提到的城上绿云城中村屋顶花园改造；也可以结合旧建筑改造进行全方位的增绿和空间更新，如维尔纽斯大学植物园实验室大楼改造，加建了部分建筑空间，同时进行了屋顶花园和立面绿化的综合设计与改造，使得最终的建筑形象更加统一和协调。

1. 深圳市屋顶花园改造系列（深圳市）

深圳市是我国贯彻生态优先、进行科学绿化建设管理的样本城市，预计到 2025

年建成区绿化覆盖率将达到40%。2016年正式实施《深圳经济特区绿化条例》后，在建成环境中各类示范性的屋顶花园改造项目依次出现，比如2021年南山区以设计师责任制为核心，建立包括屋顶花园在内的共建花园20余个。为了更多关注弱势群体的利益，屋顶花园更新项目的选址往往位于老旧社区或城中村地段。下面的两个案例中，城上绿云城中村屋顶花园设置在城中村内的一栋建于20世纪80年代的民房屋顶，面积仅90 m²；南园绿云屋顶共建花园设置在城中村的一栋6层的青年公寓屋顶，面积达450 m²。这两个案例的共同点是通过网格架构及种植箱等，以模块化、易复制的低技术建造手段实现屋顶花园更新（图6-17）。两个案例都使用了作为屋顶活荷载的可移动种植箱，对既有建筑屋顶荷载影响较小，且可以避免植物根系在生长过程中对原有屋顶结构及防水层的破坏，也不需要投入资金布设新的防水和排水系统，是一种低成本的轻量灵活的既有屋顶绿化方式。

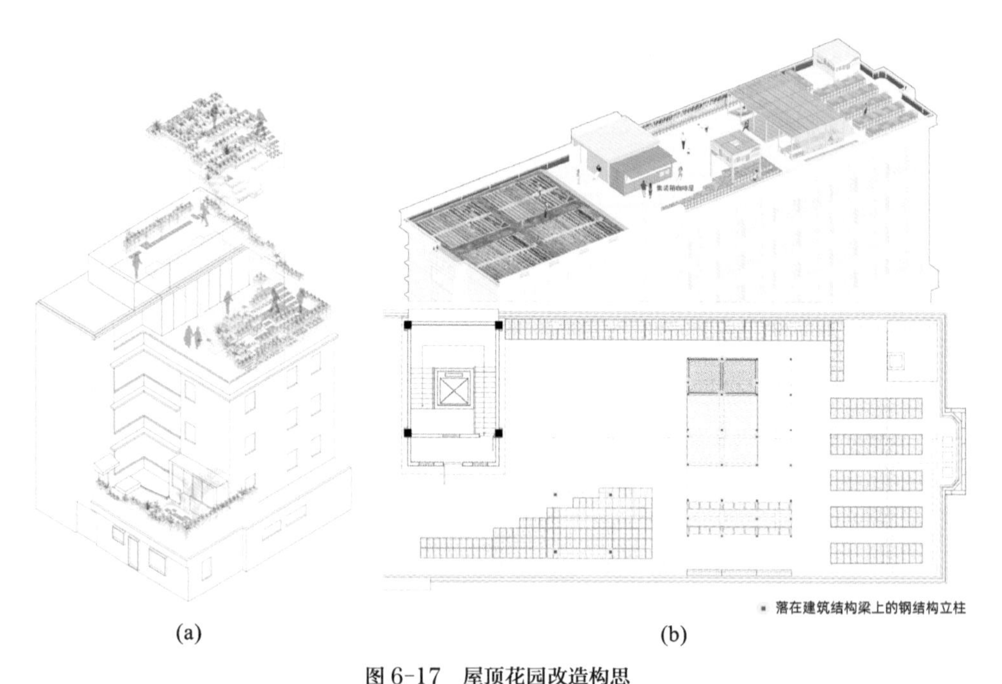

图6-17 屋顶花园改造构思

（a）城上绿云城中村屋顶花园；（b）南园绿云屋顶共建花园

[图片来源：（a）https://www.gooood.cn/green-cloud-china-by-zhubo-aao.htm；（b）https://www.hhlloo.com/a/gong-jian-hua-yuan.html]

城上绿云城中村屋顶花园位于深圳市岗厦村的一处高密度建筑群之中，既有空间非常局促。设计师希望通过该绿色屋顶形成城中村示范性的文化活力点，通过触媒作用，不断蔓延绿色空间，在城中村中形成相互错落、不断交织的绿云空间。一方面能够提高城中村雨水管理能力；另一方面能为城中村的居民增添绿色与友善的共享活动场所。项目于 2017 年建设并完工，用时仅 2 个月。主要改造技术为将建筑屋面增厚，置入模块化装置，将绿植花盆与模块构架相契合，形成丰富的阶梯式行人穿行和驻足空间（图 6-18（a））。

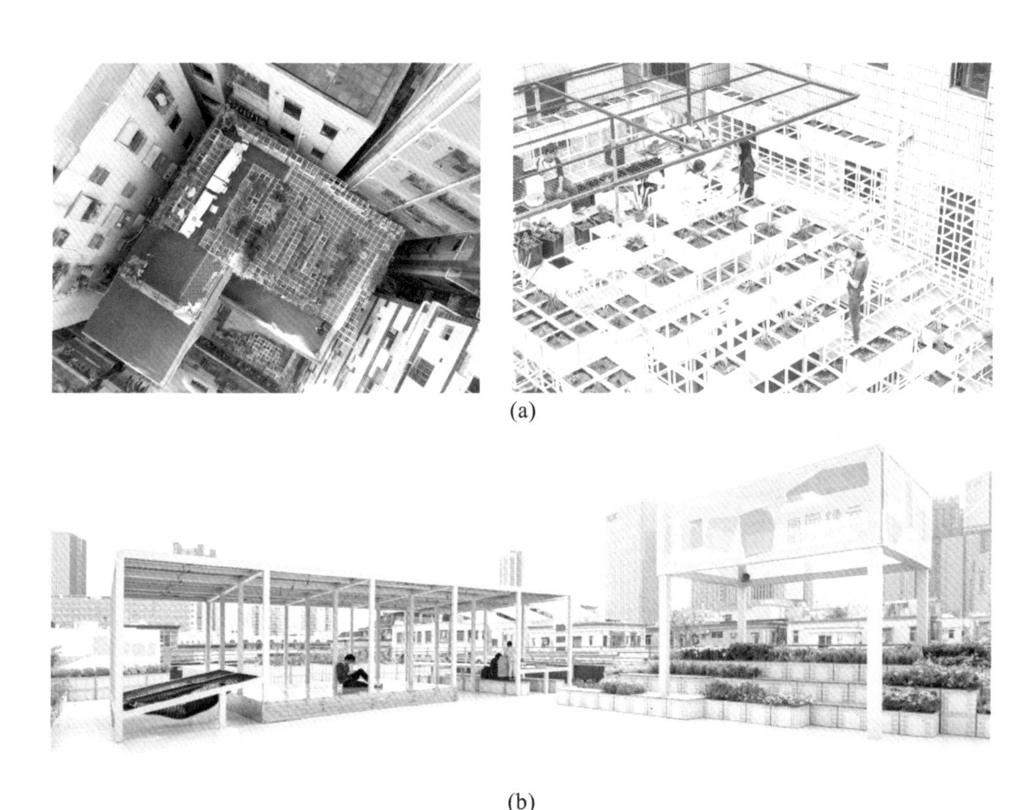

(a)

(b)

图 6-18　屋顶花园建成实景

（a）城上绿云城中村屋顶花园；（b）南园绿云屋顶共建花园

[图片来源：（a）https://www.gooood.cn/green-cloud-china-by-zhubo-aao.htm；（b）https://www.hhlloo.com/a/gong-jian-hua-yuan.html]

相比上面这个案例，南园绿云屋顶共建花园面积更大，屋顶设计的功能更加丰富，具有模块化、绿色化、多团队化、高标识性、高安全性、租赁共建的显著特征。①屋顶花园搭建的钢结构构架，采用了太阳能模板常见的产品模数 2.1 m×2.1 m，可以灵活组装拼接、不断复制，在不同形状的场地上快速搭建；②屋顶设计了约 80 m^2 的太阳能板和整套交流发电系统，太阳能板安装在钢结构框架上，既可以遮阳，又可以提供屋顶活动的各项用电；③屋顶花园由 5 个以上的团体共同贡献资金和技术完成，如南园社区团工委的青年活动机构在屋顶花园建成后经常举办各类音乐会等社区活动；④设计了尺度较大的亭子配合太阳能灯光，作为屋顶花园的标志，同灯塔一样吸引周围居民融入屋顶花园；⑤充分考虑屋顶花园的结构安全，如图 6-17（b）所示，增建的钢结构框架与房屋原有的梁柱结构绑定；⑥设计了增加居民社会交往机会的责任田农场功能，以 1 m^2 为单位进行菜园租赁，吸引对都市农业有兴趣的居民聚集交流、分享管养经验、共享种植成果，增加了社会网络的韧性。

2. 维尔纽斯大学植物园实验室大楼改造（维尔纽斯市）

该案例采用的更新方法不同于深圳市屋顶花园的增绿模式，更加整体且造价更高，更强调增绿要素与建筑整体的协调性。如图 6-19 所示，原有建筑是一座 3 层的立方体单体建筑，建筑师坚持“种植建筑”的理念，采取做加法的更新手段，增加了一个容纳交通核的玻璃体、一个屋顶花园，并在 4 个立面设计了一圈金属框架以支撑墙面绿化。该框架独立于既有建筑存在，将新增结构与原有建筑共同纳入一个方盒子。种满植物的立面使建筑与其所在的植物园和谐相融，整座建筑被包围在特别定制的绿色立面系统之内，为建筑带来了强烈的自然气息。

绿色框架采用了先进的集成种植技术。整个大楼由 1.3 m 宽的金属构件围合，植物元素附着固定其上。如图 6-20 所示，主体由 3 行圆柱形组件构成，每个单元组件分别包括施工轴承管、钢丝网土壤基质、灌溉系统、植被 4 个部分。这些圆柱形组件高度相同，所有的圆柱形组件均可移动，在特殊需求下可以拆卸或重新安装，方便立面植物的管理和维护。植物的季节性变化特点也被纳入考虑因素。在夏季，繁茂的植物减少了圆柱形组件之间的空隙，避免建筑摄入过多热量。到了冬季，这些组件也可以让建筑保持统一的立面形象。新增的屋顶花园设计简洁，两部楼梯把空间分隔为 3 部分，中间是开放空间，南边是由金属屋顶覆盖的露台，北边是带有长凳的橘园，整个屋顶区域由玻璃围栏环绕。

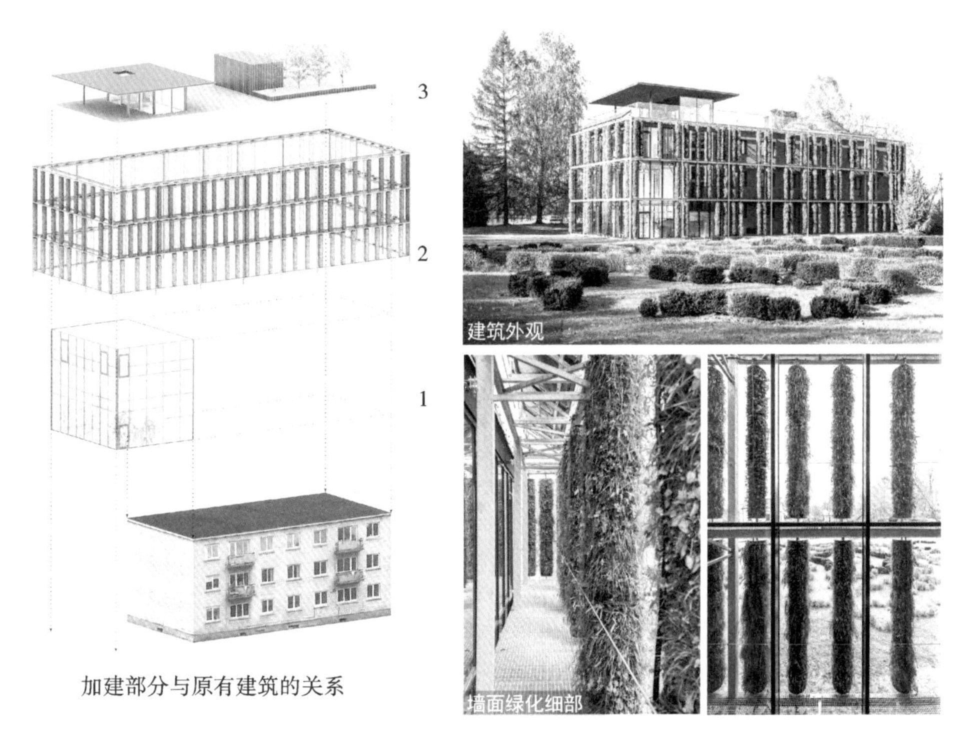

图 6-19　维尔纽斯大学植物园实验室大楼改造方案

（图片来源：https://www.archdaily.cn/cn/886906/wei-er-niu-si-da-xue-zhi-wu-yuan-shi-yan-shi-da-lou-lu-mao-dan-zi-gua-shang-li-mian-paleko-architektu-studija）

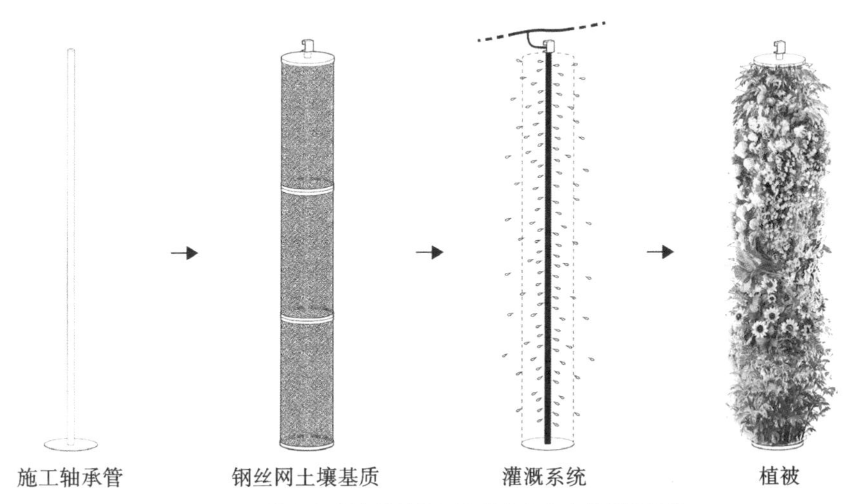

图 6-20　维尔纽斯大学植物园实验室大楼立体绿化构造

（图片来源：https://www.archdaily.cn/cn/886906/wei-er-niu-si-da-xue-zhi-wu-yuan-shi-yan-shi-da-lou-lu-mao-dan-zi-gua-shang-li-mian-paleko-architektu-studija）

6.4.2 建筑内部空间增绿

建筑内部空间增绿是指在建筑中庭或其他公共空间增加绿色要素，由于通风及采光的限制，其增绿的模式和数量受到限制。建筑内部空间增绿往往伴随着建筑功能的改造和提升，增绿的部位通常选择具有玻璃屋顶的通高空间或较为开敞的大空间。有的案例采用绿墙或盆栽的方式增加室内使用者接触绿色的机会，如北京大学元培学院 35 号宿舍楼改造。也有建筑师结合建筑功能及空间布局调整，扩充内部的绿色空间，进行更为系统的更新改造，如下文提到的智乐公司总部大楼改造。

1. 北京大学元培学院 35 号宿舍楼改造（北京市）

该案例中的元培学院 35 号宿舍楼的改造项目于 2020 年完工，其改造目标是建立一个集生活、学习于一体的住宿综合体。然而原有建筑对于多功能的配套空间预设不足，无法实现扩建和加建，原建筑中约 3000 m^2 的环境品质较差的地下一层和地下二层闲置空间成为改造的主要空间实体。建筑设计方案以促进交流为核心理念，通过调整交通结构、植入绿化景观、划分动静区域、提升空间品质等手段，营造出一个集住宿、学习、娱乐、交流于一体的住宿综合体。

其中，绿色内墙的增加显著提升了地下中庭空间的环境品质（图 6-21）。建筑师打破了地下室阴暗单调的刻板印象，选择在中庭靠近玻璃屋顶的一侧打造绿色植物墙，营造自然绿色空间。该绿色墙面与新增的负一层到负二层的垂直楼梯相结合，构成了独特的中庭景观。绿化与交通设施的结合促使人们更多地享用和接触自然要素。阳光从玻璃屋顶洒下，植物蔓延，室内外的空间区别变得模糊，地下空间的封闭感不复存在，良好的空间品质和座椅设施增加了学生交流的频率且提高了学生交流的质量。同时，地下空间还新增了自习室、讨论室、图书馆、咖啡吧、瑜伽室、健身房、琴房等学习与休闲空间。其中，面向绿色内墙景观的多功能讨论室等空间，开窗见景，窗外充满绿意，拥有极高的绿视率。针对目前高校普遍存在的配套空间不足等情况，地下空间改造和功能提升不失为一种新的尝试，而绿色植被和景观的引入是地下空间活力和品质提升的重要途径，成为整体建筑改造方案中具有灵魂的一笔。

图 6-21　宿舍地下空间改造前后对比

（图片来源：https://www.gooood.cn/the-upgrade-of-the-underground-space-of-dormitory-building-no-35-of-peking-university-by-kxaa-dizhuo-design.htm）

室内的绿色墙体改造需要对原有墙体进行防水处理，并将承载植物基质的墙外骨架或容器，与植物滴灌、排水等系统综合设计，而地下空间等光线一般的位置可以选择耐阴湿的、根系较浅的阴生植物进行种植。

2. 智乐公司总部大楼改造（阿姆斯特丹市）

该改造项目位于荷兰首都阿姆斯特丹市北部地区，是由著名设计团队 Space Encounters 完成的。原有建筑是一座机械工厂建筑，建筑设计师保留这个旧仓库的结构框架，将其改造成为一栋玻璃房建筑。改造方案要解决的核心问题是：如何将自然风景引入工作环境？地面层的所有内墙被拆除，形成了流动自由的大型办公空间，利用内部空间增绿的方式，设置 3 个并列的条状温室花园，将大空间划分为南北 2 个走廊式的办公带，建筑内部的温室花园种满了高大的植物，温室空间一直延伸到屋顶，与天窗相连，绿色沿着旧仓库中心蔓延开来（图 6-22）。

该项目完工后实现了人们在花园中工作的目标。贯穿建筑中心的温室花园，保证两侧的办公空间都能在视觉上接触到中庭的绿色植被，宜人的绿色景观为员工日常工作提供了令人愉快的亲自然环境，还起到调节室内微气候的作用。温室内部设置有水景和长凳，作为非正式的讨论及交流空间，为员工创造了更加独特的工作氛围。

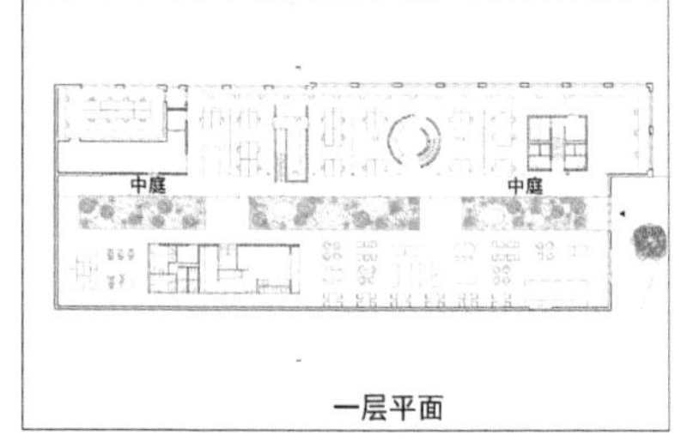

图 6-22　智乐公司总部大楼平面及中庭景观

（图片来源：https://www.zhulong.com/bbs/d/30430855.html）

6.4.3　建筑外部空间增绿

建筑外部空间增绿主要是针对围合型建筑或建筑群形成的庭院空间采取增绿措施，减少原有大面积硬质铺地，调整原有庭院功能，增加景观设施。该增绿方式可以独立于建筑实施，如下文提到的上海市云院改造，仅对庭院部分进行改造，也可以结合建筑改造项目展开，如纽约市第五大道 200 号庭院改造，庭院增绿更新的同时对围合庭院的界面也进行再设计。

1. 云院改造（上海市）

最美微庭院——云院改造项目于 2019 年完成。该项目位于上海市虹口区长阳路的一个历史街区，主要针对旧居民楼围合的微型公共空间进行改造。项目所在的社区原是第二次世界大战期间上海最大的犹太难民收容所，这个拥有近百年历史的住区内庭院空间较为局促，仅有 380 m^2，且由于年久失修，环境凋敝，荒草丛生，地下管道常年堵塞，雨水、污水难以排出，道路泥泞坑洼。庭院内部功能复杂，除了交通空间，居民晾晒、停车、置物等自发行为导致庭院功能混杂且缺乏秩序。该庭院改造被列入政府的公共空间微更新改造清单，以改善民生，提升社区居民生活品质。

庭院改造的首要任务是解决场地积水返臭问题，因此设计团队与街道部门经过多次论证，首先，在不增加预算的前提下，进行地下隐蔽工程的改造，一次性重新置换了地下排污管道和雨水管道。其次，对庭院进行景观更新设计，创造一个绿色共享的围合空间。设计师以白云为符号设计了 3 座亭子，并在庭院中心植入了可观赏的植物，配合曲径和云状亭子，形成独特的户外公共客厅，并在周围留出足够的硬质道路及缓冲空间（图 6-23）。最后，根据居民生活需求，在住宅旁增加了山形符号造型的围栏、晾衣架和置物架，一组连绵不断但厚度和透明度不同的装置，既满足了日常使用需求，又有层峦叠嶂的隐喻，成为社区景观的一部分，为居民带来便利。该项目虽然规模较小，但其通过微更新手段不仅为城市及居民增加了绿色社交空间，而且从点到面激活周边社区的活力，成为历史街区公共空间更新的亮点，也成为旧建筑庭院更新的范本。

图 6-23　上海市云院改造实景

（图片来源：https://baijiahao.baidu.com/s?id=1660040636786315871&wfr=spider&for=pc）

2. 第五大道 200 号庭院改造（纽约市）

创建于 1909 年的第五大道 200 号建筑在历史上曾是国际玩具中心，是麦迪逊广场公园附近历史悠久的地标性建筑。2007 年业主邀请设计师对该建筑进行改造，目标是在保持历史建筑质量的前提下改善办公环境，并使用更为高效的绿色建材和能源管理模式。新的改造方案为街区注入新的活力，以开放的姿态吸引更多市民使用（图 6-24）。在众多改造事项中，绿色庭院更新是项目的核心内容，茂密的植物被植入其中，成为整栋建筑的亮丽风景。该项目由于较好发挥了社会经济效益而获得 2010 年的 LEED 金奖和 2012 年的 ASLA 专业奖（ASLA 奖为美国景观设计师协会奖，即 American Society of Landscape Architects Awards）。

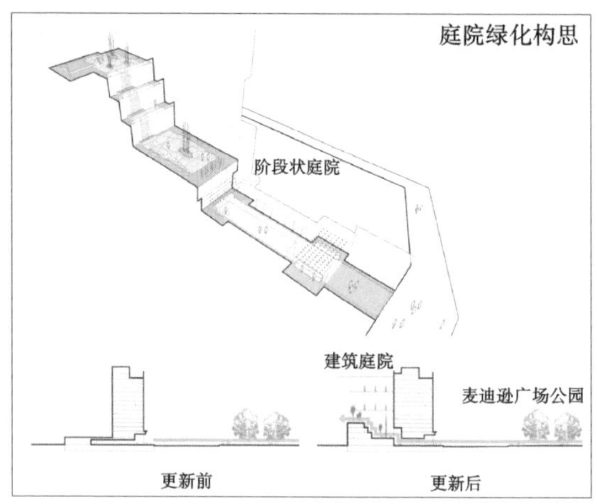

图 6-24　纽约市第五大道 200 号庭院改造方案及实景

（图片来源：https://www.gooood.cn/200-5th-avenue-new-york-city.htm?lang=en_US）

绿色庭院的更新带来巨大的社会、环境及经济效益，成为可持续改造项目的典范案例，主要体现在以下几方面：叠落的庭院空间设置的雨水收集系统可以满足植被灌溉需求并减少市政排水设施的压力；庭院周边外墙上的植被减少了热量聚集，降低了空调成本，明亮的外墙材料可以反射更多光线进入室内，降低照明能耗；庭院景观中所用的混凝土、玻璃和钢都源于回收材料，体现了循环利用的可持续理念；简洁而精致的庭院空间为员工及周边人群提供了聚会、办公和户外交流的重要场所，提升了人们的幸福感。

该庭院更新的另一个巧妙设计在于和麦迪逊广场公园的视觉联系的重建。设计师打破了楼宇间的一道隔墙，将庭院向麦迪逊广场公园完全敞开，形成连续的视觉轴线，梯田式的庭院造型给狭长的庭院空间带来感官体验的变化，每一阶庭院都用简约明亮的白色材料打造出宽阔的视觉感受，轻盈的白色托盘中种植竹子，蕨类植物呈块状分布在庭院中，攀缘植物布置在建筑墙面，高处种植容易打理的景天科植物。起伏的地面自然形成座椅，利用地面交叉纹路肌理将照明嵌入地面或隐藏到种植槽中。因此庭院既能发挥增绿、软化地面的生态效益，同时 500 m^2 的庭院也能够容纳较多人的日常交流活动，发挥更大的社会效益。

6.4.4　置换地上空间增绿

与建筑外部或内部空间增绿模式不同，置换地上空间增绿是所有模式中更新强度最大的，是指在不改变用地性质和建筑功能的前提下，将建筑置于地下空间，而留出地上空间作为城市公园绿地或广场绿地。该模式更新周期长、更新方案复杂，但能够使新增绿地的面积最大。

1. 西单更新场改造（北京市）

北京市西单更新场位于西长安街与西单北大街交叉口东北角，占据西单商圈核心位置，总建筑面积 35375 m^2。项目由公园式休闲空间、环形下沉广场和地下商业空间组成，更新改造历经腾退撤市、规划设计、施工建设和开放呈现四个阶段，共历时 6 年（2015—2021 年），以减量、提质、增绿为核心理念进行全方位的升级改造。

减量是指将原有 4 层地下商业空间更新减少为 3 层，建筑商业面积由改造前的 2.2 万 m^2 缩减为 0.6 万 m^2。减少层数的重要原因是为了增加地表土层厚度，种植更多植被。提质是改变原有小商品批发市场的业态，重新包装升级为面向年轻、文艺、时尚人群的复合业态，重塑时尚潮流发生地，吸引年轻人重返西单。增绿是对原有硬质铺地面积较大、种植空间少且与地下空间、地铁接驳站点相割裂的西单文化广场重新设计，在商业空间之上覆盖 1.12 万 m^2 绿地，借助微地形变化营造接近自然状态的城市绿肺，其绿色面积比之前增加近 4 倍，并通过下沉广场和人行步道、更新场商业区和轨道交通站点建立便捷联系（图 6-25）。新的公园中建筑屋顶及入口与植被充分融合，形成变化的景观氛围和独特的空间节奏。

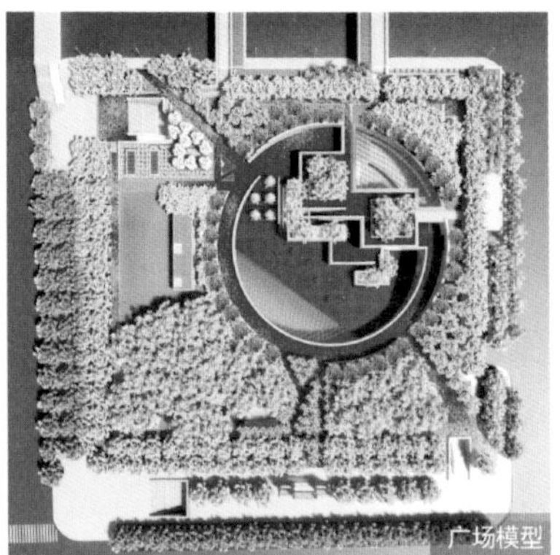

图 6-25　北京市西单更新场实景

（图片来源：右上 https://www.jzda001.com/index/index/details?type=1&id=5807；其他 http://house.cnr.cn/20220512/t20220512_525824428.html）

此外，项目为了提前将城市公园作为地标对市民开放，创新性地采用了逆作法的施工工艺，保证了改造进度要求。即先将地下一层的屋顶结构完成，为园林种植提供覆土条件，然后再逐层向下建新拆旧，形成了“城市地下更新逆作法钢结构施工技术与应用”的实践总结，是更新类项目建造工艺的一种创新性突破。

2. 邮政广场公园改造（波士顿市）

波士顿市邮政广场公园也是置换地上空间增绿的成功实践之一，与北京市西单更新场改造不同的是，邮政广场原本是一块停车用地，地面之上原有3层停车场建筑。邮政广场历史悠久，建成于1887年，1954年广场被租给出租车公司，公司在地块之上建设并运营了一个租约长达40年的停车场。但停车场建成后由于经营不佳而缺乏维护，场地内充满垃圾，环境逐渐恶化。1983年开发商决定收回广场使用权并进行改造，项目占地0.7 hm^2，改造方案力图创造一个向公众开放的新城市绿地，通过丰富的细节和景观表现，保护原有建筑遗产，打造适宜大众的共享公园（图6-26）。项目最终将原来毫无生机、全部硬化的停车场更新为绿树成荫、花团锦簇的城市公园，而公园绿地地下空间保留了原有停车功能，设计了7层可供1400辆汽车停靠的超大型地下停车场。

图6-26　邮政广场公园更新前后对比

（图片来源：https://www.gooood.cn/norman-b-leventhal-park.htm）

在公园设计方案中，强调面向周边街道的开放性，并较好地处理了地下车库入口与公园的关系。公园入口轴线吸引周边街区人群进入公园，公园中心开放的草坪成为市民休憩的地方，而路边和草坪外围则拥有广阔的视野，允许路人来享受公园的美景。在公园场地两端设计了两处景观节点。北广场设有雕塑家 Howard Ben Tré 建造的喷泉雕塑，南广场建造了独具特色的开放式咖啡馆。中间由一条绿荫长廊连接两个广场（图 6-26 右），为游客提供了一个舒适的步行通道，同时也为公园提供了一条有趣的轴线。整个公园呈现出现代、自然的氛围，成为城市居民休闲娱乐的重要场所。

6.5　城市更新背景下的建筑与绿化复合技术及规划策略

6.5.1　既有建筑与绿化复合设计技术要点

1. 构造创新：满足既有建筑物的荷载安全和原有功能要求

既有建筑增绿，尤其是屋顶绿化及墙面绿化等建筑表层增绿，必须首先考虑的是对既有建筑结构安全、功能使用和空间品质有无负面影响。其中，改造绿色屋顶最重要的限制条件是既有建筑屋顶的承载力，因此在既有建筑屋顶绿化适建性评价中，建筑年代、建筑结构、屋顶材料都是重点考虑指标（Wilkinson et al.，2009；邵天然 等，2012；Silva et al.，2017）。平坦的混凝土屋顶绿化潜力最大，甚至可以设计种植高大植被的密集型绿色屋顶或湿地水体设施，而轻型钢结构、木结构等建筑则需要经过详细的结构调查和评估后确认其屋顶绿化的适建性。同时，由于种植的灌溉需求，除了植物盆栽，其他植物都需要重新设计防水和灌溉系统，在居民屋顶绿化意愿调查中，大多数居民担心屋顶绿化造成住宅结构破坏，形成屋面渗漏。此外，新增立体绿化过程中，构架的安装位置和植物攀爬是否会影响房间的采光和通风，也是建筑使用者对立体绿化存在疑虑的主要原因。

构造创新是新增立体绿化后保证结构安全和功能正常的关键途径。绿色屋顶和绿色墙面一般由防水、排水、土壤基质和植被叠加构成。既有建筑的承载力和屋（墙）面防水性能大多有限，无法满足常规绿色屋顶的规范要求，因此在既有建筑与绿化复合中，应尽量选择轻型材料和植物基质来减少新增荷载，同时严格保证防水、排水构造系统的安全性和耐久性。其中，防水层最为关键，应尽可能对原有防水层进行彻底的加强和翻修，同时引导和限制植物根系的生长，防止植物根穿透防水层而造成防水功能失效，如新型耐根穿刺防水材料 TPO 卷材（图 6-27），是既有建筑屋顶绿化中较好的材料选择（陈春荣，2017）。德国还研发出海纳尔 PVC-GF 防水卷材，集成了蓄排水层、隔离层、防水层、耐根穿刺层，从而简化了构造层次，减轻了重量（孙长惠，2012）。进行蓄排水设计时，应避免选择荷载较大、排水效率低的卵石或陶粒等做排水层，而使用自重轻、排水效率高的点支式塑料蓄排水板和无纺布来实现蓄排水和过滤功能（吴锦华 等，2016）。如果屋顶绿化荷载受限，可以选择种植轻型浅根系植被的拓展型屋顶绿化，通常基质厚度为 75 ～ 100 mm，利用草坪、景天科植物、小型灌木和攀缘植物进行屋顶覆盖绿化，不需要单独设置灌溉系统，依靠自然降水可以满足植物生长需求，建造速度快、成本低、重量轻，几乎不需要维护。也可以选择模块化种植槽、种植箱等进行屋顶绿化，同样是较为安全且成本低的增绿方式。

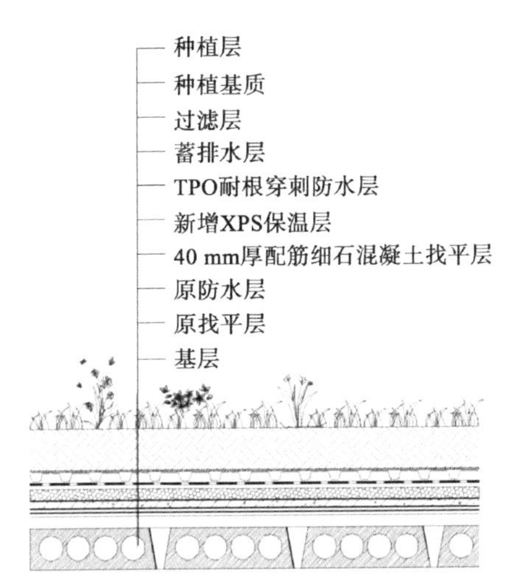

图 6-27　既有建筑屋顶绿化改造构造层示意

［图片来源：文献（陈春荣，2017）］

此外，建筑与绿化复合过程中需要充分考虑建筑使用者的生活需求，避免立体绿化或庭院绿化对低层室内采光的影响。也应征求住户或企业意见，解决蚊虫增多、维护主体和资金来源不明等问题。同时施工与后续使用中产生的噪声也应被重视。如对既有屋顶进行绿化改造必须考虑到对应的建筑内部空间的用途与允许的噪声声压级，考虑对屋顶本身进行降噪改造，或抑制庭院绿化后使用者活动增加带来的声环境变化的消极效应。

2. 系统设计：雨水回收、绿化灌溉、发电系统的功能集成

既有建筑屋顶绿化、外部空间庭院绿化最显著的效益之一便是迅速吸纳雨水，降低雨洪风险。同时密集型屋顶绿化、内墙面绿化、庭院绿化的植被灌溉也是实现增绿效益的关键环节。因此在建筑与绿化复合过程中应首先考虑水的问题，并尽可能实现系统设计，包括雨水吸纳和收集、绿化灌溉，有条件的情况下可以考虑采用雨水回收利用及自动浇灌控制集成技术。即通过加装沟渠或储水设施，储存建筑屋顶或庭院的水，将多余的水回收、储存并重新引入灌溉供水模块。图 6-28 显示了 Vegetal i. D. 的 HYDROPACK® 屋顶花园模块专利基本构造，底部为雨水储存基盘，该构造设计可实现全年可靠的雨水截留和径流控制，收集的水用于灌溉上方的植物，同时从屋顶缓慢释放水分，为下一次降雨做好准备。建筑内部绿墙和水平绿化无法直接吸纳雨水，可以把浇灌与建筑中水循环相结合，但对既有建筑改造来说，工程

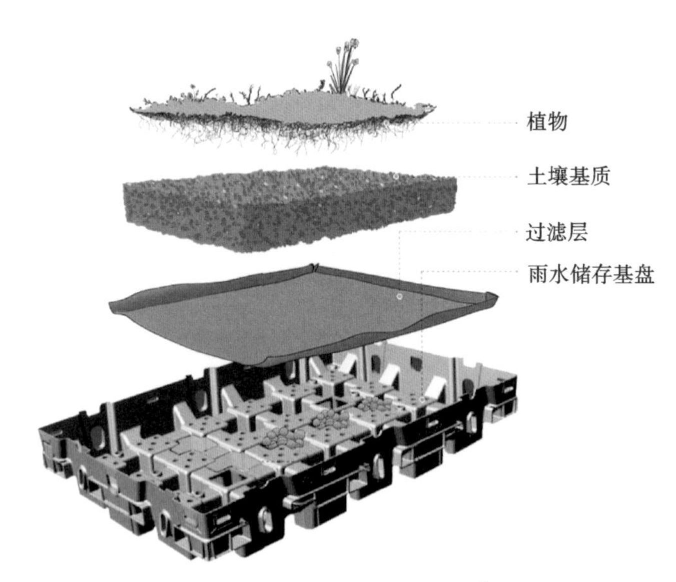

图 6-28 Vegetal i. D. 的 HYDROPACK® 屋顶花园模块

（图片来源：https://v-ter.com/cubiertas-vegetales/precultivados/hydropack.htm）

量将更大，需要更多的成本投入和技术支撑（图 6-29）。

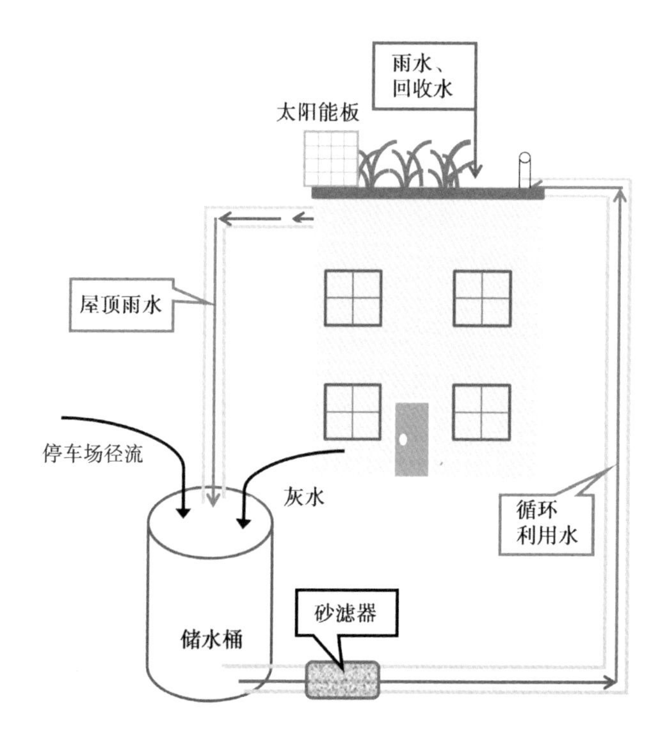

图 6-29 屋顶绿化雨水回收灌溉系统示意图

［图片来源：文献（Laminack，2014）］

节水节能灌溉是未来立体绿化发展的重要方向。新型的节水灌溉系统已向远程控制及数字化转型，可以通过安装传感器来进行雨水管理、灌溉时间提醒、水量控制与报警、自动施肥等绿化维护活动。灌溉的方式也呈现多样化，如小型微喷、平面低压滴灌、无动力渗灌及远程灌溉控制等。此外，大多数屋顶绿化或庭院绿化所需要的能源并不多，可以同时集成设计太阳能发电系统，提供系统运行中灌溉、照明等所需能源，但在设计太阳能板位置和形式时，应注意新增设备与原有建筑物外观的协调统一，在实现技术集成的同时，仍要保证绿化复合对原有建筑的造型风格产生正向的效应。

3. 生境营造：因地制宜实现功能主导的植被配置

植被的选择及配置，乃至生境的营造是影响建筑与绿化复合效益发挥的关键因素。不同类型、不同气候区的屋顶绿化、墙面绿化和建筑内部绿化具有不同的植被配置需求和偏好。

（1）建筑屋顶虽然阳光充足，昼夜温差大，利于植物内有机物的积累，但也具有夏季暴晒高温、冬季多风严寒等缺点。既有建筑屋顶绿化基质厚度由于结构承载力不足而受到限制，因此最好挑选根系浅、抗病害能力强、生长缓慢、耐寒、耐旱、便于管护的藤本、灌木或景天科植物（朱一凡 等，2016）。既有建筑屋顶绿化一般不宜选择过于高大的乔木，可以选择生长速度有限或耐修剪的植物（乔丹，2019）。建筑屋顶植被的选择也与其发挥的主要功能相关，如屋顶菜园的植物需要选择生产性可食用植物；景观式绿色屋顶更注重植物的观赏性；生物多样性绿色屋顶则需要选择能够吸引目标物种的栖息地植被，精心设计土壤及地形，考虑微生物、植物和动物食物网的结构（Williams et al.，2015）；以净化空气为主的绿色屋顶，应选择具有高叶面积指数（leaf area index，LAI）、光合能力、气孔导度和蒸腾作用的植被，可以增强对气体污染物的过滤和吸收效果（Ode Sang et al.，2022）。

（2）墙面绿化主要选择攀缘植物。攀缘植物是一种成本低且易维护的植物，可用于各类墙体、桥梁、围墙等垂直绿化，在 3 ～ 5 年时间内可以达到 5 ～ 25 m 的高度，比如常见的常春藤、爬山虎、火棘等。随着模块化墙体绿化技术的成熟，植物的选择种类得以拓展，较多盆栽植物如海棠等也用于墙体绿化中。对于较小面积的墙体，可以选择表面较为平整、灌溉需求低的多肉植物（Wang P Y et al.，2022）。

（3）建筑中庭等内部空间增绿植被的选择，也要考虑到室内光环境和热环境。根据中庭的光照强度来选择阴生、中生和阳生植物。蕨类、万年青、龟背竹等阴生植物在一般中庭散射光下就能良好生长。而苏铁、凤梨、仙人掌等植物应置于中庭的强光区域。中庭绿化的增加需要考虑植物与空间的关系构建、植物造景及空间氛围的营造（张欢，2008）。

4. 成本控制：推广低成本的建筑绿化及维护技术

由于涉及利益群体较多、改造技术复杂、商业价值缺乏，既有建筑与绿化复合比新建立体绿化面临更多障碍，因此广泛推广既有建筑立体绿化必须严格控制成本，低成本建造和低成本维护是其核心内容。一方面，鼓励采用低成本改造方式，如重视拓展型屋顶绿化或简单式屋顶绿化[1]在既有建筑屋顶改造中的应用，优先考虑攀附型垂直绿化的推广，在庭院增绿过程中也鼓励使用本地材料及回收材料。在低维护绿化上，强调选取本地植物物种模拟自然或近自然的植物群落结构，保障生境的稳定性和引导其自我发展，减少大量的人工养护，增加屋顶绿化的雨水滞储功能，使用节水灌溉技术和雨水回收灌溉技术，设计太阳能装置解决能源供给问题。另一方面，鼓励采用阳台绿化、露台绿化等家庭绿化形式。家庭绿化完全隶属于住户，由私人承担绿化成本，一般采用可移动盆栽、攀缘植物、垂吊植物作为主要绿化形式，方式便捷、较容易实现。由于我国居民传统上偏好封闭阳台，既有建筑的阳台绿化更注重家庭景观效益，对城市景观、城市微气候的改善作用有限。

6.5.2 城市更新背景下的建筑与绿化复合规划设计策略

1. 从局部增绿到绿化 - 建筑 - 城市设计复合的更新设计

局部增绿是既有建筑绿化的常见形式，即对屋顶、墙面及内外庭院等单一要素进行绿化改造，具有工程量小、成本容易控制的优点，因此得以广泛推广。但与新建一体化建筑绿化相比，既有建筑的增绿改造往往存在更大的限制，需要谨慎处理局部与整体的关系，并应从仅关注局部绿化，过渡到绿化 - 建筑 - 城市设计复合的更新设计。

（1）局部增绿与建筑设计协调。以墙面增绿为例，将绿色植物作为一种软质材料与原有建筑界面融合设计，既要考虑建筑绿化与非绿化的墙面比例、构图形式，也要考虑新增构架、绿化植被与原有建筑立面肌理的协调，保证新增绿化后立面的图底关系、韵律感和协调性。室内外庭院的增绿也需要保证满足原有建筑内部空间通风、采光的基本规范及要求，尤其关注低层的采光问题和视觉景观舒适度。若既有建筑存在功能置换或外观修复等需求，可以考虑同立体绿化一同进行整体更新设计，如前文介绍的维尔纽斯大学植物园实验室大楼改造。

---

[1] 指根据建筑屋面荷载，仅种植低矮地被植物或藤本植物进行屋面覆盖绿化，一般不允许非管理人员或非维护人员活动的屋顶绿化。来源于江苏省工程建设标准《立体绿化技术规程》（DGJ32/TJ 188—2015）。

（2）局部增绿与城市设计协调。根据建筑在城市中的位置选择适宜的界面或空间进行增绿设计，比如优先选择位于城市视觉焦点的位置进行绿化，包括主要道路沿街立面、街角位置、道路尽头等，使立体绿化成为街道和城市公共空间品质提升的重要元素。同时，建筑增绿也需要根据周边环境引入积极景观要素，如尽量与周边既有绿色要素（公园、广场）、城市标志物在视觉上建立联系，选择环境较为安静、视线不受干扰的屋顶进行绿化，而屏蔽交通噪声、粉尘等消极要素。此外，建筑庭院或其他外部空间增绿，需要考虑与城市雨洪蓄排管网的连通和衔接，考虑与行人步行路径衔接、与片区（如历史街区）整体风貌协调等城市和居民的需求。

2. 基于多尺度评估的建筑与绿化复合精准选址和规划

屋顶绿化在城市中的位置、周边环境及场地景观设计，决定了其生态系统服务功能的发挥，以及受益人群的类型和数量。目前多数城市立体绿化具有规模小、分布零散的特点，缺乏在城市规划层面或城市设计尺度的统筹考虑。在有限的空间和资源条件下，有必要进行城市尺度、街区尺度、场地尺度的多尺度评估与精细化设计，实现最低成本 - 最高效益的统筹增绿布局。

（1）城市尺度：建筑与绿化复合重点区域的识别及更新优先级。在建筑绿化改造项目开展前，应进行系统评估、选址与规划。如表 6-5 所示，以提升城市绿地调节服务与文化服务水平为目标，选择适宜的位置进行建筑绿化。在雨洪风险高、温度高、噪声及空气污染严重且弱势群体集中的街区进行增绿设计，以协助提高弱势群体抵御以上风险的韧性水平，如深圳市的数个屋顶绿化项目都位于城中村。将科学评估结果融入立体绿化专项规划，在城市规划和城市设计阶段进一步落实。可以综合考虑不同立体绿化的绿化率及所占比例、需要重点增绿的街区、立体绿化分布格局等，从整体上调配建筑与绿化复合的空间及功能。

（2）街区尺度：建筑与绿化复合空间的识别和精细化设计。在确定建筑与绿化复合重点规划街区后，根据人本化原则和亲自然原则，结合建筑外观和功能，进一步识别和选择增绿的建筑界面及空间。如选择在人口密度大、人流量大、开放性较强的商业类、文化类公共建筑，或小学、老旧小区内部及周边建筑增设屋顶绿化或墙面绿化。结合建筑设计及周边环境，综合考虑立体绿化的最适宜界面，如靠近高架桥的墙面、毗邻行人步行路径的墙面等。

表 6-5　不同尺度下建筑与绿化复合空间的选址及设计策略

	城市尺度	街区尺度	场地尺度
调节服务	·生态系统服务高需求区的识别（包括雨洪风险高、温度高、噪声及空气污染严重的地块） ·考虑生态系统服务需求的社会经济维度，识别弱势群体聚集区与高服务需求区的重叠区域，即建筑绿化应面向抵御以上风险韧性更低的弱势群体	·建筑与绿化复合的潜在空间，应优先选择通风、采光良好，较为干燥的位置，且降温需求最大的建筑界面 ·优先在人流量大、毗邻主要道路的建筑空间进行绿化，侧重选择小学、老年人社区、低收入住区内部及周边区域 ·建筑绿化界面选择，应考虑界面朝向，是否屏蔽噪声、污染源，是否能促进空气流动，提升街区空气质量	·在明确建筑与绿化复合的主导功能后进行针对性景观设计。主导功能包括滞纳雨水、降温、增加生物多样性、提供食品等 ·植被的选择、植被配置结构、新增绿地基质的厚度及有机物含量、植被的景观效果（开花种类、花色等）与以上功能直接相关
文化服务	·考虑街区人口密度、人流量，周边住区分布情况及可达性	·考虑使用者与自然要素的视线关系及接触自然的物理路径 ·考虑行人步行路径及大众审美需求	·考虑建筑使用者及周边居民的景观偏好和生活习惯 ·绿化空间的管理与维护模式
示意图			

[表格来源：根据文献（Ode Sang et al., 2022）及网站（www.dresden.de）资料改绘]

（3）场地尺度：不同主导功能的建筑与绿化复合景观设计。研究证明，不同的增绿方案带来的效益具有差异。屋顶绿化的设计可以重点实现某一类功能，如前文所介绍的以保护城市生物多样性为目标的绿色屋顶，可降低雨洪风险、具有蓄水功能的蓝绿屋顶，以提供休闲游憩场所为主的花园式绿色屋顶，以提供健康食品为主要目标的菜园屋顶。植被的选择、植被配置结构与布局、新增绿地基质的厚度、植被的景观效果（开花种类、花色等）直接影响绿化降温、降噪、净化空气及促进居民健康等方面的效益。此外，建筑使用者的偏好和习惯、绿地管理和维护方式，均是影响居民使用绿化的意愿和频率，影响绿地发挥文化服务功能的重要因素。如菜园屋顶租赁的方式能调动更多居民参与绿化的建设和维护。

3. 建立面向大众公平共享的建筑增绿管理模式

由于绿化建筑受权属、位置、功能等因素影响，其可达性受到限制。建筑与绿化复合的GI空间与城市绿地未能形成互相配合、互相补充的系统关系（陈柳新 等，2017）。主要体现在屋顶绿化、庭院绿化等空间使用率低、维护主体缺失，存在一定的绿地非公平现象。比如由于屋顶花园与地面景观的空间距离，除了建筑内部使用者，较少市民有机会接触到屋顶花园；或者由于企业、校园封闭管理，其内部绿化所服务的人群受到限制；又或者屋顶花园植入过多高消费、营利性项目，只为少部分人群服务，出现绿色绅士化的倾向。

应建立面向大众公平共享的建筑增绿模式。①在规划和设计决策阶段，建立自下而上的空间营造需求反馈机制，鼓励建筑内部及周边市民的参与，并考虑其实际需求，谨慎选择营利性项目的类型及介入程度，避免设计的过度商业化和精英化。②在方案细化阶段，从城市设计角度尽可能增加建筑与绿化复合空间的可进入性、可接触性，关注行人的路径并设置标识物引导市民知晓并进入绿化空间，尝试与周边绿色要素建立联系，形成连续的绿色视觉景观。③在使用维护阶段，对屋顶绿化或庭院绿化等可停留空间，通过举办各类亲自然、环境保护等公益性活动，提供工作交流、儿童教育、老年休养等活动空间，增加周边市民对建筑绿化空间的认同感和归属感。建立使用者共同管理和维护的模式，避免个人擅自占用或改变空间形态和用途。总之，是否成本低廉，是否具有稳定、可持续且充满活力的建筑绿化空间，是衡量建筑增绿更新是否成功的关键。而多方参与的绿化空间的共建、共治、共享是实现建筑增绿目标的重要路径。

4. 构建目标明确且灵活多变的建筑增绿保障机制

国内大多城市尚未将屋顶绿化、墙面绿化等立体绿化提到与城市公园绿地建设同等重要的位置。虽然大部分一线城市纷纷出台相关政策及技术规范，但其中强制性立体绿化的内容并不多，立体绿化游离于法定规划内容之外。同时，政府政策性激励机制尚不完善，屋顶绿化、垂直绿化一般不纳入项目绿地率计算，不纳入绿化行政审批，且已存在的立体绿化补贴有限、受众较少。此外，公众认知也存在偏差，居民普遍认为做绿化不如做防水、改排水等，后者更能改善民生，且在需要分担前者的成本和风险时对立体绿化产生一定负面印象。由于成本及工程量等因素制约，建筑所属单位及社会企业对立体绿化或庭院更新的热情不高（曾春霞，2014）。

针对以上问题，应构建目标明确且灵活多变的建筑增绿保障机制。①建立完善的立体绿化法规制度。②明确立体绿化面积的折算方式及奖励标准，在控制性详细规划等法定图则中落实立体绿化的控制指标，且只有对公众开放的立体绿化空间才可以计入城市绿地总量。③鼓励采用覆土建筑、首层绿化等绿地与其他土地用途叠加的集约式土地利用方式。④完善和细化立体绿化及庭院更新的实施细则，包括审查流程、财政补贴或税费减免等，保障相关部门职能的衔接畅通。

参 考 文 献

[1] 曹海涛，2016. 城市更新地区绿地生态网络规划构建策略研究——以广东省为例 [J]. 建筑与文化，(7): 134-135.

[2] 曹越，杨锐，2020. 国际荒野地保护实践评析：基于荒野制图、系统性与连通性的视角 [J]. 中国园林，36(6):6-12.

[3] 曹钊豪, 张京生, 王鑫宇, 等, 2022. 山地城市绿地适宜性评价及布局优化研究——以新县为例 [J]. 环境科学与管理，47(3):35-40.

[4] 常江，KOETTER T，2005. 从采矿迹地到景观公园 [J]. 煤炭学报，(3):399-402.

[5] 陈崇贤，刘京一，2020. 气候变化影响下国外沿海城市应对海平面上升的景观策略与启示 [J]. 风景园林，27(12):32-37.

[6] 陈春荣，2017.TPO 耐根穿刺卷材在既有建筑屋顶绿化改造中的应用研究 [J]. 中国建筑防水，(3):23-25，42.

[7] 陈柳新，唐豪，刘德荣，2017. 对高密度特大城市绿地系统规划中立体绿化建设发展的思考——以深圳为例 [J]. 广东园林，39(6):86-90.

[8] 陈明坤，张清彦，朱梅安，等，2021. 成都公园城市三年创新探索与风景园林重点实践 [J]. 中国园林，37(8):18-23.

[9] 陈秋晓，侯焱，吴霜，2016. 机会公平视角下绍兴城市公园绿地可达性评价 [J]. 地理科学，36(3): 375-383.

[10] 陈思羽, 骆天庆, 2019. 屋顶绿化滞蓄研究前沿及趋势 [C]// 中国风景园林学会 . 中国风景园林学会 2019 年会论文集 (下册). 北京：中国建筑工业出版社：41-46.

[11] 陈雯，王远飞，2009. 城市公园区位分配公平性评价研究——以上海市外环线以内区域为例 [J]. 安徽师范大学学报 (自然科学版)，32(4):373-377.

[12] 池腾龙, 曾坚, 刘晨, 2017. 近30年武汉市热环境格局演化机制及扩散模式研究[J]. 国土资源遥感，29(4):197-204.

[13] 崔庆伟，2017. 风景园林学视角下的中国采石干扰土地修复治理现况反思 [J]. 中国园林，33(5):18-23.

[14] 邓炀，王向荣，2019. 公众参与城市绿色空间管理维护——以坦纳斯普瑞公园为例 [J]. 中国园林，35(8):139-144.

[15] 董菁，2021. 城市高密度地区屋顶绿化规划研究——以厦门岛为例 [D]. 天津：天津大学 .

[16] 董菁，郭飞，路晓东，等，2023. 伦敦屋顶绿化和墙体绿化政策的十年回顾 [J/OL]. 国际城市规划 :1-15.[2023-06-20].https://kns.cnki.net/kcms2/article/abstract?v=3uoqIhG8C45S0n9fL2suRadTyEVl2pW9UrhTDCdPD66CgmbxQ2RH6-F41peAX3IT6wyPBqqIVSp9ZeT4DEOsJuA9cJFhMWNK&uniplatform=NZKPT.

[17] 董菁，左进，李晨，等，2018. 城市再生视野下高密度城区生态空间规划方法——以厦门本岛立体绿化专项规划为例 [J]. 生态学报，38(12):4412-4423.

[18] 董楠楠，张昌夷，2018. 近 40 年德国立体绿化研究历程及启示 [J]. 中国城市林业，16(4):7-11.

[19] 杜志威，金利霞，张虹鸥，2020. 精明收缩理念下城市空置问题的规划响应与启示——基于德国、美国和日本的比较 [J]. 国际城市规划，35(2)：29-37.

[20] 方倩玉，2019. 城镇低效用地再开发研究——以浙江省平湖市为例 [D]. 西安：西北大学 .

[21] 冯姗姗，常江，2017. 矿业废弃地：完善绿色基础设施的契机 [J]. 中国园林，33(5)：24-28.

[22] 冯姗姗，胡曾庆，李玲，等，2021. 全生命周期视角下的闲置地转型绿地：进展及思考 [J]. 现代城市研究，(6)：93-101.

[23] 冯姗姗，寇晓丽，常江，等，2022. 城市非正式绿地：概念、类型、价值及更新设计模式研究 [J]. 南方建筑，(3):78-87.

[24] 付喜娥，吴人韦，2009. 绿色基础设施评价 (GIA) 方法介述——以美国马里兰州为例 [J]. 中国园林，25(9):41-45.

[25] 高洁，刘畅，陈天，2018. 从“永久清理”到“全局规划”——美国棕地治理策略演变及对我国的启示 [J]. 国际城市规划，33(4):25-34.

[26] 高骆秋，2010. 基于空间可达性的山地城市公园绿地布局探讨 [D]. 重庆：西南大学 .

[27] 高舒琦，2018. 美国扬斯敦市精明收缩规划的实施研究及其对我国的启示 [D]. 北京：清华大学 .

[28] 高舒琦，2020. 精明收缩理念在美国锈带地区规划实践中的新进展：扬斯敦市社区行动规划研究 [J]. 国际城市规划，35(2):38-46.

[29] 宫聪，吴祥艳，胡长涓，2017. 城市空地转变为绿色基础设施的系统性规划方法研究——以美国里士满为例 [J]. 中国园林，33(5)：74-79.

[30] 郭丹丹，吴晓芙，陈永华，等，2012. 矿区废弃地重金属的植物修复技术研究进展 [J]. 环境科学与管理，37(4):53-57.

[31] 哈夫，2012. 城市与自然过程——迈向可持续性的基础 [M]. 刘海龙，贾丽奇，赵志聪，等，译 .2 版 . 北京：中国建筑工业出版社 .

[32] 何盼，陈蔚镇，程强，等，2019. 国内外城市绿地空间正义研究进展 [J]. 中国园林，35(5):28-33.

[33] 贺炜，刘滨谊，2011. 有关绿色基础设施几个问题的重思 [J]. 中国园林，27(1):88-92.

[34] 侯德义，宋易南，2018. 农田污染土壤的绿色可持续修复：分析框架与相关思考 [J]. 环境保护，46(1):36-40.

[35] 侯寰宇，张颀，黄琼，2016. 寒冷地区中庭空间低能耗设计策略图建构初探 [J]. 建筑学报，(5):72-76.

[36] 侯晓蕾，2019. 基于社区营造的城市公共空间微更新探讨 [J]. 风景园林，26(6):8-12.

[37] 胡曾庆，2022. 社会 - 生态功能需求下低效工业用地转型绿地多尺度潜力评价研究 [D]. 徐州：中国矿业大学 .

[38] 胡庭浩，常江，思博，2021. 德国绿色基础设施规划的背景、架构与实践 [J]. 国际城市规划，36(1):109-119.

[39] 胡一可，丁梦月，2021. 城市社区绿地空间研究进展 [J]. 风景园林，28(4)：21-26.

[40] 黄鹤，2011. 精明收缩 : 应对城市衰退的规划策略及其在美国的实践 [J]. 城市与区域规划研究，4(3):157-168.

[41] 黄骏，刘宇峰，林燕，2020. 新加坡大学校园建筑绿化空间设计策略研究 [J]. 南方建筑，(2):112-119.

[42] 黄娜，石铁矛，石羽，等，2021. 绿色基础设施的生态及社会功能研究进展 [J]. 生态学报，41(20):7946-7954.

[43] 黄思颖，徐伟振，傅伟聪，等，2022. 城市公园绿地可达性及其提升策略研究 [J]. 林业经济问题，42(1): 89-96.

[44] 黄琰麟，2021. 基于生境营造的低维护生态式屋顶绿化设计研究——以沣西新城文化公园屋顶绿化为例 [D]. 西安：西安建筑科技大学 .

[45] 姜彦旭，韩林飞，2021. 基于韧性设计的城市剩余空间亲生物性恢复规划研究 [J]. 城市发展研究，28(1):23-31.

[46] 金垠秀，2023. 浅析城市立交桥桥区绿化空间的植物景观设计 [J]. 江西建材，(1):115-117.

[47] 金远，2006. 对城市绿地指标的分析 [J]. 中国园林，(8):56-60.

[48] 金云峰，张新然，2017. 基于公共性视角的城市附属绿地景观设计策略 [J]. 中国城市林业，15(5)：12-15.

[49] 金云峰，张悦文，2014. 复合 • 拓展 • 优化——城镇绿地空间功能复合 [C]// 中国风景园林学会 . 中国风景园林学会 2014 年会论文集 (下册). 北京：中国建筑工业出版社 :338-344.

[50] 柯克伍德，萧蕾，2015. 纵观棕地 [J]. 中国园林，31(4):5-9.

[51] 孔繁花，尹海伟，2008. 济南城市绿地生态网络构建 [J]. 生态学报，(4): 1711-1719.

[52] 李锋，王如松，赵丹，2014. 基于生态系统服务的城市生态基础设施 : 现状、问题与展望 [J]. 生态学报，34(1):190-200.

[53] 李荷，2020a. 韧性营建：高密度建成环境内生态空间优化研究 [D]. 重庆：重庆

大学 .

[54] 李荷，杨培峰，2020b. 自然生态空间“人本化”营建 : 新时代背景下城市更新的规划理念及路径 [J]. 城市发展研究，27(7):90-96，132.

[55] 李建萍，张建红，王存政，等，2011. 工业废弃场地再开发的土壤环境评价与修复研究 [J]. 环境工程，29(4):109-111，120.

[56] 李开然，2009. 绿色基础设施 : 概念，理论及实践 [J]. 中国园林，25(10):88-90.

[57] 李凯，侯鹰，SKOV-PETERSEN H，等，2021. 景观规划导向的绿色基础设施研究进展——基于“格局—过程—服务—可持续性”研究范式 [J]. 自然资源学报，36(2):435-448.

[58] 李鑫，马晓冬，薛小同，等，2019. 城市绿地空间供需评价与布局优化——以徐州中心城区为例 [J]. 地理科学，39(11): 1771-1779.

[59] 梁鑫斌，郭娜娜，季翔，等，2020. 基于遥感数据的徐州市热岛效应时空特征分析 [J]. 淮阴工学院学报，29(1): 1-6.

[60] 林坚，叶子君，杨红，2019. 存量规划时代城镇低效用地再开发的思考 [J]. 中国土地科学，33(9):1-8.

[61] 刘滨谊，张德顺，刘晖，等，2013. 城市绿色基础设施的研究与实践 [J]. 中国园林，29(3):6-10.

[62] 刘锴，宋易南，侯德义，2018. 污染地块修复的社会可持续性与公众知情研究 [J]. 环境保护，46(9):37-42.

[63] 刘明月，叶如海，2020. 城市防灾避险功能空间分布的公平性分析——以南京市鼓楼区为例 [J]. 住宅科技，40(12): 5-9，40.

[64] 刘爽，赵伟韬，2010. 海州露天矿国家矿山公园植物造景初步研究 [J]. 黑龙江农业科学，(3):79-81.

[65] 刘颂华，2015. 对“地下文物埋藏区”制度的研究 [J]. 东南文化，(1): 22-28.

[66] 刘兴坡，于腾飞，李永战，等，2016. 基于遥感图像的汇水区域综合径流系数获取方法 [J]. 中国给水排水，32(9): 140-143.

[67] 刘焱序，傅伯杰，2019. 景观多功能性：概念辨析、近今进展与前沿议题 [J]. 生态学报，39(8): 2645-2654.

[68] 刘一鸣，储君，林雄斌，等，2021. 内涵式发展诉求下城市绿地系统规划的绿视率问题研究 [J]. 城市发展研究，28(2):24-31，2.

[69] 刘源，王浩，2013. 城市公园绿地有机更新可持续性发展探讨——以美国沃斯堡市公园绿地规划为例 [J]. 林业科技开发，27(6): 136-139.

[70] 刘源，王浩，2014. 城市公园绿地有机更新的思考 [J]. 中国园林，30(12): 87-90.

[71] 刘源，王浩，黄静，等，2010. 城市绿地系统有机更新“四化”法研究 [J]. 浙江林学院学报，27(5): 739-744.

[72] 刘悦来，尹科娈，葛佳佳，2018. 公众参与 协同共享 日臻完善——上海社区花园系列空间微更新实验 [J]. 西部人居环境学刊，33(4):8-12.

[73] 刘志敏，2019. 社会生态视角的城市韧性研究——以沈阳市中心城区为例 [D]. 长春：东北师范大学 .

[74] 鲁航，2020. 深圳市既有建筑立体绿化改造设计研究 [D]. 成都：西南交通大学 .

[75] 陆轩，2018. 万紫千红总是春——上海绿化市容行业改革开放 40 周年回眸 [EB/OL].(2018-11-20)[2023-08-24].https://lhsr.sh.gov.cn/zz201805/20181120/0039-56044B18-69F7-4734-8690-BA9E32549396.html.

[76] 陆张维，徐丽华，吴亚琪，2016. 基于适宜性评价的中心城区建设用地布局——以杭州市为例 [J]. 长江流域资源与环境，25(6): 904-912.

[77] 栾博，柴民伟，王鑫，2017. 绿色基础设施研究进展 [J]. 生态学报，37(15):5246-5261.

[78] 栾博，丁戎，王鑫，等，2020. 城市绿色基础设施韧性设计范式转型探索 [J]. 景观设计学，8(6):94-105.

[79] 罗华，2008. 城市绿化中的难题——停车场绿化 [J]. 园林，(10):44-45.

[80] 骆天庆，苏怡柠，陈思羽，2019. 高度城市化地区既有建筑屋顶绿化建设潜力评析——以上海中心城区为例 [J]. 风景园林，26(1):82-85.

[81] 马德尔，孔洞一，崔庆伟，2017. 修复地球表面肌肤——德国矿区生态修复再利用理论与实践 [J]. 风景园林，(8):30-40.

[82] 毛晨悦，吴尤，2020. 顺应与提升：费城铁路工业遗址景观再生 [J]. 风景园林，27(7):62-67.

[83] 毛齐正，黄甘霖，邬建国，2015. 城市生态系统服务研究综述 [J]. 应用生态学报，26(4):1023-1033.

[84] 木皓可，张云路，马嘉，等，2019. 从“其他绿地”到“区域绿地”：城市非建设用地下的绿地规划转型与优化 [J]. 中国园林，35(9):42-47.

[85] 欧建西，2020. 海绵城市视角下的绿色雨水基础设施规划设计方法研究 [D]. 北京：北京建筑大学 .

[86] 裴丹，2012. 绿色基础设施构建方法研究述评 [J]. 城市规划，36(5):84-90.

[87] 彭保发，石忆邵，王贺封，等，2013. 城市热岛效应的影响机理及其作用规律——以上海市为例 [J]. 地理学报，68(11): 1461-1471.

[88] 钱蕾西，王晞月，王向荣，2022. 城市自然的再认知：典型城市荒野空间的识别特征及应对策略 [J]. 中国园林，38(8):16-23.

[89] 乔丹，2019. 高校既有建筑屋顶绿化改造设计研究 [D]. 徐州：中国矿业大学 .

[90] 邱天，2021. 基于高斯两步移动搜索法的兰州市公园绿地可达性评价与优化选址 [D]. 兰州：兰州大学 .

[91] 邵天然，李超骕，曾辉，2012. 城市屋顶绿化资源潜力评估及绿化策略分析——以深圳市福田中心区为例 [J]. 生态学报，32(15):4852-4860.

[92] 邵亦文, 徐江, 2015. 城市韧性: 基于国际文献综述的概念解析 [J]. 国际城市规划, 30(2)：48-54.

[93] 申佳可，王云才，2018. 韧性城市社区规划设计的 3 个维度 [J]. 风景园林，25(12):65-69.

[94] 申佳可，王云才，2020. 生态系统服务制图单元如何更好地支持风景园林规划设计？ [J]. 风景园林，27(12):85-91.

[95] 沈清基，2018. 韧性思维与城市生态规划 [J]. 上海城市规划，(3):1-7.

[96] 石渠，李雄，2022. 气候变化背景下绿色基础设施的研究进展与热点前沿 [J]. 风景园林，29(7):73-79.

[97] 宋秋明，冯维波，2021. 绿色基础设施建设驱动城市更新 [J]. 现代城市研究，(10):58-62.

[98] 宋小青, 麻战洪, 赵国松, 等, 2018. 城市空地: 城市化热潮的冷思考 [J]. 地理学报,

73(6)：1033-1048.

[99] 苏平，2013. 空间经营的困局——市场经济转型中的城市设计解读 [J]. 城市规划学刊，(3):106-112.

[100] 苏毅，柏云，李飞，等，2017. 基于“收益网”的绿地系统规划——绿色费城的合生设计思路 [J]. 建筑与文化，(12):150-151.

[101] 孙长惠，2012. 立体绿化与建筑一体化设计结合方式初探 [J]. 华中建筑，30(9):28-30.

[102] 孙明芳，陈华，2010. 综合园区存量土地集约利用方法探索——以无锡新区为例 [J]. 城市发展研究，17(11):101-105.

[103] 谭传东，2019. 绿色基础设施视角下的城市生态系统服务额外需求评估——以武汉中心城区为例 [D]. 武汉：华中农业大学 .

[104] 汤怀志，2017. 存量建设用地整理的动力和实现路径 [J]. 中国土地，(3):15-16.

[105] 唐子来，顾姝，2015. 上海市中心城区公共绿地分布的社会绩效评价 : 从地域公平到社会公平 [J]. 城市规划学刊，(2):48-56.

[106] 陶卓霖，程杨，2016. 两步移动搜寻法及其扩展形式研究进展 [J]. 地理科学进展，35(5): 589-599.

[107] 汪辉, 刘晓伟, 欧阳秋, 2014. 南京市高架桥下部空间利用初探 [J]. 现代城市研究，(1):19-25.

[108] 王春晓，林广思，2015. 城市绿色雨水基础设施规划和实施 以美国费城为例 [J]. 风景园林，(5):25-30.

[109] 王富海，谭维宁，2005. 更新观念 重构城市绿地系统规划体系 [J]. 风景园林，(4): 16-22.

[110] 王海鹰，张新长，康停军，2009. 基于 GIS 的城市建设用地适宜性评价理论与应用 [J]. 地理与地理信息科学，25(1): 14-17.

[111] 王兰，叶启明，蒋希冀，2015. 迈向全球城市区域发展的芝加哥战略规划 [J]. 国际城市规划，30(4):34-40.

[112] 王忙忙，王云才，2020. 生态智慧引导下的城市公园绿地韧性测度体系构建 [J]. 中国园林，36(6):23-27.

[113] 王太春，王芳，瞿燕花，等，2015. 西部省会城市公共绿地景观格局及其 500 m 半径服务率 [J]. 兰州大学学报 (自然科学版)，51(1): 138-144.
[114] 王晞月，2017. 城市缝隙：人居语境下荒野景观的存续与营造策略 [J]. 城市发展研究，24(7)：11-16，24.
[115] 王向荣，2019. 以柔克刚的弹性 [J]. 风景园林，26(9):4-5.
[116] 维瑟卡，齐默，张洁，2014. 美国长岛市猎人角南滨公园 [J]. 风景园林，109(2):44-51.
[117] 魏新星，陈一欣，黄静，等，2022. 城市低效用地更新为绿色基础设施优先度评价 [J]. 生态学报，42(16):6565-6578.
[118] 吴锦华，黄金凤，刘芳伊，2016. 谈既有建筑屋顶花园的施工技术——以江苏南京银城广场辅楼屋顶绿化施工技术为例 [J]. 中外建筑，(7):146-149.
[119] 吴京婷，吴晓华，汪天瑜，等，2022. 基于游客行为的杭州上塘河滨河景观带活力特征研究 [J]. 浙江农林大学学报，39(2):438-445.
[120] 吴玉琼，2012. 垂直绿化新技术在建筑中的应用 [D]. 广州：华南理工大学 .
[121] 武文丽，黄春波，付宗驰，等，2018. 干旱区绿地适宜性评价研究——以新疆北屯市为例 [J]. 西北林学院学报，33(5):236-244.
[122] 袭月，张志强，周洁，等，2021. 城市化进程下地表温度时空变化及其与植被覆盖度的相关性——以北京五环区域为例 [J]. 林业科学，57(6): 1-13.
[123] 鲜明睿, 侍昊, 徐雁南, 等, 2012. 基于 AHP 和 FR 模型的城市绿地适宜性评价 [J]. 南京林业大学学报 (自然科学版)，36(4):23-28.
[124] 肖希, 李敏, 2016. 英国绿色基础设施估值工具箱方法评鉴 [J]. 城市问题, (1):52-57.
[125] 谢花林，李秀彬，2011. 基于 GIS 的区域关键性生态用地空间结构识别方法探讨 [J]. 资源科学，33(1):112-119.
[126] 幸丽君，2019. 公平理念指引下的城市公园绿地空间布局优化 [D]. 武汉：武汉大学 .
[127] 徐州市自然资源和规划局，中国矿业大学环境与测绘学院，2020. 国土空间规划背景下徐州中心城区低效用地存量挖潜研究 [R]. 徐州：[出版者不详].
[128] 薛小同，雍新琴，李鑫，等，2019. 基于网络大数据的徐州中心城区绿地空间公

平性评价 [J]. 生态科学，38(6):140-148.
[129] 燕超，胡海波，徐晓梅，等，2022. 模拟降雨条件下城市下垫面径流系数变化规律 [J]. 中国水土保持科学 (中英文)，20(5):24-30.
[130] 杨慧，陈华飞，李鑫，2019. 低效工业用地整治提升策略分析 [J]. 中国土地，(9):50-51.
[131] 杨建强，2018. 土壤污染治理存在的问题及解决对策 [J]. 海峡科技与产业，(3):17-18.
[132] 杨瑞卿，杨学民，徐德兰，2020. 生态园林城市建设驱动下的城市绿地景观格局变化研究 [J]. 广西师范大学学报 (自然科学版)，38(6): 140-147.
[133] 杨一一，唐安冰，2017. 在钢城的遗址上 [J]. 重庆与世界，(2): 64-71.
[134] 叶洁楠，章烨，王浩，2021. 新时期人本视角下公园城市建设发展新模式探讨 [J]. 中国园林，37(8):24-28.
[135] 衣霄翔，赵天宇，吴彦锋，等，2020. “危机”抑或“契机”？——应对收缩城市空置问题的国际经验研究 [J]. 城市规划学刊，(2)：95-101.
[136] 尹稚，2015. 完善规划程序，建立健全存量空间政策法规体系 [J]. 城市规划，39(12):93-95.
[137] 俞孔坚，段铁武，李迪华，等，1999. 景观可达性作为衡量城市绿地系统功能指标的评价方法与案例 [J]. 城市规划，(8):7-10，42，63.
[138] 曾春霞，2014. 立体绿化建设的新思考与新探索 [J]. 规划师，30(S5):148-152.
[139] 曾逸思，2020. 城市立交桥下空间利用研究——以深圳市南山区为例 [D]. 深圳：深圳大学 .
[140] 张贝贝，李志刚，2017. “收缩城市”研究的国际进展与启示 [J]. 城市规划，41(10):103-108，121.
[141] 张帆，2014. 北京产业用地规划实施存在的若干问题及对策研究 [J]. 北京规划建设，(2): 84-90.
[142] 张凤娥，王新军，2009. 上海城市更新中公共绿地的规划研究 [J]. 复旦学报 (自然科学版)，48(1): 106-110，116.
[143] 张欢，2008. 中庭绿化初步研究 [J]. 安徽农业科学，(29):12684-12685，12881.

[144] 张泉, 彭筱雪, 白冬梅, 2020. 韧性理念下社区绿色基础设施功能提升策略研究 [J]. 建筑经济，41(S1):262-265.

[145] 张善峰，董丽，黄初冬，2016. 绿色基础设施经济收益评估的综合成本收益分析法研究 : 以美国费城为例 [J]. 中国园林，32(9):116-121.

[146] 张天洁，岳阳，2019. 西方“景观公正”研究的简述及展望，1998—2018[J]. 中国园林，35(5):5-12.

[147] 张祥明，2015. 结合立体绿化的建筑外立面设计研究 [D]. 南京：南京工业大学 .

[148] 张悦文，金云峰，2016. 基于绿地空间优化的城市用地功能复合模式研究 [J]. 中国园林，32(2):98-102.

[149] 张云路，李雄，2016. 新中国成立以来我国村镇绿地发展历程及发展趋势研究 [J]. 中国园林，32(5):102-106.

[150] 张云路，李雄，2017. 基于供给侧的城市绿地系统规划新思考 [J]. 中国城市林业，15(1):1-4.

[151] 张振威，郑晓笛，2019. 土壤污染防治法背景下的城乡绿地系统建设 : 趋势与对策 [J]. 中国园林，35(2):12-15.

[152] 赵娟，许芗斌，唐明，2021. 韧性导向的美国《诺福克城绿色基础设施规划》研究 [J]. 国际城市规划，36(4):148-153.

[153] 郑国，张湛欣，2015. 国外都市区战略规划演进与范例研究 [J]. 城市发展研究，22(9):85-90.

[154] 郑曦，蒋雨婷，2015. 区域景观体系作为城市化的媒介 查尔斯河口城市波士顿的景观演变与城市发展 [J]. 风景园林，(9):70-76.

[155] 郑晓笛，2015a. 基于“棕色土方”视角解读德国北杜伊斯堡景观公园 [J]. 景观设计学，3(6):20-29.

[156] 郑晓笛，李发生，2015b. 将美学与景观艺术融入污染土地治理 [J]. 中国园林，31(4):25-28.

[157] 郑晓笛，吴熙，2020. 棕地再生中的生态思辨 [J]. 中国园林，36(6)：17-22.

[158] 中华人民共和国住房和城乡建设部，2017. 城市绿地分类标准：CJJ/T 85—2017[S]. 北京 : 中国建筑工业出版社 .

[159] 周恺，刘力銮，戴燕归，2020. 收缩治理的理论模型、国际比较和关键政策领域研究 [J]. 国际城市规划，35(2)：12-19，37.

[160] 周利敏，2015. 从社会脆弱性到社会生态韧性 : 灾害社会科学研究的范式转型 [J]. 思想战线，41(6): 50-57.

[161] 周盼，2015. 基于绿色基础设施的老工业收缩城市更新策略研究 [D]. 武汉：华中农业大学 .

[162] 周盼, 吴佳雨, 吴雪飞, 2017. 基于绿色基础设施建设的收缩城市更新策略研究 [J]. 国际城市规划，32(1):91-98.

[163] 周详，张晓刚，何龙斌，等，2013. 面向行为尺度的城市绿地格局公平性评价及其优化策略——以深圳市为例 [J]. 北京大学学报 (自然科学版)，49(5):892-898.

[164] 周艳妮，尹海伟，2010. 国外绿色基础设施规划的理论与实践 [J]. 城市发展研究，17(8): 87-93.

[165] 周兆森，林广思，2018. 城市公园绿地使用的公平研究现状及分析 [J]. 南方建筑，185(3):53-59.

[166] 朱一凡，魏猛，2016. 浅谈建筑绿化在城市生态建设中的作用 [J]. 环境与可持续发展，41(4):127-128.

[167] 邹兵，2013. 由“增量扩张”转向“存量优化”——深圳市城市总体规划转型的动因与路径 [J]. 规划师，29(5):5-10.

[168] 邹锦，颜文涛，2020. 存量背景下公园城市实践路径探索——公园化转型与网络化建构 [J]. 规划师，36(15):25-31.

[169] ABDO P，HUYNH B P，IRGA P J，et al.，2019. Evaluation of air flow through an active green wall biofilter[J]. Urban Forestry & Urban Greening，41: 75-84.

[170] ALEKSANDRA K，2016. Multifunctional green infrastructure and climate change adaptation: brownfield greening as an adaptation strategy for vulnerable communities?[J]. Planning Theory & Practice，17(2): 280-289.

[171] ALOISIO J M，PALMER M I，TUININGA A R，et al.，2020. Introduced and native plant species composition of vacant unmanaged green roofs in New York City[J]. Urban Ecosystems，23: 1227-1238.

[172] ALTHERR W, BLUMER D, OLDÖRP H, et al., 2007. How do stakeholders and legislation influence the allocation of green space on brownfield redevelopment projects? Five case studies from Switzerland, Germany and the UK[J]. Business Strategy and the Environment, 16(7): 512-522.

[173] ANDERSON E C, MINOR E S, 2017. Vacant lots: an underexplored resource for ecological and social benefits in cities[J]. Urban Forestry & Urban Greening, 21: 146-152.

[174] ANDERSON E C, MINOR E S, 2019. Assessing social and biophysical drivers of spontaneous plant diversity and structure in urban vacant lots[J].Science of the Total Environment, 653: 1272-1281.

[175] ANTONIADIS D, KATSOULAS N, PAPANASTASIOU D, et al., 2016. Evaluation of thermal perception in schoolyards under Mediterranean climate conditions[J]. International Journal of Biometeorology, 60: 319-334.

[176] APOSTOLOPOULOU E, ADAMS W M, 2015. Neoliberal capitalism and conservation in the post - crisis era: the dialectics of "green" and "un - green" grabbing in Greece and the UK[J]. Antipode, 47(1): 15-35.

[177] ATKINSON G, DOICK K J, BURNINGHAM K, et al., 2014a. Brownfield regeneration to greenspace: delivery of project objectives for social and environmental gain[J]. Urban Forestry & Urban Greening, 13(3): 586-594.

[178] ATKINSON G, DOICK K, 2014b. Planning for brownfield land regeneration to woodland and wider green infrastructure[J]. Practice Note-Forestry Commission, (22).

[179] BARDOS R P, JONES S, STEPHENSON I, et al., 2016.Optimising value from the soft re-use of brownfield sites[J]. Science of the Total Environment, 563, 769-782.

[180] BELCHER R N, SADANANDAN K R, GOH E R, et al., 2019. Vegetation on and around large-scale buildings positively influences native tropical bird abundance and bird species richness[J]. Urban Ecosystems, 22: 213-225.

[181] BENEDICT M A, MCMAHON E T, 2002. Green infrastructure:smart conservation

for the 21st century[J]. Renewable Resources Journal, 20(3):12-17.

[182] BENEDICT M A, MCMAHON E T, 2006. Green infrastructure: linking landscapes and communities[M]. Washington: Island Press.

[183] BERGHAGE R, JARRETT A, BEATTIE D, et al., 2007. Quantifying evaporation and transpirational water losses from green roofs and green roof media capacity for neutralizing acid rain[R/OL].[2023-05-01].https://docslib.org/doc/9229483/quantifying-evaporation-and-transpirational-water-losses-from-green-roofs-and-green-roof-media-capacity-for-neutralizing-acid-rain.

[184] BERKES F, ROSS H, 2013. Community resilience: toward an integrated approach[J]. Society & Natural Resources, 26(1): 5-20.

[185] BERTHON K, NIPPERESS D, DAVIES P, et al., 2015. Confirmed at last: green roofs add invertebrate diversity[EB/OL].(2015-12-11)[2023-05-01].https://soacconference.com.au/wp-content/uploads/2016/02/Berthon..pdf.

[186] BONTHOUX S, BRUN M, PIETRO F D, et al., 2014. How can wastelands promote biodiversity in cities? A review[J].Landscape and Urban Planning, 132: 79-88.

[187] BONTHOUX S, VOISIN L, BOUCHÉ-PILLON S, et al., 2019.More than weeds spontaneous vegetation in streets as a neglected element of urban biodiversity[J]. Landscape and Urban Planning, 185: 163-172.

[188] BRANAS C C, CHENEY R A, MACDONALD J M, et al., 2011. A difference-in-differences analysis of health, safety, and greening vacant urban space[J]. American Journal of Epidemiology, 174(11): 1296-1306.

[189] BRANAS C C, SOUTH E, KONDO M C, et al., 2018. Citywide cluster randomized trial to restore blighted vacant land and its effects on violence, crime, and fear[J].Proceedings of the National Academy of Sciences, 115(12): 2946-2951.

[190] BROWN J H, KODRIC-BROWN A, 1977. Turnover rates in insular biogeography: effect of immigration on extinction[J]. Ecology, 58(2) :445-449.

[191] BRUN M, DI PIETRO F, BONTHOUX S, 2018. Residents' perceptions and

valuations of urban wastelands are influenced by vegetation structure[J]. Urban Forestry & Urban Greening , 29: 393-403.

[192] CHANG H S, LIAO C H, 2011.Exploring an integrated method for measuring the relative spatial equity in public facilities in the context of urban parks[J].Cities, 28(5):361-371.

[193] CHATZIMENTOR A, APOSTOLOPOULOU E, MAZARIS A D, 2020. A review of green infrastructure research in Europe:challenges and opportunities[J]. Landscape and Urban Planning, 198: 103775.

[194] CHEN M X, XIAN Y, HUANG Y H, et al., 2022.Fine-scale population spatialization data of China in 2018 based on real location-based big data[J]. Scientific Data, 9(1).

[195] CHRYSOCHOOU M, BROWN K, DAHAL G, et al., 2012.A GIS and indexing scheme to screen brownfields for area-wide redevelopment planning[J]. Landscape and Urban Planning, 105(3), 187-198.

[196] CLANCY J, RYAN C, 2015.The role of biophilic design in landscape architecture for health and well-being[J]. Landscape Architecture Frontiers, 3(1): 54-61.

[197] DAI D, 2010. Black residential segregation, disparities in spatial access to health care facilities, and late-stage breast cancer diagnosis in metropolitan Detroit[J]. Health & Place, 16(5):1038-1052.

[198] DE SOUSA C A, 2003. Turning brownfields into green space in the City of Toronto[J]. Landscape and Urban Planning, 62(4): 181-198.

[199] DE VALCK J, BEAMES A, LIEKENS I, et al., 2019. Valuing urban ecosystem services in sustainable brownfield redevelopment[J]. Ecosystem Services, 35: 139-149.

[200] DEMUZERE M, ORRU K, HEIDRICH O, et al., 2014. Mitigating and adapting to climate change: multi-functional and multi-scale assessment of green urban infrastructure[J]. Journal of Environmental Management, 146: 107-115.

[201] DING T H, CHEN J F, FANG Z, et al., 2021.Assessment of coordinative

relationship between comprehensive ecosystem service and urbanization: a case study of Yangtze River Delta urban agglomerations, China[J]. Ecological Indicators, 133: 108454.

[202] DO Y, LINEMAN M, JOO G J, 2014. Carabid beetles in green infrastructures: the importance of management practices for improving the biodiversity in a metropolitan city[J]. Urban Ecosystems, 17: 661-673.

[203] DOICK K J, PEDIADITI K, MOFFAT A J, et al., 2009a. Defining the sustainability objectives of brownfield regeneration to greenspace[J]. International Journal of Management and Decision Making, 10(3-4): 282-302.

[204] DOICK K J, SELLERS G, CASTAN-BROTO V, et al., 2009b. Understanding success in the context of brownfield greening projects: the requirement for outcome evaluation in urban greenspace success assessment[J]. Urban Forestry & Urban Greening, 8(3): 163-178.

[205] DOICK K J, SELLERS G, HUTCHINGS T R, et al., 2006. Brownfield sites turned green: realising sustainability in urban revival[J]. WIT Transactions on Ecology and the Environment, 94(6).

[206] DOLEŽALOVÁ L, HADLAČ M, KADLECOVÁ M, et al., 2014. Redevelopment potential of brownfields: A-B-C classification and its practical application[J].E+M Ekonomie a Management, 17(2):34-44.

[207] DUCHOSLAV M, 2002. Flora and vegetation of stony walls in East Bohemia (Czech Republic)[J]. Preslia, 74, 1-25.

[208] EYRE M D, LUFF M L, WOODWARD J C, 2003.Beetles (Coleoptera) on brownfield sites in England: an important conservation resource?[J].Journal of Insect Conservation, 7(4): 223-231.

[209] FOO K, MARTIN D, WOOL C, et al., 2014. Reprint of "the production of urban vacant land: relational placemaking in Boston, MA neighborhoods" [J]. Cities, 40: 175-182.

[210] FOSTER J, 2014.Hiding in plain view: vacancy and prospect in Paris' Petite

Ceinture[J].Cities, 40: 124-132.

[211] GANDY M, 2013. Marginalia: aesthetics, ecology, and urban wastelands[J]. Annals of the Association of American Geographers, 103(6): 1301-1316.

[212] GARDINER M M, BURKMAN C E, PRAJZNER S P, 2013. The value of urban vacant land to support arthropod biodiversity and ecosystem services[J]. Environmental Entomology, 42(6): 1123-1136.

[213] GARVIN E C, CANNUSCIO C C, BRANAS C C, 2013.Greening vacant lots to reduce violent crime: a randomised controlled trial[J].Injury Prevention, 19(3): 198-203.

[214] GENELETTI D, ZARDO L, CORTINOVIS C, 2016. Promoting nature-based solutions for climate adaptation in cities through impact assessment[C]//GENELETTI D. Handbook on biodiversity and ecosystem services in impact assessment. Cheltenham:Edward Elgar Publishing: 428-452.

[215] Green Infrastructure Center, E^2 Inc, 2010. Richmond green infrastructure assessment[R/OL].(2010-12-01)[2023-05-01].https://gicinc.org/books/richmond-green-infrastructure-assessment/.

[216] GREEN T L, 2018. Evaluating predictors for brownfield redevelopment[J].Land Use Policy, 73, 299-319.

[217] HAALAND C, VAN DEN BOSCH C K, 2015. Challenges and strategies for urban green-space planning in cities undergoing densification: a review[J]. Urban Forestry & Urban Greening, 14(4): 760-771.

[218] HAASE D, HAASE A, RINK D, 2014.Conceptualizing the nexus between urban shrinkage and ecosystem services[J]. Landscape and Urban Planning, 132, 159-169.

[219] HAINES-YOUNG R, POTSCHIN M, 2010. The links between biodiversity, ecosystem services and human well-being[C]//RAFFAELLI D G, FRID C L J.Ecosystem ecology: a new synthesis.Cambridge: Cambridge University Press: 110-139.

[220] HANSEN W G, 1959.How accessibility shapes land use[J]. Journal of the American

Institute of Planners, 25(2):73-76.

[221] HARRISON C, DAVIES G, 2002. Conserving biodiversity that matters: practitioners' perspectives on brownfield development and urban nature conservation in London[J]. Journal of Environmental Management, 65(1): 95-108.

[222] HECKERT M, 2013. Access and equity in greenspace provision: a comparison of methods to assess the impacts of greening vacant land[J]. Transactions in GIS, 17(6): 808-827.

[223] HECKERT M, MENNIS J, 2012. The economic impact of greening urban vacant land: a spatial difference-in-differences analysis[J]. Environment and Planning A, 44(12): 3010-3027.

[224] HERBST H, HERBST V, 2006.The development of an evaluation method using a geographic information system to determine the importance of wasteland sites as urban wildlife areas[J]. Landscape and Urban Planning, 77(1-2): 178-195.

[225] HOFMANN M, WESTERMANN J R, KOWARIK I, et al., 2012. Perceptions of parks and urban derelict land by landscape planners and residents[J]. Urban Forestry & Urban Greening, 11(3): 303-312.

[226] HOU D Y, AL-TABBAA A, 2014. Sustainability: a new imperative in contaminated land remediation[J]. Environmental Science & Policy, 39: 25-34.

[227] HOU W, ZHAI L, FENG S, et al., 2021.Restoration priority assessment of coal mining brownfields from the perspective of enhancing the connectivity of green infrastructure networks[J]. Journal of Environmental Management, 277: 111289.

[228] HUNTER A M, WILLIAMS N S G, RAYNER J P, et al., 2014. Quantifying the thermal performance of green façades: a critical review[J]. Ecological Engineering, 63: 102-113.

[229] HUNTER P, 2014. Brown is the new green: brownfield sites often harbour a surprisingly large amount of biodiversity[J]. EMBO Reports, 15(12): 1238-1242.

[230] HWANG Y H, YUE Z E J, 2015.Observation of biodiversity on minimally managed green roofs in a tropical city[J].Journal of Living Architecture, 2(2): 9-26.

[231] JARRETT A R, HUNT W F, BERGHAGE R D, 2007. Evaluating a spreadsheet model to predict green roof stormwater management[C]//CLAR M.Low impact development: new and continuing applications.Washington:American Society of Civil Engineers:252-259.

[232] JERRETT M, VAN DEN BOSCH M, 2018. Nature exposure gets a boost from a cluster randomized trial on the mental health benefits of greening vacant lots[J]. JAMA Network Open, 1(3): e180299.

[233] JORGENSEN A, KEENAN R, 2011. Urban wildscapes [M].London:Routledge.

[234] JOSHI N, AGRAWAL S, WELEGEDARA N P Y, 2022a. Something old, something new, something green: community leagues and neighbourhood energy transitions in Edmonton, Canada[J]. Energy Research & Social Science, 88: 102524.

[235] JOSHI N, WENDE W, 2022b. Physically apart but socially connected: lessons in social resilience from community gardening during the COVID-19 pandemic[J]. Landscape and Urban Planning, 223: 104418.

[236] KAMBITES C, OWEN S, 2006. Renewed prospects for green infrastructure planning in the UK[J]. Planning, Practice & Research, 21(4): 483-496.

[237] KATSOULAS N, ANTONIADIS D, TSIROGIANNIS I L, et al., 2017. Microclimatic effects of planted hydroponic structures in urban environment: measurements and simulations[J]. International journal of biometeorology, 61: 943-956.

[238] KATTWINKEL M, BIEDERMANN R, KLEYER M, 2011. Temporary conservation for urban biodiversity[J]. Biological Conservation, 144(9): 2335-2343.

[239] KATTWINKEL M, STRAUSS B, BIEDERMANN R, et al., 2009. Modelling multi-species response to landscape dynamics: mosaic cycles support urban biodiversity[J]. Landscape Ecology, 24(7): 929-941.

[240] KAUFMAN D A, CLOUTIER N R, 2006. The impact of small brownfields and greenspaces on residential property values[J]. The Journal of Real Estate Finance and Economics, 33(1): 19-30.

[241] KAUFMAN D A, CLOUTIER N R, 2011. The Greening of a brownfield: a community-based learning project in economics[J]. Journal of Higher Education Outreach and Engagement, 9(1): 157-167.

[242] KIM G, 2018. An integrated system of urban green infrastructure on different types of vacant land to provide multiple benefits for local communities[J]. Sustainable Cities and Society, 36: 116-130.

[243] KIM G, MILLER P A, NOWAK D J, 2018. Urban vacant land typology: A tool for managing urban vacant land[J]. Sustainable Cities and Society, 36: 144-156.

[244] KIM G, MILLER P A, NOWAK D J, 2016. The value of green infrastructure on vacant and residential land in Roanoke, Virginia[J]. Sustainability, 8(4): 296.

[245] KIM G, MILLER P A, NOWAK D J, 2015.Assessing urban vacant land ecosystem services: urban vacant land as green infrastructure in the City of Roanoke, Virginia[J].Urban Forestry & Urban Greening, 14(3): 519-526.

[246] KIM M, RUPPRECHT C D D, FURUYA K, 2018.Residents' perception of informal green space—a case study of Ichikawa City, Japan[J].Land, 7(3): 102.

[247] KLENOSKY D B, SNYDER S A, VOGT C A, et al., 2017. If we transform the landfill, will they come? Predicting visitation to Freshkills Park in New York City[J]. Landscape and Urban Planning, 167: 315-324.

[248] KÖHLER M, KSIAZEK-MIKENAS K, 2018.Green roofs as habitats for biodiversity[C]//PÉREZ G, PERINI K.Nature based strategies for urban and building sustainability.Oxford: Butterworth-Heinemann: 239-249.

[249] KONDO M, HOHL B, HAN S, et al., 2016. Effects of greening and community reuse of vacant lots on crime[J]. Urban Studies, 53(15): 3279-3295.

[250] KONDO M, 2017. Economic benefits from violence reduction associated with remediation of abandoned buildings and vacant lot greening[R/OL]. (2017-01-01) [2023-8-20]. https://www.fs.usda.gov/research/news/highlights/economic-benefits-violence-reduction-associated-remediation-abandoned-buildings-and.

[251] KORN A, BOLTON S M, SPENCER B, et al., 2018. Physical and mental health

impacts of household gardens in an urban slum in Lima, Peru[J].International Journal of Environmental Research and Public Health, 15(8): 1751.

[252] KOWARIK I, HILLER A, PLANCHUELO G, et al., 2019. Emerging urban forests: opportunities for promoting the wild side of the urban green infrastructure[J]. Sustainability, 11(22): 6318.

[253] KREMER P, HAMSTEAD Z A, MCPHEARSON T, 2013. A social-ecological assessment of vacant lots in New York City[J]. Landscape and Urban Planning, 120: 218-233.

[254] KRISTIÁNOVÁ K, 2013. Tree alleys-specific green corridors and their disappearance from cultural landscape of Nitra Region[J].Proceedings of the Fábos Conference on Landscape and Greenway Planning, 4(1): 252-269.

[255] KYRÖ K, BRENNEISEN S, KOTZE D J, et al., 2018. Local habitat characteristics have a stronger effect than the surrounding urban landscape on beetle communities on green roofs[J].Urban Forestry & Urban Greening, 29, 122-130.

[256] LAFORTEZZA R, SANESI G, PACE B, et al., 2004. Planning for the rehabilitation of brownfield sites: a landscape ecological perspective[C]//DONATI A, ROSSI C, BREBBIA C A.Brownfield sites Ⅱ.Southampton:WIT Press:21-30.

[257] LAMINACK K D, 2014. Green roof water harvesting and recycling effects on soil and water chemistry and plant physiology[D].San Antonio: Texas A&M University.

[258] LÁNÍKOVÁ D, LOSOSOVÁ Z, 2009. Rocks and walls: natural versus secondary habitats[J]. Folia Geobot, 44, 263-280.

[259] LI X N, BARDOS P, CUNDY A B, et al., 2019. Using a conceptual site model for assessing the sustainability of brownfield regeneration for a soft reuse: a case study of Port Sunlight River Park (U.K.)[J]. Science of The Total Environment, 652: 810-821.

[260] LIBERALESSO T, CRUZ C O, SILVA C M, et al., 2020. Green infrastructure and public policies: an international review of green roofs and green walls incentives[J]. Land Use Policy, 96: 104693.

[261] LIN M L, YANG R X, 2019. An environmental improvement strategy for an urban green farm garden: a case study of Dongguang Green Garden Road, Taichung City[J]. IOP Conference Series: Earth and Environmental Science, 291(1): 012019.
[262] LISCI M, MONTE M, PACINI E, 2003. Lichens and higher plants on stone: a review[J].International Biodeterioration & Biodegradation, 51(1), 1-17.
[263] LOVELL S T, TAYLOR J R, 2013. Supplying urban ecosystem services through multifunctional green infrastructure in the United States[J]. Landscape Ecology, 28(8): 1447-1463.
[264] LOW S, 2013. Public space and diversity: distributive, procedural and interactional justice for parks[C]//YOUNG G, STEVENSON D.The Routledge research companion to planning and culture.London: Routledge: 295-310.
[265] MACIVOR J S, 2016. Building height matters: nesting activity of bees and wasps on vegetated roofs[J]. Israel Journal of Ecology & Evolution, 62(1-2): 88-96.
[266] MADRE F, VERGNES A, MACHON N, et al., 2013. A comparison of 3 types of green roof as habitats for arthropods[J]. Ecological Engineering, 57: 109-117.
[267] MARTINAT S, NAVRATIL J, HOLLANDER J B, et al., 2018. Re-reuse of regenerated brownfields: lessons from an Eastern European post-industrial city[J]. Journal of Cleaner Production, 188: 536-545.
[268] MATHEY J, ARNDT T, BANSE J, et al., 2018. Public perception of spontaneous vegetation on brownfields in urban areas—results from surveys in Dresden and Leipzig (Germany)[J]. Urban Forestry & Urban Greening, 29: 384-392.
[269] MATHEY J, RÖßLER S, BANSE J, et al., 2015. Brownfields as an element of green infrastructure for implementing ecosystem services into urban areas[J]. Journal of Urban Planning and Development, 141(3): A4015001.
[270] MAYRAND F, CLERGEAU P, 2018. Green roofs and green walls for biodiversity conservation: a contribution to urban connectivity? [J]. Sustainability, 10(4): 985.
[271] MCCLINTOCK N, COOPER J, KHANDESHI S, 2013. Assessing the potential contribution of vacant land to urban vegetable production and consumption in

Oakland, California[J]. Landscape and Urban Planning, 111: 46-58.

[272] MCPHEARSON T, KREMER P, HAMSTEAD Z A, 2013. Mapping ecosystem services in New York City: applying a social-ecological approach in urban vacant land[J]. Ecosystem Services, 5: e11-e26.

[273] MEDL A, STANGL R, FLORINETH F, 2017. Vertical greening systems–a review on recent technologies and research advancement[J]. Building and Environment, 125: 227-239.

[274] MEJÍA C V, SHIROTOVA L, DE ALMEIDA I F M, 2015. Green infrastructure and German landscape planning: a comparison of approaches[J]. Urbani Izziv, 26: S25-S37.

[275] MELL I C, 2010. Green infrastructure: concepts, perceptions and its use in spatial planning[D].Newcastle:Newcastle University.

[276] MELL I C, 2014. Aligning fragmented planning structures through a green infrastructure approach to urban development in the UK and USA[J]. Urban Forestry & Urban Greening, 13(4): 612-620.

[277] MORCKEL V, 2015. Community gardens or vacant lots? Rethinking the attractiveness and seasonality of green land uses in distressed neighborhoods[J]. Urban Forestry & Urban Greening, 14(3): 714-721.

[278] MOTZNY A, 2015.Prioritizing vacant properties for green infrastructure: a landscape analysis in spatial planning, and design approach for siting green infrastructure in moderately to highly vacant urban neighborhoods[D].Ann Arbor:University of Michigan.

[279] Natural England, 2009. Green infrastructure guidance[R/OL].(2009-01-01)[2023-05-01].https://publications.naturalengland.org.uk/publication/35033#:～:text=Greenspace%20Land%20use%20Natural%20England%E2%80%99s%20Green%20Infrastructure%20Guidance, as%20an%20essential%20part%20of%20sustainable%20spatial%20planning.

[280] NÉMETH J, LANGHORST J, 2014. Rethinking urban transformation: temporary

uses for vacant land[J]. Cities, 40: 143-150.

[281] NEWMAN G D, SMITH A L, BRODY S D, 2017. Repurposing vacant land through landscape connectivity[J]. Landscape journal, 36(1): 37-57.

[282] NOH Y, 2019. Does converting abandoned railways to greenways impact neighboring housing prices?[J]. Landscape and Urban Planning, 183: 157-166.

[283] NORTON B A, COUTTS A M, LIVESLEY S J, et al., 2015. Planning for cooler cities: a framework to prioritise green infrastructure to mitigate high temperatures in urban landscapes[J]. Landscape and Urban Planning, 134: 127-138.

[284] ODE SANG Å, THORPERT P, FRANSSON A M, 2022. Planning, designing, and managing green roofs and green walls for public health–an ecosystem services approach[J]. Frontiers in Ecology and Evolution, 10: 804500.

[285] OH K, JEONG S, 2007. Assessing the spatial distribution of urban parks using GIS [J]. Landscape and Urban Planning, 82(1-2): 25-32.

[286] OH R R Y, RICHARDS D R, YEE A T K, 2018. Community-driven skyrise greenery in a dense tropical city provides biodiversity and ecosystem service benefits[J].Landscape and Urban Planning, 169: 115-123.

[287] OPDAM P, STEINGRÖVER E, VAN ROOIJ S, 2006. Ecological networks: a spatial concept for multi-actor planning of sustainable landscapes[J]. Landscape and Urban Planning, 75(3-4): 322-332.

[288] PAULEIT S, LIU L, AHERN J, et al., 2011.Multifunctional green infrastructure planning to promote ecological services in the city[M]//NIEMELÄ J, BREUSTE J H, ELMQVIST T, et al.Urban ecology: patterns, processes, and applications. Oxford:Oxford University Press:272-285.

[289] PEDIADITI K, DOICK K J, MOFFAT A J, 2010. Monitoring and evaluation practice for brownfield, regeneration to greenspace initiatives: a meta-evaluation of assessment and monitoring tools[J]. Landscape and Urban Planning, 97(1): 22-36.

[290] PESCHARDT K K, SCHIPPERIJN J, STIGSDOTTER U K, 2012. Use of small public urban green spaces (SPUGS)[J]. Urban Forestry & Urban Greening, 11(3):

235-244.

[291] PÉTREMAND G, CHITTARO Y, BRAAKER S, et al., 2017.Ground beetle (coleoptera: carabidae) communities on green roofs in Switzerland: synthesis and perspectives[J]. Urban Ecosystems, 21(1): 119-132.

[292] PITMAN S D, DANIELS C B, ELY M E, 2015. Green infrastructure as life support: urban nature and climate change[J]. Transactions of the Royal Society of South Australia, 139(1): 97-112.

[293] PIZZOL L, ZABEO A, KLUSÁČEK P, et al., 2016.Timbre brownfield prioritization tool to support effective brownfield regeneration[J]. Journal of Environmental Management, 166:178-192.

[294] RADKE J, MU L, 2000. Spatial decompositions, modeling and mapping service regions to predict access to social programs[J]. Annals of GIS, 6(2):105-112.

[295] REBELE F, DETTMAR J, 1996. Industriebrachen:ökologie und management[M]. Stuttgart: Ulmer Eugen Verlag.

[296] REGA-BRODSKY C C, NILON C H, WARREN P S, 2018. Balancing urban biodiversity needs and resident preferences for vacant lot management[J]. Sustainability, 10(5): 1679.

[297] REYNOLDS H L, MINCEY S K, MONTOYA R D, et al., 2022. Green infrastructure for urban resilience: a trait-based framework[J]. Frontiers in Ecology and the Environment, 20(4): 231-239.

[298] RHODES J, RUSSO J, 2013. Shrinking 'smart'?: urban redevelopment and shrinkage in Youngstown, Ohio[J]. Urban Geography, 34(3):305-326.

[299] RUPPRECHT C D D, BYRNE J A, 2014. Informal urban green-space: comparison of quantity and characteristics in Brisbane, Australia and Sapporo, Japan[J]. PLOS ONE, 9(6):e99784.

[300] RUPPRECHT C D D, BYRNE J A, LO A Y, 2016. Memories of vacant lots: how and why residents used informal urban green space as children and teenagers in Brisbane, Australia, and Sapporo, Japan[J].Children's Geographies, 14(3): 340-

355.

[301] SANCHES P M, PELLEGRINO P R M, 2016. Greening potential of derelict and vacant lands in urban areas[J]. Urban Forestry & Urban Greening, 19: 128-139.

[302] SANDSTRÖM U G, 2002. Green infrastructure planning in urban Sweden[J]. Planning Practice and Research, 17(4): 373-385.

[303] SCOTT M, LENNON M, HAASE D, et al., 2016. Nature-based solutions for the contemporary city/re-naturing the city/reflections on urban landscapes, ecosystems services and nature-based solutions in cities/multifunctional green infrastructure and climate change adaptation: brownfield greening as an adaptation strategy for vulnerable communities?/delivering green infrastructure through planning: Insights from practice in Fingal, Ireland/planning for biophilic cities: from theory to practice[J]. Planning Theory & Practice, 17(2): 267-300.

[304] SIIKAMÄKI J, WERNSTEDT K, 2008. Turning brownfields into greenspaces: examining incentives and barriers to revitalization[J]. Journal of Health Politics, Policy and Law, 33(3): 559-593.

[305] SIKORSKA D, ŁASZKIEWICZ E, KRAUZE K, et al., 2020.The role of informal green spaces in reducing inequalities in urban green space availability to children and seniors[J].Environmental Science & Policy, 108： 144-154.

[306] SILVA C M, FLORES-COLEN I, ANTUNES M, 2017. Step-by-step approach to ranking green roof retrofit potential in urban areas: a case study of Lisbon, Portugal[J]. Urban Forestry & Urban Greening, 25: 120-129.

[307] SIVAKOFF S F, PRAJZNER S P, GARDINER M M, 2018.Unique bee communities within vacant lots and urban farms result from variation in surrounding urbanization intensity[J].Sustainability, 10(6)： 1926.

[308] SMITH J P, LI X X, TURNER II B L, 2017. Lots for greening: identification of metropolitan vacant land and its potential use for cooling and agriculture in Phoenix, AZ, USA[J]. Applied Geography, 85: 139-151.

[309] SOUTH E C, HOHL B C, KONDO M C, et al., 2018. Effect of greening vacant

land on mental health of community-dwelling adults: a cluster randomized trial[J]. JAMA Network Open, 1(3): e180298.

[310] STOVIN V, 2010. The potential of green roofs to manage urban stormwater[J]. Water and Environment Journal, 24(3): 192-199.

[311] STRAUSS B, BIEDERMANN R, 2006. Urban brownfields as temporary habitats: driving forces for the diversity of phytophagous insects[J]. Ecography, 29(6): 928-940.

[312] SUN Y M, LI H, LEI S, et al., 2022. Redevelopment of urban brownfield sites in China: motivation, history, policies and improved management[J]. Eco-Environment & Health, 1:63-72.

[313] TALEN E, 1998.Visualizing fairness:equity maps for planners[J].Journal of the American Planning Association, 64(1):22-38.

[314] THIAGARAJAN M, NEWMAN G, VON ZANDT S, 2018. The projected impact of a neighborhood-scaled green-infrastructure retrofit[J]. Sustainability, 10(10): 3665.

[315] TIAN Y H, JIM C Y, WANG H Q, 2014. Assessing the landscape and ecological quality of urban green spaces in a compact city[J]. Landscape and Urban Planning, 121(1): 97-108.

[316] TODD L F, LANDMAN K, KELLY S, 2016. Phytoremediation: an interim landscape architecture strategy to improve accessibility of contaminated vacant lands in Canadian municipalities[J]. Urban Forestry & Urban Greening, 18: 242-256.

[317] UNT A L, BELL S, 2014. The impact of small-scale design interventions on the behaviour patterns of the users of an urban wasteland[J].Urban Forestry & Urban Greening, 13(1): 121-135.

[318] USTAOGLU E, AYDINOGLU A C, 2020.Site suitability analysis for green space development of Pendik district (Turkey)[J]. Urban Forestry & Urban Greening, 47: 126542.

[319] UY P D, NAKAGOSHI N, 2008. Application of land suitability analysis and landscape ecology to urban greenspace planning in Hanoi, Vietnam[J]. Urban

Forestry & Urban Greening, 7(1): 25-40.

[320] VAN MECHELEN C, DUTOIT T, HERMY M, 2015. Adapting green roof irrigation practices for a sustainable future: a review[J]. Sustainable Cities and Society, 19: 74-90.

[321] VANDEGRIFT D A, ROWE D B, CREGG B M, et al., 2019. Effect of substrate depth on plant community development on a Michigan green roof[J]. Ecological Engineering, 138: 264-273.

[322] VILLASEÑOR N R, CHIANG L A, HERNÁNDEZ H J, et al., 2020. Vacant lands as refuges for native birds: an opportunity for biodiversity conservation in cities[J]. Urban Forestry & Urban Greening, 49: 126632.

[323] VOGT J M, WATKINS S L, MINCEY S K, et al., 2015. Explaining planted-tree survival and growth in urban neighborhoods: a social–ecological approach to studying recently-planted trees in Indianapolis[J]. Landscape and Urban Planning, 136: 130-143.

[324] WANG L W, WANG H, WANG Y C, et al., 2022. The relationship between green roofs and urban biodiversity: a systematic review[J]. Biodiversity and Conservation, 31(7): 1771-1796.

[325] WANG P Y, WONG Y H, TAN C Y, et al., 2022. Vertical greening systems: technological benefits, progresses and prospects[J]. Sustainability, 14(20): 12997.

[326] WILKINSON S J, REED R, 2009. Green roof retrofit potential in the central business district[J]. Property Management, 27(5): 284-301.

[327] WILLIAMS N S G, HAHS A K, VESK P A, 2015. Urbanisation, plant traits and the composition of urban floras[J]. Perspectives in Plant Ecology, Evolution and Systematics, 17(1): 78-86.

[328] WOLF K L, 2003. Ergonomics of the city: green infrastructure and social benefits[C]//KOLLIN C.Engineering green: proceedings of the 11th national urban forest conference. Washington D C: American Forests:141-143.

[329] WOLFE M K, MENNIS J, 2012.Does vegetation encourage or suppress urban

crime? Evidence from Philadelphia, PA[J].Landscape and Urban Planning, 108(2-4): 112-122.

[330] WONG N H, TAN A Y K, CHEN Y, et al., 2010. Thermal evaluation of vertical greenery systems for building walls[J]. Building & Environment, 45(3):663-672.

[331] WOOSTER E I F, FLECK R, TORPY F, et al., 2022. Urban green roofs promote metropolitan biodiversity: a comparative case study[J]. Building and Environment, 207: 108458.

[332] WRTDESIGN, 2016. GreenPlan Philadelphia Executive Summary[R/OL].(2016-03-15)[2023-05-01].https://vdocuments.net/greenplan-philadelphia-executive-summary.html?page=1.

[333] WU J G, MARCEAU D, 2002. Modelling complex ecological systems: an introduction［J］. Ecological Modelling, 153（1）:1-6.

[334] XIN R H, SKOV-PETERSEN H, ZENG J, et al., 2021.Identifying key areas of imbalanced supply and demand of ecosystem services at the urban agglomeration scale: a case study of the Fujian Delta in China[J]. Science of the Total Environment, 791（10）: 148173.

后　记

本书立足于我国当前以人为核心的城市更新背景，以存量空间为研究对象，契合当前城市绿色发展诉求和居民高质量生活需求，通过城市、社区、建筑三个尺度和织补、增效两大策略，层层阐述了绿色基础设施韧性提升的逻辑框架，探讨了利用有限的空间资源系统提升绿色基础设施韧性的实现路径。

作为我国煤炭资源型城市转型为生态城市的典范，徐州市在城市转型和更新过程中，充分利用废弃地、低效用地等存量空间资源进行绿地改造和生态修复。大量采煤塌陷地和工业废弃地被修复治理为城市绿地，如经改造形成的潘安湖国家湿地公园已经成为城市的重要生态源地，是城市绿色基础设施不可或缺的组成部分，对增强城市韧性起到关键作用。同时众多的城市边角地、拆迁腾退地等微小空间被更新为口袋公园，增加了市民身边的绿色空间，促进了城市生态环境的改善和城市韧性的增强。这一系列更新实践的背后，规划的力量发挥了举足轻重的作用。

本书完成之时，正值全国各级国土空间总体规划陆续批复，我们深深意识到，国土空间规划作为一项重要的政策工具，应当也必然会对城市绿色基础设施韧性提升予以积极响应，发挥空间层面集成和传导各项适应性策略的核心作用。

首先，规划理念方面，需要将绿色基础设施韧性内化为一种系统能力，与国土空间紧密交融，使其成为国土空间系统资源要素配置与空间布置选择的重要前提。在城市更新背景下，秉持城市大安全观和生态韧性观，主动并持续关注城市绿色基础设施的动态变化，关注当前闲置土地、低效用地、废弃铁路等存量空间转型为绿地的必要性和可能性，重视城市荒野所发挥的社会及生态系统服务功能，积极开展基于用地更新的城市绿地空间优化研究；同时，构建不同时空条件下跨尺度、多元目标的存量空间转型绿地潜力及优先级评价指标体系；研究不同类型、不同区位存量空间转型绿地的环境、社会、经济效益权衡关系；推广全生命周期下存量空间转型绿地的选址 - 修复 - 设计 - 管理可持续性理论框架。

其次，规划实践方面，以问题为导向，在城市体检评估中，围绕安全、创新、协调、绿色、开放、共享的指标体系，重点评估安全韧性和生态绿色方面的城市体征，及时发现问题、评估问题、提出预警，并在国土空间布局及绿色基础设施规划中予以响应。总体规划需要做好宏观指引，建立城市绿地、低效用地或闲置土地数据库，以增强绿色基础设施韧性为导向，在城市尺度下树立绿色基础设施系统更新的规划目标，识别绿色基础设施增绿、转绿的潜在空间分布。专项规划需要做好中观管控，结合居民需求，做好绿色基础设施的功能测度与评估、供需关系研究等工作，开展基于明确目标导向的城市绿地系统规划。详细规划需要做好微观设计，针对不同的闲置土地、低效用地等存量空间，根据场地特征、周边需求，进行绿地更新类型、模式和建设管理的研究和详细设计，设计中要强化绿地的亲自然性，利用自然有机体的自组织性和自适应性提升系统韧性，尽可能为人们创造接触、体验和感知自然的机会。

再次，规划保障方面，以自上而下和自下而上相结合的方式构建全方位、立体化的韧性国土空间规划和绿色基础设施规划推进框架。宏观层面，通过各级政府出台相应法律法规，采取公共手段提供城市更新背景下各类新增绿地营建、已有绿地更新提质的激励机制，在政策和制度上予以顶层保障。中观层面，发挥政府行政能力，统筹协调各级管理部门围绕绿地更新的分工合作关系，搭建基于国土空间规划框架的绿色基础设施规划协同平台。微观层面，在组织机制、公众参与等方面制定相应的绿地管理制度，制定城市更新背景下城市绿地提质增量的工作原则及具体流程，做到权责分明。此外，强调在绿色基础设施规划中将公众参与提升到与专家评审同等重要的位置，在绿地更新的政策制定、协商、管理和监督环节中积极发挥公众的力量，了解公众的需求，调动公众的积极性。

以上是对未来的些许展望和思考。当前高温、干旱、强降水和风暴潮等极端天气事件频发，深刻影响着人居环境。面对变化莫测的外部环境挑战，以期通过国土空间规划应对，在三区三线的基础上，通过对城市绿色基础设施织补和增效，提升绿色基础设施韧性，改善城市脆弱环境、调蓄城市自适应能力，助力实现城市治理体系和治理能力现代化。